中国电子教育学会高教分会推荐用书

基于OPNET的通信网仿真

郜 林 著

西安电子科技大学出版社

内 容 简 介

本书分为上篇(基础理论)和下篇(应用实践)两大部分，针对通信网建模，深入讨论了OPNET 的仿真架构和驱动方式，剖析了中断、通信、多进程、多队列等仿真机制，阐述了基于 Proto C 的进程域建模方法。书中基于仿真原理和开发方法，以 M/M/1 队列、CSMA/ALOHA 介质访问、定向与全向天线、局域网互联为例，从多个角度分析了通信网建模的关键技术及实验方法，最后以下一代航空数据链 VDL2 为例，介绍了 OPNET 在实际研发项目中的建模和仿真。

本书具有较强的系统性和逻辑性，同时注意突出重点，对主要的原理、方法和案例都做了代码的剖析，具有较强的实践特色。

本书可作为通信、电子、信息等相关专业高年级本科生以及研究生的通信网课程教材或参考书，也可作为通信网络研发人员的参考资料。

图书在版编目(CIP)数据

基于 OPNET 的通信网仿真 / 郜林著. —西安：西安电子科技大学出版社，2018.2
ISBN 978-7-5606-4845-3

Ⅰ. ① 基…　Ⅱ. ① 郜…　Ⅲ. ① 通信网—计算机仿真　Ⅳ. ① TN915

中国版本图书馆 CIP 数据核字(2018)第 019049 号

策　　划　李惠萍
责任编辑　于　洋　阎　彬
出版发行　西安电子科技大学出版社(西安市太白南路 2 号)
电　　话　(029)88242885 88201467　　　邮　　编　710071
网　　址　www.xduph.com　　　电子邮箱　xdupfxb001@163.com
经　　销　新华书店
印刷单位　陕西利达印务有限责任公司
版　　次　2018 年 2 月第 1 版　　2018 年 2 月第 1 次印刷
开　　本　787 毫米×1092 毫米　1/16　印　张　18
字　　数　426 千字
印　　数　1～3000 册
定　　价　40.00 元
ISBN 978-7-5606-4845-3/TN
XDUP 5147001-1

如有印装问题可调换

前言

传统的通信网教学是以数学推导为主要分析手段的，如排队论是通信网中的基础理论之一，其基本规律是通过马氏链来进行分析的，又如CSMA是通信网中的多址关键技术，其主要指标是通过随机概率理论来确立的。对通信网协议栈和网络实体(如计算机网、移动通信网)的深入讨论，也往往要通过数学分析和随机概率的方法来进行。这些方法对于本科生而言，常显得过于艰深，他们必须在数学推导中投入很大的精力，这导致许多学生或者陷入“只见树木，不见森林”的怪圈，或者失去学习兴趣甚至半途而废。

是否能找到一种“绕开”或者“淡化”数学模型，突出通信网自身的本质规律并适应学生学习特点的通信网教学方法呢？答案是肯定的，基于计算机建模的网络仿真技术能较好地解决这个问题。网络仿真是近年来兴起的一项专门技术，可以通过软件平台进行网络的模拟和仿真。不同于传统的数学模型分析，网络仿真采用编程方法构建模型，通过计算机进行网络行为的模拟并统计性能参数，从而解决了传统教学中教学建模、推理难度过大的问题。

近年来，作者将OPNET应用于通信网的教学及科研工作中，发现其可以调动起学生的学习积极性，学生从对例程的模仿、分析和实验逐步过渡到自主建模，通过图形、调试等工具对通信网的规律进行分析(包括与现有理论的对比分析)，在享受有所收获的快乐中学习、探索。通过科研活动，在为社会服务的同时，也为教学的深入和拓展提供了基础。

基于OPNET的通信网教学，不仅可以提高学生的学习兴趣和学习效率，还为学生提供了一种进行网络评估、预测和设计的手段。学生可以在一定程度上进行研发的锻炼，提高动手能力和独立思考能力，为日后工作打下基础。事实上，对于通信网研发而言，网络仿真的作用更为突出。这是因为当今的网络结构趋于复杂，难以甚至不可能进行数学建模，只能通过计算机网络仿真进行性能评估和方案比较。

为了使本书更加简练、实用，在成书过程中作者主要有以下几点考虑：

(1) 总体上，注重“理论结合实际”。所谓“理论”，是指仿真建模的原理和方法；所谓“实际”，是指建模实例及仿真实验。本书分上、下两篇，上篇(一至五章)讲述理论基础，下篇(六至十章)讲述应用实践。上篇是下篇的铺垫，为下篇提供方法；下篇是上篇的实际应用，为上篇提供佐证。二者具有内在的逻辑性，是贯通统一的。

(2) 对理论的论述要有一定的逻辑性、系统性，但又不能面面俱到。要将重点放在通信网建模的核心思想和关键技术上，力求做到对重点内容(如仿真架构、离散驱动机制、仿真通信机制、多进程机制等)的深入剖析，从而切中要害地解决建模中的关键性问题。

(3) 实践部分的实例是从多个角度来选取的：从通信网基础理论来说，有M/M/1排队论；从网络协议来说，涉及通信网中的物理层(如无线发射技术)、数据链路层(如MAC子层竞争接入)；从通信网方式来说，涉及有线网(如计算机以太网)和无线网(如移动节点的信噪比分析)等。每个实例都有一定的代表性和典型性，力求用较少的实例体现通信网建模中的一般思路和方法。

(4) 为了突出实践特色，作者将代码剖析贯穿于全书的始终，使读者通过代码说明理解建立模型的架构思想和关键机制，明白案例的建模思路和仿真方法，深刻理解建模的实质性内容，从而能够很自然地过渡到“自我编程、自我建模、自我研发”的阶段。

(5) 鉴于无线技术在当今通信网络中的重要地位和无线仿真建模的复杂性，作者将无线管道阶段作为本书的一个重要内容，从无线管道阶段的建模框架、管道程序，到无线网络的模型实例和调试跟踪，在多个章节中从不同角度对无线网络建模技术进行剖析。

同时，由于 OPNET 软件和帮助文档都是英文的，因此作者在书中对术语都加了英文标注，以便于读者对照阅读。

最后，希望每一位读者学有所得、学有所思、学有所用！也希望得到来自专家、学者和广大读者的意见、批评和指正。

郜　林
于天津财经大学
2017 年 9 月 15 日

目　　录

上篇　基础理论

下篇 应用实践

上篇

基础理论

第一章　绪　论

随着移动通信和物联网的发展，通信网呈现出越来越复杂化的发展趋势。在通信网研究和开发的过程中，网络仿真作用愈加突出。OPNET 采用了时间离散的三层建模方式，特别适合对现代通信网进行仿真。

1.1　通信网概述

1.1.1　通信网的基本概念

一般而言，通信网是由一定数量的节点(包括终端节点、交换节点)和连接这些节点的传输系统有机地组织在一起，并按约定的协议完成任意用户间信息交换的通信体系。

在 OSI 七层参考模型中，一至三层(物理层、数据链路层和网络层)为网络低层，定义为通信子网，它只负责在网上的任意两个节点之间传送信息，而不负责解释信息的具体语义。因此，通信网重在研究网络物理层、数据链路层和网络层。

实际的通信网由软件和硬件构成，每一次通信都需要软硬件设施的协调配合来完成。从硬件构成来看，通信网由终端节点、交换节点、业务节点和传输系统构成，完成接入、交换和传输等基本功能。软件设施包括信令、协议、管理、计费等，主要完成通信网的控制和运营，实现通信网的智能化。

通信网可采用多种拓扑结构，如图 1.1 所示，主要有：

(1) 网状网。多个节点或用户之间直接互连而成的通信网称为网状网，如图 1.1(a)所示。

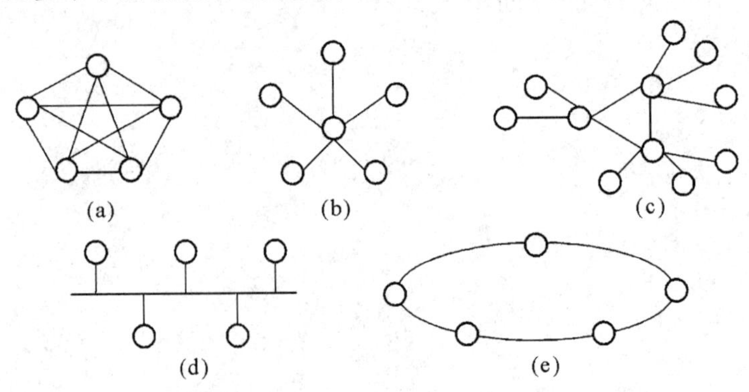

图 1.1　通信网的拓扑结构

(2) 星型网。星型网是一种以中央节点为中心，把若干外围节点(或终端)连接起来的辐射式互连结构。中央节点作为控制全网工作的中心，通过单独线路分别与各个外围节点相连接，如图 1.1(b)所示。

(3) 复合型网。复合型网是由网状网和星型网复合而成的网络。其以星型网为基础，并在信息量较大的区域构成网状网结构，如图 1.1(c)所示。

(4) 总线型网。总线型网把所有的节点连接在同一总线上，是一种通路共享的结构，如图 1.1(d)所示。

(5) 环型网。环型网是指通信网各节点被连接成闭合的环路，如图 1.1(e)所示。环型结构目前主要用于计算机局域网、光纤接入网、城域网、光传输网等网络中。

从不同角度出发，可对通信网进行分类：按通信的业务类型划分，可分为数字电话网、数字电视网、计算机通信网等类型；按通信的传输手段划分，可分为光纤通信网、无线通信网、卫星通信网等类型；按通信的活动方式划分，可分为固定通信网和移动通信网等。

1.1.2　通信网的体系结构

网络体系结构不是指网络的物理结构，而是指为实现互连，网络设备必须实现的通信功能的逻辑分布结构，以及必须遵守的相关通信协议所组成的一个集合。

从广义上说，人们之间的交往就是一种信息交互的过程，我们每做一件事都必须遵循一种事先规定好的规则与约定。所以，为了保证通信网络中的大量通信设备之间能够有条不紊地交换数据，就必须制定一系列的通信协议。因此，通信协议是通信网中一个重要且基本的概念。

鉴于现代通信网络的复杂性，通信协议通常采用分层的方法。在分层通信体系中，通信的功能被划分为若干层次，每一个层次完成一部分功能。其中最高层负责装配和处理应用业务消息，直接和上面的应用系统接口，常称作应用层。最低层定义物理传输媒体，常称作物理层。每一层经处理和过滤后，将有效信息传递给上一层，称为“提供服务”，同时向下一层“请求服务”，每一层都只和与其直接相邻的两层打交道，其中上一层称为它的服务用户，下一层称为它的服务提供者。通信网的分层结构如图 1.2 所示。

接口是同一节点内相邻层之间交换信息的连接点。同一个节点的相邻层之间存在着明确规定的接口，低层向高层通过接口提供服务。只要接口条件、低层功能不变，低层的具体实现方法与技术的变化就不会影响整个系统的工作。

相邻层间的接口也称为服务接入点(Service Access Point，SAP)。SAP 用一组确定的服务原语实现。OSI 协议定义了请求、指示、响应、证实四种类型的原语。

对等层通信时，必须遵循一定的规则，描述第 *N* 层之间水平通信的规则称为 *N* 层协议。协议是为网络数据交换而制定的规则、约定与标准。协议主要由三个要素组成：

(1) 语法：定义用户数据与控制信息的结构与格式；

(2) 语义：需要发出何种控制信息，以及完成的动作和作出的响应；

(3) 时序：对事件实现顺序的详细说明。

网络结构采用层次结构的优点有：

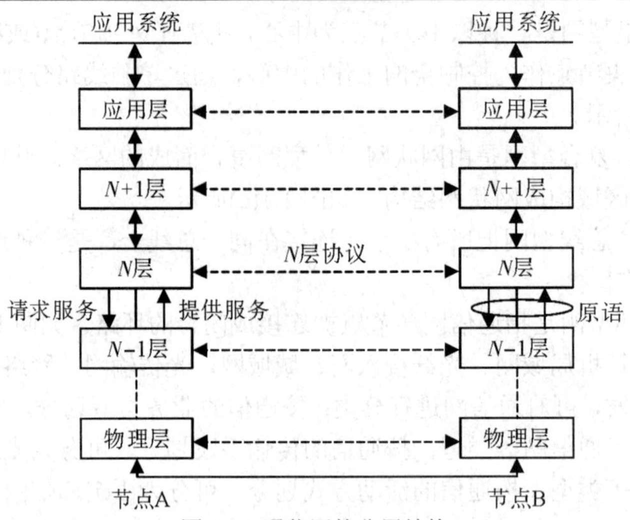

图 1.2　通信网的分层结构

(1) 各层之间相互独立，高层不需要知道低层是如何实现的，仅需知道该层通过层间接口所提供的服务即可。

(2) 当任何一层发生变化时，只要接口保持不变，则在这层以上或以下各层就都不受影响。

(3) 各层都可以采用最合适的技术来实现，各层实现技术的改变不影响其他层。

(4) 整个系统被分解为若干个易于处理的部分，使得对一个庞大而复杂系统的实现和控制变得容易。

(5) 每层的功能与所提供的服务都已有精确的说明，因此有利于促进过程标准化。

网络体系结构对通信网络应该实现的功能进行了精确的定义，而这些功能是用什么样的硬件与软件去完成的，则是具体的实现问题。体系结构是抽象的，而实现是具体的，它是指能够运行的一些硬件和软件。

目前，通用的体系机构有 ISO 组织提出的 OSI 模型和 OSI 的简化集 TCP/IP 模型。OSI 模型定义了七层协议栈结构，分别如下：

(1) 物理层：主要功能是利用传输介质为数据链路层提供物理连接，负责处理数据传输率并监控数据出错率，以便能够实现数据流的透明传输。

(2) 数据链路层(简称链路层)：在物理层提供的服务基础上，在通信的实体间建立数据链路连接，传输以“帧”为单位的数据包，并采用差错控制与流量控制方法，使有差错的物理线路变成无差错的数据链路。

(3) 网络层(又叫通信子网层)：规定了一个分组怎样通过通信子网传输，提供路由选择和网络拥塞及流量控制。

(4) 传输层：向用户提供可靠的端到端(End-to-End)服务，处理数据包错误、数据包次序，以及其他一些关键传输问题。传输层利用了网络层所提供的传输服务，向会话层提供可靠的源主机到目标主机的数据传输，并使之与当前使用的网络无关，真正实现了端到端的通信。

(5) 会话层：也称会晤层，其作用是协调两端用户(通信进程)之间的对话过程。

(6) 表示层：确保一个系统应用层发送的信息能够被另外一个系统的应用层所识别。如果有必要，表示层还可以使用一个通用的数据表示格式在多种数据格式之间进行转换。

(7) 应用层：为用户的应用程序提供网络服务。应用层识别并证实目的通信方的可用性，在协同工作的应用程序之间进行同步，建立传输错误纠正和数据完整性控制方面的协定。

在 OSI 参考模型中，一至三层一般称为通信子网，负责在网上任意两个节点之间传送信息，而不负责解释信息的具体语义。五至七层称为资源子网，它负责进行信息的处理、信息的语义解释等。传输层是下三层与上三层之间的隔离层，负责解决高层应用需求与下三层通信子网提供的服务之间的不匹配问题。

TCP/IP 将 OSI 模型的五至七层简化为应用层，定义了五层协议栈结构。

1.2　通信网的仿真技术

随着网络结构和规模越来越复杂化以及网络的应用越来越多样化，单纯地依靠经验进行通信网的规划和设计、网络设备的研发以及网络协议的开发，已经不能适应网络的发展，因而急需一种科学的手段来反映和预测网络的性能，由此，网络仿真技术应运而生。通信网仿真技术可有效地提高网络规划和设计的可靠性与准确性，明显降低网络投资风险，减少不必要的投资浪费。

目前，最广泛使用的网络仿真软件有 NS 和 OPNET。其中，OPNET 具有建模层次分明、API 函数库的功能强大、开发界面友好等优点，更适合于现代通信网的网络仿真。本书将基于 OPNET 论述通信网的建模方法。

1.2.1　OPNET 的发展过程

OPNET 公司起源于 MIT(麻省理工学院)，成立于 1986 年。1987 年，OPNET 公司发布了第一个商用化产品 Modeler，该产品提供了具有重要意义的网络性能优化工具，使得具有预测性的网络仿真成为可能。

OPNET Modeler 主要面向研发，其宗旨是为了“Accelerating Network R&D(加速网络研发)”。对于网络的研发，一般分为三个阶段：第一阶段为设计阶段，包括网络拓扑结构的设计，协议的设计、配置以及网络中设备的设计、选择；第二阶段为发布阶段，是为了使设计出的网络能够具有一定性能，如吞吐率、响应时间等；第三阶段为实际运营中的故障诊断和优化升级。OPNET 公司的仿真开发软件正好能面向网络研发的不同阶段，既可以作网络的设计，也可以作为发布网络性能的依据，还可以作为已投入运营的网络优化和故障诊断工具。OPNET Modeler 将各个阶段所需要的工具加以整合，组合成了一个由模型设计工具、仿真核心、数据收集工具以及分析工具相互协作的系统仿真平台。

OPNET Modeler 提供了丰富的模型库，一方面，研发者可调用现有模型，通过仿真实验，对网络的性能和行为进行分析，对网络参数进行优化，还可以通过编程，修改现有模型，对网络协议进行改进；另一方面，Modeler 可以创建复杂而强大的节点和进程模型，可以研究模型库以外的新型网络，同时，这些模型又可成为模型库的新成员，使后来的研发人员可以脱离底层系统的复杂设计，通过新模型提供的接口完成网络的研发和验证。

OPNET 公司针对局域网、光纤网等特定用户方向，基于 Modeler 建立了多个用户化模型，并以产品的形式给予用户特殊的建模环境，如 IT Guru、WDM Guru 等，构成了一个产品系列，各系列产品特点如下：

• IT Guru 可以用于大中型企业，做智能化的网络设计、规划和管理；

• SP Guru 相对 IT Guru 在功能上更加强大，内嵌了更多的附加功能模块，包括流分析模块、网络医生模块、多提供商导入模块、MPLS 模块，使 SP Guru 成为了电信运营商量身定做的智能化网络管理、规划以及优化平台；

• WDM Guru 面向光纤网络的运营商和设备制造商，可为其提供管理 WDM 光纤网络的功能，并为测试产品提供了一个虚拟的光网络环境。

目前，OPNET 广泛应用于大型通信设备制造商、大中型企业、电信运营商、军方和政府的研发机构、大专院校等客户群体。

1.2.2 OPNET Modeler 的特点

OPNET Modeler 是一个大型软件包，该软件包不仅支持通常意义上的网络建模和仿真，而且提供对特殊网络的仿真支持。OPNET Modeler 的特点如下：

(1) 层次化的网络模型。使用无限嵌套的子网来建立复杂的网络拓扑结构。

(2) 简单明了的建模方法。Modeler 建模过程分为进程(Process)、节点(Node)以及网络(Network)三个层次。在进程层次中模拟单个对象的行为，在节点层次中将其互连成设备，在网络层次中将这些设备互连组成网络。**分级设计方法与在实际通信网中得到的分级结构形成自然的对应关系。**

(3) 项目可建立多个场景。基于设计方案建立网络场景，利用不同的场景可对同一项目中不同的设计方案进行比较。这也是 Modeler 建模的重要机制，这种机制有利于项目的管理和分工。

(4) 有限状态机。在进程层次使用有限状态机来对协议和其他进程进行建模。在有限状态机的状态和转移条件中使用 C/C++语言对任何进程进行模拟。用户可以根据需要灵活地控制仿真的详细程度。

(5) 对协议编程的全面支持。有限状态机加上标准的C/C++以及OPNET本身提供的400多个库函数构成了 Modeler 编程的核心。OPNET 称这个集合为 Proto C 语言。OPNET 已经提供了众多协议模型，因此对于很多协议，无需进行额外的编程。

(6) 系统的完全开放性。Modeler 中源码全部开放，用户可以根据自己的需要对源码进行添加和修改。

(7) 高效的仿真引擎。使用 Modeler 进行开发的仿真平台，仿真的效率相当高。

(8) 集成的分析工具。Modeler 仿真结果的显示界面十分友好，可以轻松刻画和分析各种类型的曲线，也可将曲线数据导出到电子表格中。

(9) 动画。Modeler 可以在仿真中或仿真后显示模型行为的动画，使得仿真平台具有很好的演示效果。

(10) 集成调试器。Modeler 可快速地验证仿真并发现仿真中存在的问题。OPNET 本身有自己的调试工具——OPNET Debugger(ODB)。

(11) 源代码调试。Modeler 可方便地调试由 OPNET 生成的 C/C++源代码。

1.3 本书的组织结构

按照内在逻辑，可将本书从内容上分为上、下两个部分(上篇、下篇)：上篇为从第二章至第五章，讲述建模的方法；下篇从第六章至第十章，讲述建模的实例，其中第十章讲述了一种典型的综合应用案例。

建模方法部分(上篇)阐释了OPNET的内在结构和核心机制，包括以三层建模机制和对象化为特征的建模架构、基于离散事件的仿真驱动方法、实体对象的通信方法、多进程和多队列机制、基于Proto C的进程域建模方法等内容。各部分内容之间具有内在的逻辑性。同时，建模方法部分着重阐述了 OPNET 建模方法中的根本性、关键性问题，该部分是OPNET仿真建模的基础，为后续章节的建模应用提供方法支撑。

建模实例部分(下篇)阐释了典型的建模实例，包括M/M/1队列建模、基于CSMA/ALOHA的链路层建模、基于无线技术的物理层建模、计算机网络建模等内容。所选实例均来自通信网中基本的理论、协议和网络，不求面面俱到，但求通过不同层面不同特点的建模分析，形成建模的一般性思路。各个实例均提供了相应的实验，读者可通过实际操作加深对建模的理解，并体会对仿真结果的分析方法。该部分是建模部分的应用，是理论的实践化。其中第十章的综合应用实例以下一代民航数据链 VDL2 为例，论述了 OPNET 在实际研发项目中的建模和仿真过程。该部分既是建模实例部分前四章的展开，也是建模方法部分的综合性应用。通过 VDL2 案例，可使读者进一步理解基于 OPNET 通信网建模的方法及其在实践中的应用价值。

第二章　OPNET 建模架构

OPNET Modeler 应用对象化和层次化的架构方法进行建模。对象化是基于面向对象的方法，对模型实例化。层次化是将复杂的系统从结构上分解为网络层、节点层和进程层三个层次，每层完成一定的功能。

对象化和层次化之间又是相互关联的，上层模型由在下层模型中实例化的对象所构成。

2.1　OPNET 的对象化

2.1.1　模型与对象

模型(Model)和对象(Object)是 OPNET Modeler 建模中的基本范畴，理解二者的逻辑内涵和相互关系是建模的基础。

1. 模型

在仿真建模中，要将所研究的物理系统抽象化，并对物理系统的内部结构、工作性能等信息进行规范性描述。由诸多的描述规范所形成的集合，称为模型。模型对应于面向对象中类的范畴。

在 OPNET 中，有些模型是已经定义好的，用户不能改变，只能通过属性进行外部控制，称为**内在模型**，如强制性状态和非强制性状态。而与网络的三层建模相对应的网络模型、节点模型、进程模型都是用户可定义的或用户可更改的，称为**通用模型**。对于通用模型，用户既可以对属性进行外部控制，还可以改变其内在行为。换言之，通用模型是用户可建模的，其对应的建模环境称为建模域。在 OPNET 中，网络域、节点域和进程域建模横跨了网络建模的所有层次，是建立模型的主要方法。

在某些情况下，模型开发者需要在不改变模型内部结构和内部行为的情况下定制模型的接口。在 OPNET 中，节点和链路模型的属性接口可以使用模型派生机制进行修改，生成一个与已有模型具有不同属性接口的新模型，称这个新模型为**派生模型**。已有模型为派生模型的**父模型**。不存在父模型的模型叫做**基础模型**。所有派生模型最终都来自某个唯一的基础模型。提供模型派生机制的目的在于允许在不复制或重建原有模型核心功能的情况下进行新模型的专门化接口开发。

2. 对象

对象是模型的特例化，对象继承模型的属性。对象具有可访问内部结构的接口，是能完成特定功能的实体，如节点模型中的处理器模块。对象在模型中完成行为规范、事件响应及创建、存储和管理信息等功能。

对象有**静态对象**和**动态对象**之分。静态对象在仿真过程中始终存在，如节点、单一进程等。在仿真过程中，有时某些对象需要由模型代码来动态创建，我们称这些动态创建的对象为动态对象。例如，在多进程的机制下，进程可以在其他进程的工作过程中被动态创建。

3. 模型与对象的关系

模型与对象的关系就是类与对象的关系，模型实例化为对象，对象依赖模型又具有独立性。模型又是由对象构建的，下层模型实例化的对象构建上层模型。

我们可以自下而上，沿着建模的层次关系，理解模型和对象的构建关系。在最低层是进程模型，是通过有限状态机建立的代码集合。进程模型可实例化为处理器(Processor)模块和队列(Queue)模块。中间层是节点模型，是由处理器、队列等模块(Module)组建的。在节点域中，处理器或队列模块的 process model 属性是联系节点模型与进程模型关系的接口，通过该接口将已经建立的进程模型绑定在节点模型上，此时节点模型是进程模型实例化的对象。

以工程 antenna_test 为例，其无线发送节点模型为 mrt_tx，如图 2.1 所示。mrt_tx 节点是由信息源模块 tx_gen 和无线发送机 radio_tx 以及无线天线 ant_tx 构成的，三个模块间通过包流进行通信。

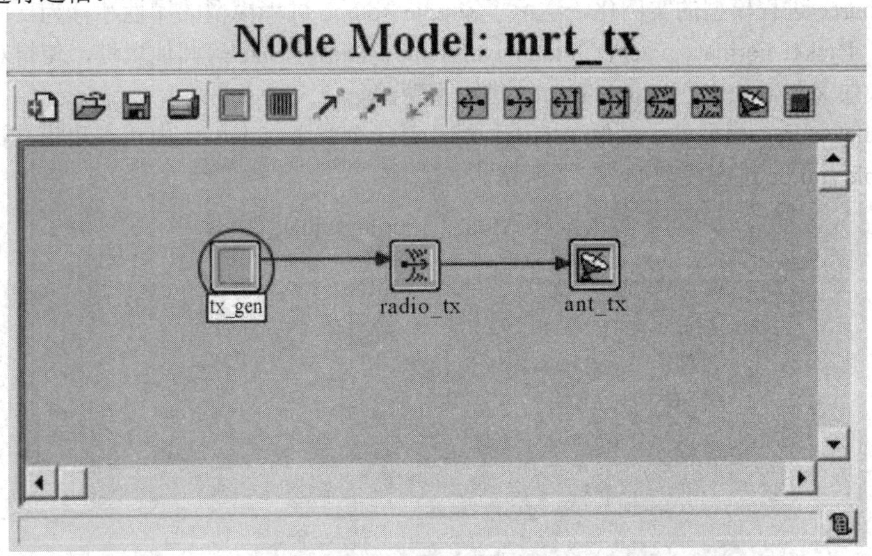

图 2.1　mrt_tx 节点模型

现在我们观察发送节点 tx_gen 模块，打开其属性接口，如图 2.2 所示。在接口中，process model 属性的设定值为 simple source，表示 tx_gen 这一节点模块的进程域模型是 simple source。

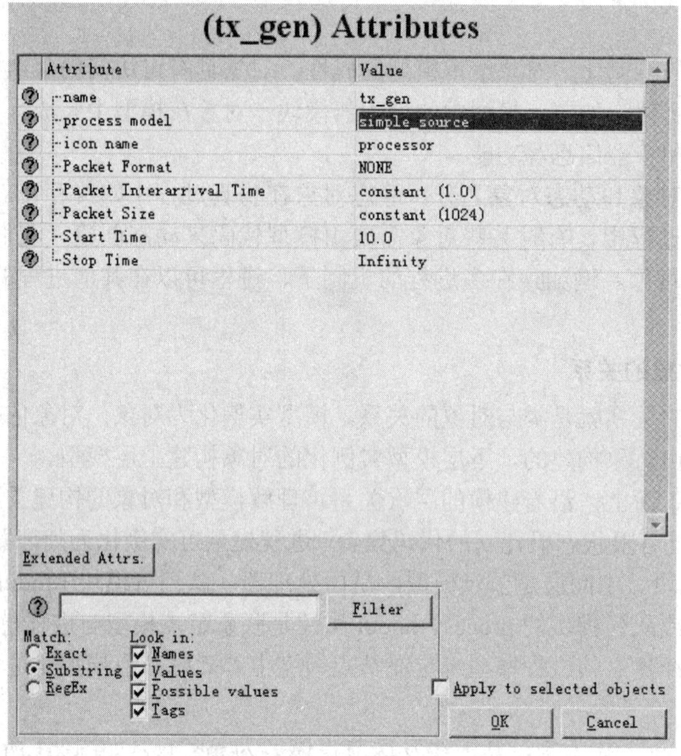

图 2.2 tx_gen 模块的接口

此时，在节点域中的 tx_gen 模块是 simple source 进程模型的对象。tx_gen 模块既是 simple source 进程模型的实例化，继承了 simple source 进程模型的属性和行为，同时，由于设置了 Packet Format、Packet Interarrival Time、Packet Size 等其他属性，使得对象化的 tx_gen 模块又相对独立于 simple source 进程模型。

simple source 模型处于最低层的进程域，是一个有限状态机，由状态和状态转移线构建。simple source 进程模型如图 2.3 所示。

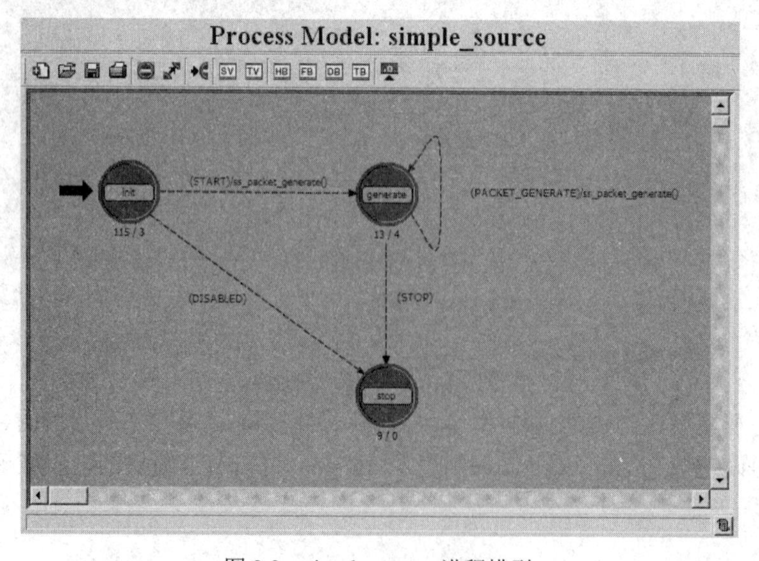

图 2.3 simple source 进程模型

节点域向上，就到达了建模的最高层——网络域。网络域的节点属性 model 是网络域与节点域模型之间关联的接口，通过该接口将已经建好的节点域模型绑定在网络域节点上，此时网络域中的节点成为节点模型的对象。

图 2.4 为 antenna_test 的网络域模型，其中 tx 为发送节点。tx 属性接口如图 2.5 所示，节点属性 model 设定值为 mrt_tx，表示网络域中 tx 节点的节点域模型是 mrt_tx。

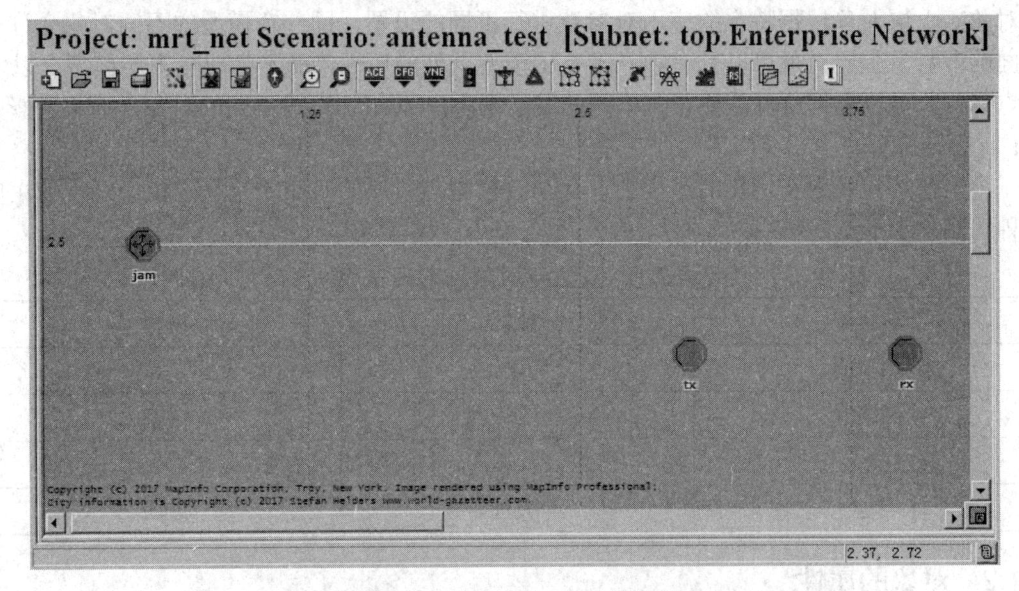

图 2.4　antenna_test 网络域模型

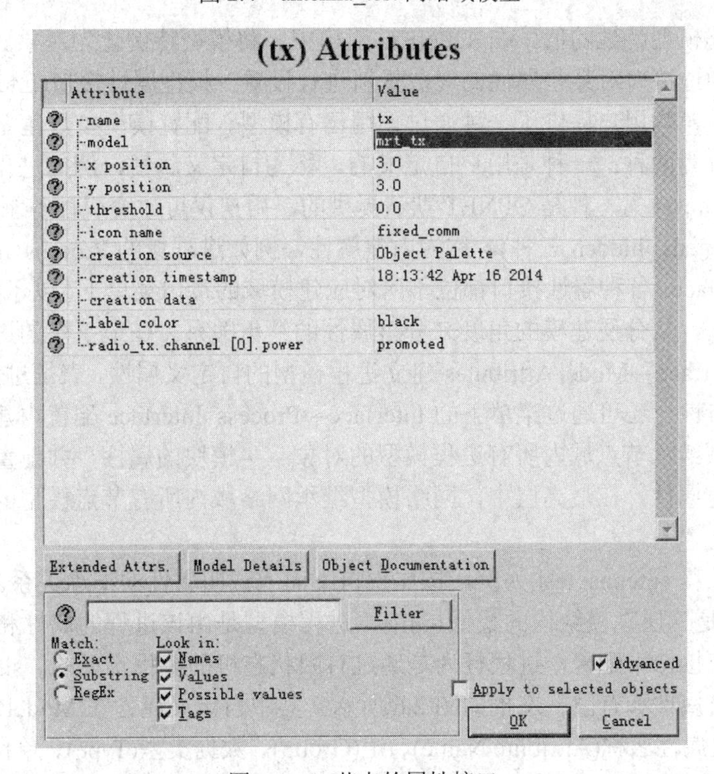

图 2.5　tx 节点的属性接口

此时，在网络域中的 tx 节点是 mrt_tx 节点模型的对象。tx 节点既是 mrt_tx 节点模型的实例化，继承了 mrt_tx 节点模型的属性和行为，同时，由于设置了新的属性，tx 节点又相对独立于 mrt_tx 节点模型。

有必要进一步说明的是，低层模型的变化将导致上层对象的变化，这种机制提供对一系列对象进行集中变更的方式，为建模带来了便利。低层模型将自身的特性参数传递到上层对象。上层对象根据特定的应用对参数进行不同的设置，同一个模型的不同对象允许有不同的参数。上层对象可以具有独立于下层模型之外的属性，而不会改变下层模型。以 tx 节点为例，可以根据仿真需要设置不同的发送功率(Power)，形成不同的对象，而不会影响 mrt_tx 节点模型。

模型在特定域内实例化的过程中，存在着模型与对象的对应关系。建模中经常使用的几种关系列于表 2.1 中。

表 2.1　模型与对象的对应关系

建模域	对象	模型
网络域	节点	节点
网络域	链路	链路
节点	处理机	进程
节点	队列	进程

2.1.2　对象的属性

属性是描述模型特性的值。在 OPNET 建模中，将模型特例化为对象。对象继承模型的属性，并可通过接口对某些属性的参数重新进行设置。模型属性接口(Interface)可以屏蔽模型的实现细节，为用户提供了一种通过调用已有模型、配置模型参数建立对象的方法。

模型属性分为两种：一种是用户自定义的，称为自定义属性，例如进程域和节点域中的 Model Attributes；另一种是 OPNET 默认提供的，用户仅可改变属性继承的方式(继承方式有 set、promoted、hidden 三种)，称为内建属性，例如进程域的 Process Interface 和节点域的 Node Interface。各种属性接口都位于所对应建模域的接口菜单下，以子菜单形式出现。

可自下而上，从分层建模的角度来分析属性的继承关系。在最下层的进程域中，可通过菜单下的 Interface→Model Attributes 建立进程模型的自定义属性，表征进程模型的性能、结构和协议等特性，还可通过菜单下的 Interface→Process Interface 配置内建属性。在中间层中，节点模型继承节点域内所有进程模型的对象——模块的属性，并配置自身模型的自定义属性和内建属性。在最高层中，网络模型继承网络域内所有节点模型的对象——节点的属性。

下面仍以工程 antenna_test 为例，按层次自下而上说明属性的继承关系。

在进程域(是三层建模结构的最低层)中，进程模型是由该进程的属性和行为共同构建的。进程属性在接口中配置，进程行为是通过有限状态机的编程实现的。simple source 进程模型的自定义属性和有限状态机如图 2.6 所示。其中自定义属性在 Model Attributes 中设置，每个属性由属性名称(Attribute Name)、组(Group)、数据类型(Type)、单位(Units)和默认值(Default Value)五个域组成。

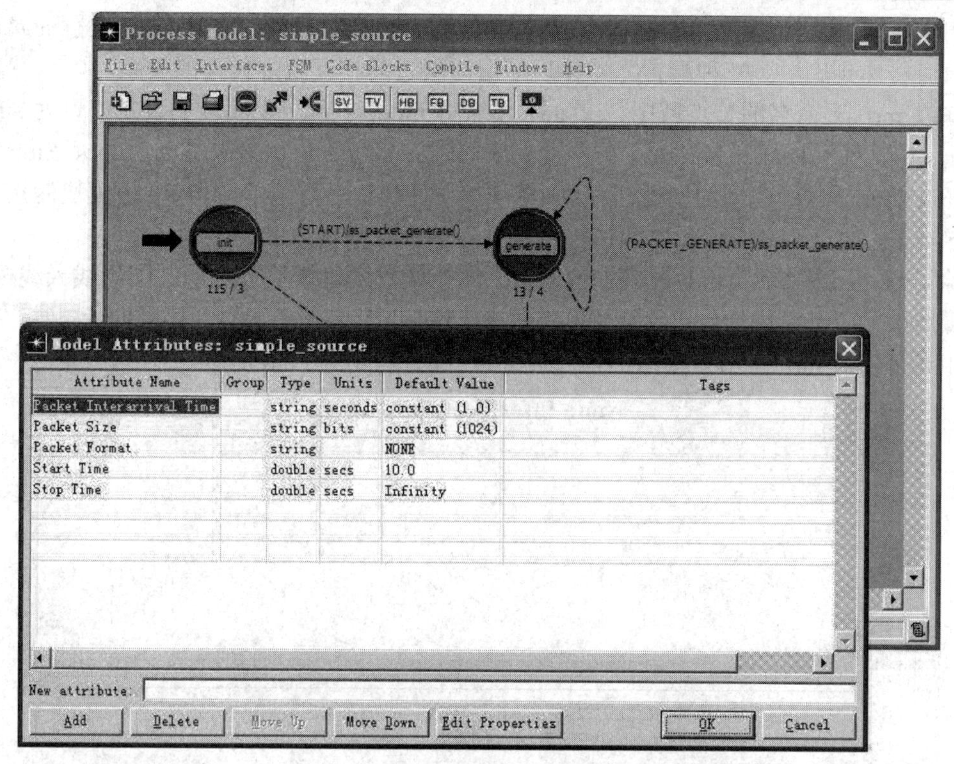

图 2.6　simple source 进程的自定义属性

simple source 的内建属性在 Process Interface 中配置，如图 2.7 所示。每个属性由属性名称(Attribute Name)、继承方式(Status)和初始值(Initial Value)三个域组成。

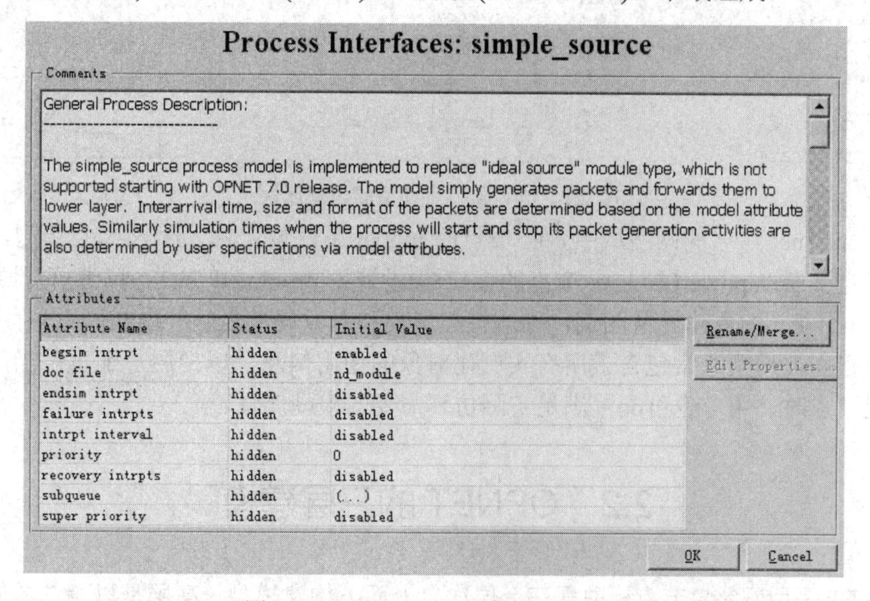

图 2.7　simple source 进程的内建属性

其中，继承方式有 set、promoted、hidden 三种配置方法：set 是提升属性的初始值，使其在节点域的节点对象中有效；hidden 表示属性存在，但不出现在高层模型中，在仿真过程中可进行属性值的调用；promoted 是将底层设置的属性提升到高层，高层设置的属性值在仿真时传递到底层。三种配置方式体现了层与层之间相互属性传递的关系。

在以 mrt_tx 命名的节点域中，tx_gen 模块将 process model 属性的设定值设为 simple source，并继承了 Packet Format、Packet Interval Time、Packet Size、Start time、Stop time 等 simple source 进程模型的属性，并可重新设定属性值。读者可对照 tx_gen 模块的接口和 simple source 的自定义属性和内建属性图例，理解模型和对象的属性联系。

除了 tx_gen 模块外，mrt_tx 还包含 radio_tx 无线发送机模块以及 ant_tx 无线天线模块。mrt_tx 继承了所有模块的自定义属性和 set、promoted 继承方式下的内建属性。同时，在节点域中还可以对 mrt_tx 节点模型的内建属性进行配置，如图 2.8 所示。

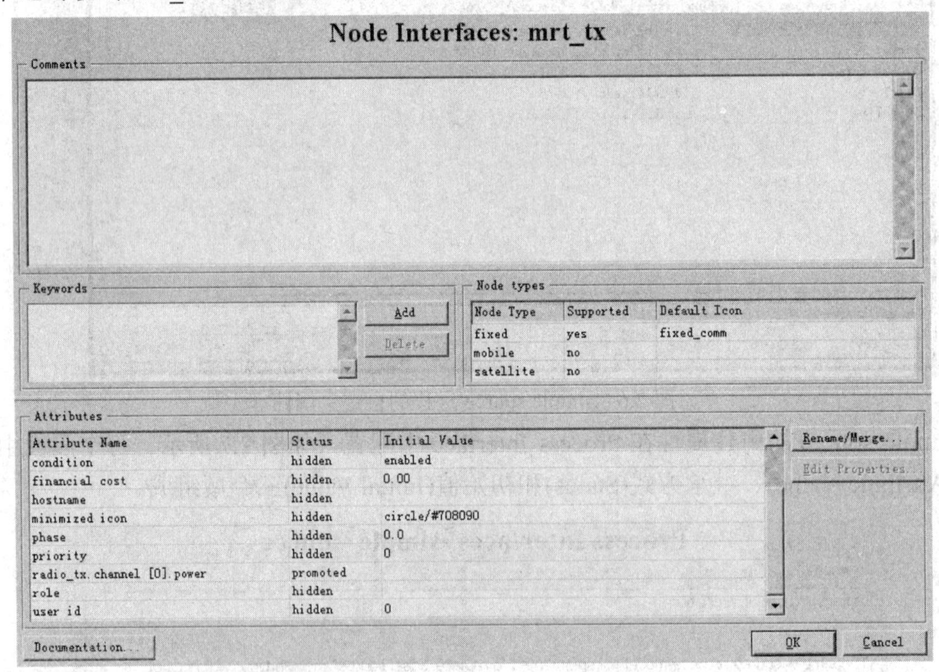

图 2.8　mrt_tx 节点模型的内建属性

在以 mrt_net 命名的网络域中，tx 节点的 model 属性设定为 mrt_tx 节点模型，同时发送机的自定义属性 power(参见 tx 节点的接口图)设置为 promoted 方式。读者可对照 tx 节点的接口和 mrt_net 的内建属性图例，理解模型属性和对象属性之间的内在联系。

应该指出，模型通常包含了所有实例化对象的通用信息，以便用户配置。当原始模型不能满足要求时，用户也可配置满足实际仿真需要的模型属性。

2.2　OPNET 的三层建模

OPNET 采用网络、节点、进程三个层次自上而下构建模型，高层是以相邻的低层为对象构建的。在作为最底层的进程中，又采用了有限状态机(FSM)的表达形式，通过 Proto C 语言实现编程。

2.2.1　网络域建模

在网络域中，通过把节点模型实例化的节点对象相互联系，可以构建出反映现实网络的拓扑结构。

网络域建模的对象包括子网、节点和对象三类。子网(networks)在节点中级别最高，可以封装其他网络层对象。节点(nodes)主要对应于网络设备，也包括业务配置的相关模块。通信链路(communication links)对应于现实网络中的连接链路，也包括逻辑链路。下面分别介绍网络域的建模对象。

1. 子网

与计算机网络中的概念不同，OPNET 中的子网自身不具有任何行为和特征，仅是包含网络对象的容器。一个子网可以包含一组节点和链路，代表物理上或逻辑上的网络模型。子网对象可以表征物理的网络，如局域网，也可以表征抽象的网络，如逻辑上的网络。

子网可以形成嵌套结构，即一个子网(父子网)能包含若干子网(子子网)。没有父对象的子网称为顶级子网(top network)，是子网的最高级别。

有三类子网：固定子网、移动子网和卫星子网，它们的区别是运动属性不同。固定子网不能发生位置的改变，移动子网能定义其运动轨迹，卫星子网则拥有轨道属性。

子网的引入可以简化地拓扑表示复杂的网络模型，突出网络的主要结构。

2. 节点

在 OPNET 中，节点表征各种网络设备，节点的属性和行为是物理设备的反映。例如，路由器主要与交换相关，路由节点属性中包含了 IP 路由协议的设置；同时，路由器的性能也与设备的硬件条件有关，路由节点也相应地包含了 CPU 的节点属性。因此，用户在利用通信节点建立模型或对已有模型配置属性的过程中，必须充分了解仿真设备的性能和特点。

网络中的节点对象是由节点模型实例化而得到的，与节点模型相对应，有固定节点、移动节点和卫星节点三种运动类型。

3. 链路

链路是节点间进行通信的信息通道。一条链路由至少一个信道组成，将源节点中发送机的输入流和接收机的输出流连接起来。

对应实际网络中的链路方式，OPNET 支持点到点链路、总线链路和无线链路。其中，点到点链路支持单工、双工两种工作方式；总线链路默认为双工。在网络域建模过程中，OPNET 能够根据总线上节点所拥有的收、发机模块，自动配置工作方式；必要时也可在链路属性中手工配置。无线链路是通过无线管道阶段工作的。

鉴于链路的连接作用，链路属性不仅与自身有关，还与接收机、发送机有关。我们以 cct_network 工程为例，该网络是一个以太网(Ethernet Network)，采用了总线链路连接节点，如图 2.9 所示。其中。总线链路对象是由自定义的链路模型(cct_link)实例化而得到的，包括总线(Bus)和接头(Tap)两个部分。图中，node_0～19 为发送节点(节点对象中仅有发送机，没有接收机)，node_20 为接收节点(节点对象中仅有接收机，没有发送机)。节点是用接头连接到总线上的，其中场景中央的长横线为总线符号，连接总线和节点的小竖线为接头符号。

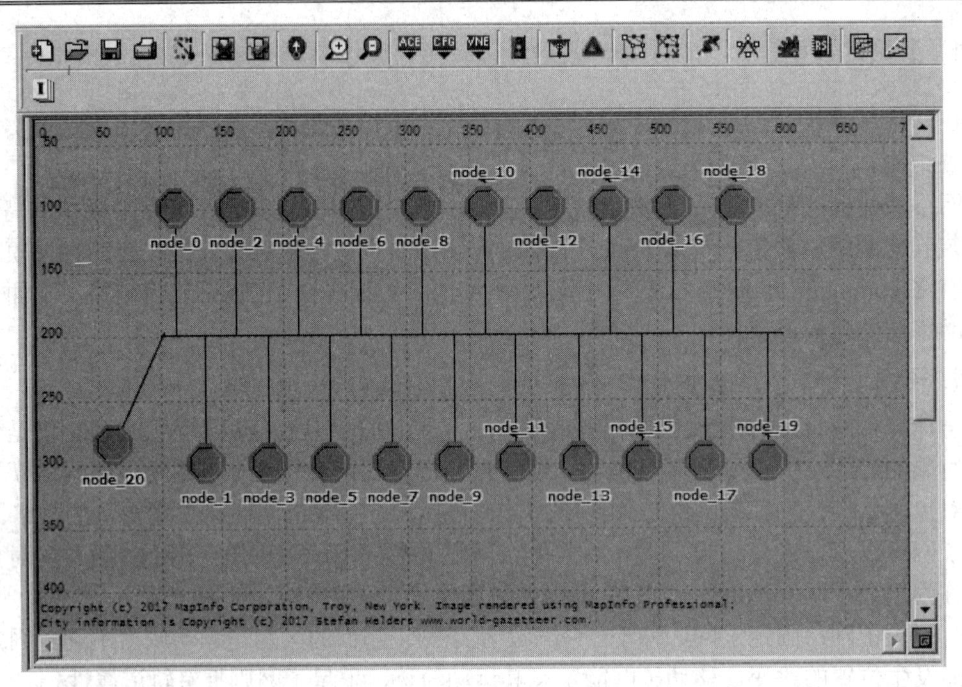

图 2.9　cct_network 场景

总线的属性如图 2.10 所示，包含名称(name)、模型(model)和传信率(data rate)。其中，设置总线的传信率为 1024 b/s(亦写为 bps)。

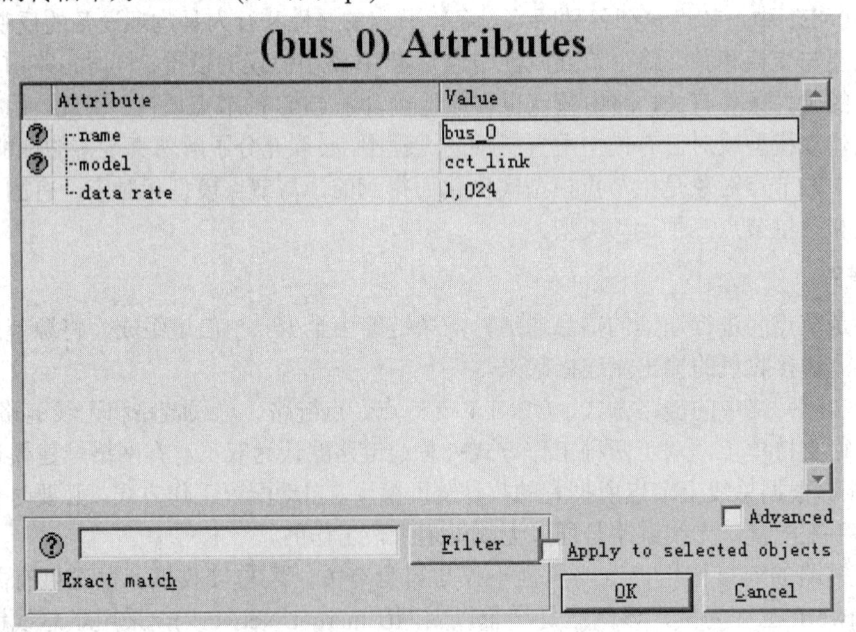

图 2.10　总线属性

网络中发送节点的接头特性相似，选取连接 node_4 的接头，其属性如图 2.11 所示。除了名字和模型两个域外，还有发送机(Transmitter)和接收机两个属性。由于总线接头具有双工工作能力，并且 node_4 为发送机节点(无接收机)，OPNET Modeler 将发送机属性设置为 node_4 的发送机，将接收机属性设置为空(NONE)。

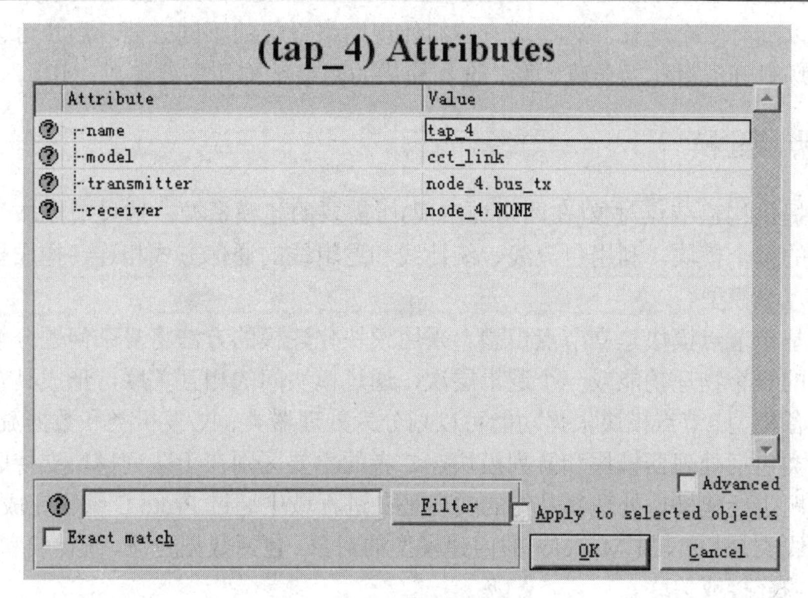

图 2.11 发送节点接头属性

再来看一下接收节点的链路情况。选取连接 node_20 的接头，其属性如图 2.12 所示。由于 node_20 为接收机节点(无发送机)，OPNET Modeler 将发送机属性设置为空，将接收机属性设置为 node_20 的接收机。

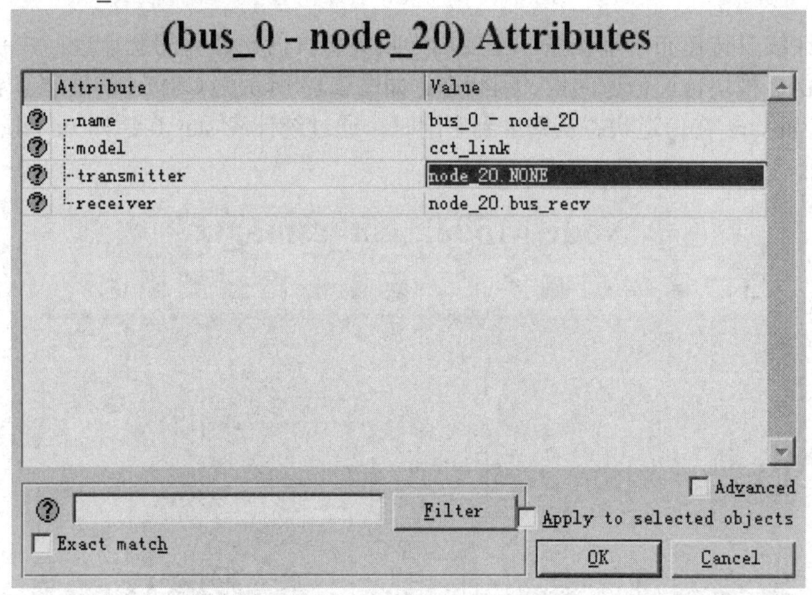

图 2.12 接收节点接头属性

在网络域建模中，可通过节点和链路对象形成一定的拓扑结构，构建网络模型。除此之外，还可以进一步对模型的协议、应用、流量进行配置，对仿真实验所需要的统计量及相关仿真参数进行配置，并可开展仿真实验。OPNET Modeler 将这样一个具有拓扑、协议、应用、流量、仿真等配置的网络模型称为一个场景(scenario)。

同时，OPNET Modeler 以场景为基础，应用了项目的方法。项目(project)是一套场景的集合。通过网络域中 Scenario 菜单可以进行场景的建立、复制、管理和切换。

项目可以拥有多个场景，这些场景能够体现网络设计的不同方面。用户可以对一个项目下的多个场景开展对比的仿真实验，选择最优的网络结构和关键参数，实现网络的优化。

2.2.2　节点域建模

节点域提供构建节点对象(在网络域实现)所需要的建模资源。通过节点域建模，把具有不同功能的多个模块，利用包流线、统计线和逻辑线的通信方式相连，构成能实现更完整功能的节点域模型。

节点域基于节点模块建立节点模型。采用模块化建模的方法将复杂问题分解，每个模块表征设备的一个物理功能或一个逻辑层次，通过模块间的相互关联，形成具有一定结构和功能的设备模型。节点模块根据功能可以划分为处理器类、收/发机类和数据流线类三种。

处理器类包括处理器模块和队列模块，二者的主要区别在于队列模块支持队列机制，可对排队问题进行建模。处理器功能的实现是在进程域中通过 Proto C 编程完成的。

数据流线类是 OPNET Modeler 的内建模型的对象，包括数据包流、统计线和逻辑关联，完成模块间的连接或关联。

(1) 数据包流是最为常用的一种数据流线，表征数据包从源模块到目的模块的通信路径，可以模拟节点内流过软、硬件接口的数据。数据包流的传输过程被认为是带宽无限且传输可靠的，同时，为了模拟实际数据传输过程，数据包流线还可设置时延属性(默认值为 0.0)。

(2) 统计线只传递布尔型变量，主要用于收集仿真内核计算的统计量，并通知目的模块，如向 MAC 模块传递信道的忙、闲状态。如图 2.13 所示为 CSMA 的发送节点模型。图中，接收机 bus_rx 在信道状态从繁忙到空闲时，通过统计线 stat_0 通知 tx_proc 模块，准备发送数据。

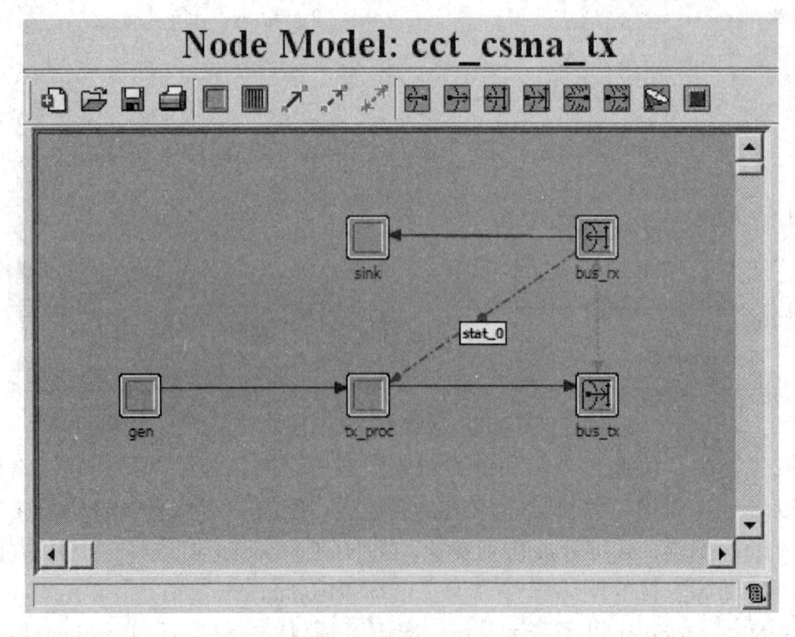

图 2.13　cct_csma_tx 节点模型

统计线也可作为数据包从源模块到目的模块的通信路径。与数据包流不同，其仅传递一个单独的布尔型数值。

(3) 逻辑线用于指明节点内部两个模块间存在的逻辑关系，主要用于收、发机模块的关联。如 cct_csma_tx 节点模型图例所示(图 2.13)，发信机 bus_tx 和收信机 bus_rx 用一条双向箭头的逻辑线关联。逻辑线不会产生数据传输。事实上，在仿真中逻辑连接并不产生任何动作。

收/发机类包括收信机和发信机。作为数据包流和节点通信的接口，收/发机类是通过管道阶段模型实现的。在一个收信机或发信机中，也可以建立多条信道(Channel)。

在三类节点域的对象中，处理机类和收/发机类是节点模块，数据流线类起到模块间的连接作用。通过将节点模块用数据流线相互连接，可形成节点模型。

在现实中，节点的原型(如网络设备)还存在着一个重要特征——运动特性。这种特性的不同，经常引起通讯方式和信号质量的不同。人们经常从运动特性的角度，对通信方式进行分类，如移动通信、固定电话等。与之相对应，OPNET Modeler 按运动方式将节点模型分为三类：固定(Fixed)节点、移动(Mobile)节点和卫星(Satellite)节点。可在节点接口(参见 mrt_tx 节点模型的内建属性图例)中 Node Types 下 Supported 域中设置。其中，固定节点在仿真中固定不动。移动节点根据所设定的轨迹或矢量(地面速率、方向以及垂直速率)在仿真中改变位置。轨迹可通过 Modeler 提供的图形界面工具或者文本编辑器生成。卫星节点根据所设定的轨道在仿真中改变位置，轨道可以在 Modeler 中生成。

在 OPNET Modeler 的节点域中，可以通过对象和属性建立节点模型，并以*.nd．m 格式存放或打开节点模型文件。

2.2.3 进程域建模

在 OPNET Modeler 中，进程域是实现各种协议算法的具体实体(Entity)。算法的实现是通过 OPNET Modeler 携带的 Proto C 语言编程完成的。Proto C 包括有限状态机、C/C++以及 OPNET Modeler 的核心函数。

在 Proto C 中，有限状态机采用了图形和代码结合的方法：用 FSM 图形格式支持顶层控制流，使协议和算法更加直观、图形化，便于分解和简化所研究的问题；而图形中状态及转移的具体行为是靠代码来描述的，通过 C/C++及 OPNET Modeler 的核心函数编写。对应于有限状态机图形和 C/C++语言结构，进程域提供了状态入口和出口、状态变量、临时变量、头文件区、函数区等多个编程接口， 供用户编辑代码。图 2.14 为 simple_source 进程中 generate 状态的状态入口代码。

在编码中，经常会用到 OPNET Modeler 的核心函数(Kernel Procedure)，简称 KP。核心函数包含了大量的被进程模型、收/发信机管道阶段和 C/C++函数调用的 OPNET API，为进程建模带来了很大便利。

进程域建模中，所建立的进程模型以*.pr.c 和 C/C++以及管道阶段等文件类型保存。

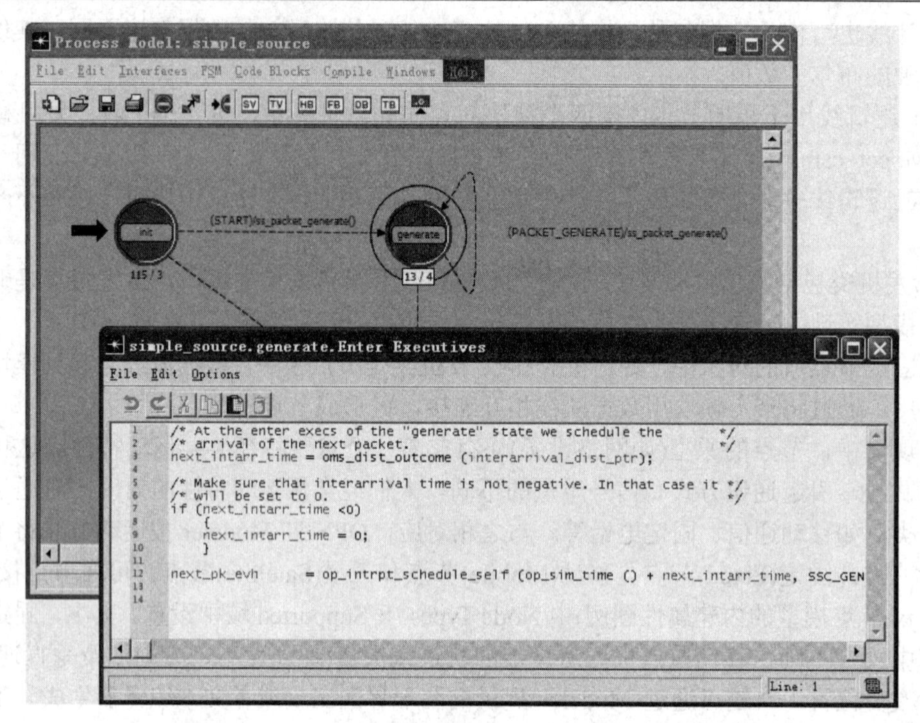

图 2.14　simple_source 进程 generate 的状态入口

第三章　基于中断的离散事件仿真

仿真是一个动态的过程，需要按一定的逻辑去处理许多任务。可以把仿真比作成人的走路过程。人在走路中，不仅要有骨骼、肌肉等人体运动结构的支持，还需要脑和神经系统的指挥。同样地，仿真不仅需要一个由图形语言和代码所构建的模型结构，还需要有一个驱动机制，指引仿真中各个动作逻辑有序地进行。

在 OPNET 中，这种驱动机制以进程模型为主体，由仿真内核调度，是通过基于中断的离散事件实现的。

3.1　离散事件仿真

3.1.1　仿真事件表

在 OPNET 仿真中，事件是指状态的变化，如数据源发送数据包、定时器超时、信道空闲与繁忙的转变等，都构成了事件。而中断是对事件的处理。

事件和中断是一对相互关联的范畴。一般地，一个事件总会引起一个中断。但此中断不一定真正去执行，例如用事件类核心函数 op_ev_cancel()可以删除已经预设(Schedule)但尚未执行(Excution)的事件。

事件和中断在 OPNET 的仿真中发挥着极其重要的作用，可以说，OPNET 仿真就是一系列事件和中断相互引发、交替作用的动态过程。在这个过程中，需要对事件进行有效管理。OPNET 是通过**仿真事件表**(Simulation Event List)来完成这项工作的。

仿真事件表是一个动态的列表，包括时间、事件标识、中断类型、源、数据和执行模块等属性，各属性特点如下：

(1) 时间(Time)：表征事件执行的仿真时间，为非负的双精度浮点值。

(2) 事件(Event)：包括执行 ID、调度 ID 和中断类型。

• 执行 ID(Excution ID)：是事件执行顺序的唯一标识。由于仿真事件表可以不断插入新的事件，从而改变预期的执行顺序，对于特定事件而言，其执行 ID 也在不断地变化。每执行完一个事件，执行 ID 加 1。执行 ID 主要表征已经发生的事件，应用于 OPNET 调试器(OPNET Debugger，ODB)，用以分析仿真的交互关系。

• 调度 ID(Scheduled ID)：是事件预设顺序的唯一标识，表征新的事件产生的顺序。由于新的事件可以预设在相对于当前仿真时间的任意仿真时间上，调度 ID 和执行 ID 的顺序是不一致的。

- 类型(Type)：该属性通过仿真内核决定事件中断的类型。

(3) 源(Source)：表示事件产生的模块及源模块中事件的执行 ID。

(4) 数据(Data)：包括输入流标识(instrm ID)、数据包标识(packet ID)、代码(code)等事件信息。

(5) 模块(Module)：表征仿真事件的执行模块。

在运行仿真的过程中，可以通过对某一模块的事件设置断点，在 ODB 中观察到事件属性。以工程 mrt_net 为例，在 antenna_test 场景下运行仿真。将接收节点 rx 下的 rx_sink 模块设置成模块中任意事件产生断点(Break On Any Event For This Module)的方式，如图 3.1 所示，则可以在 ODB 窗口中，观察事件的属性。

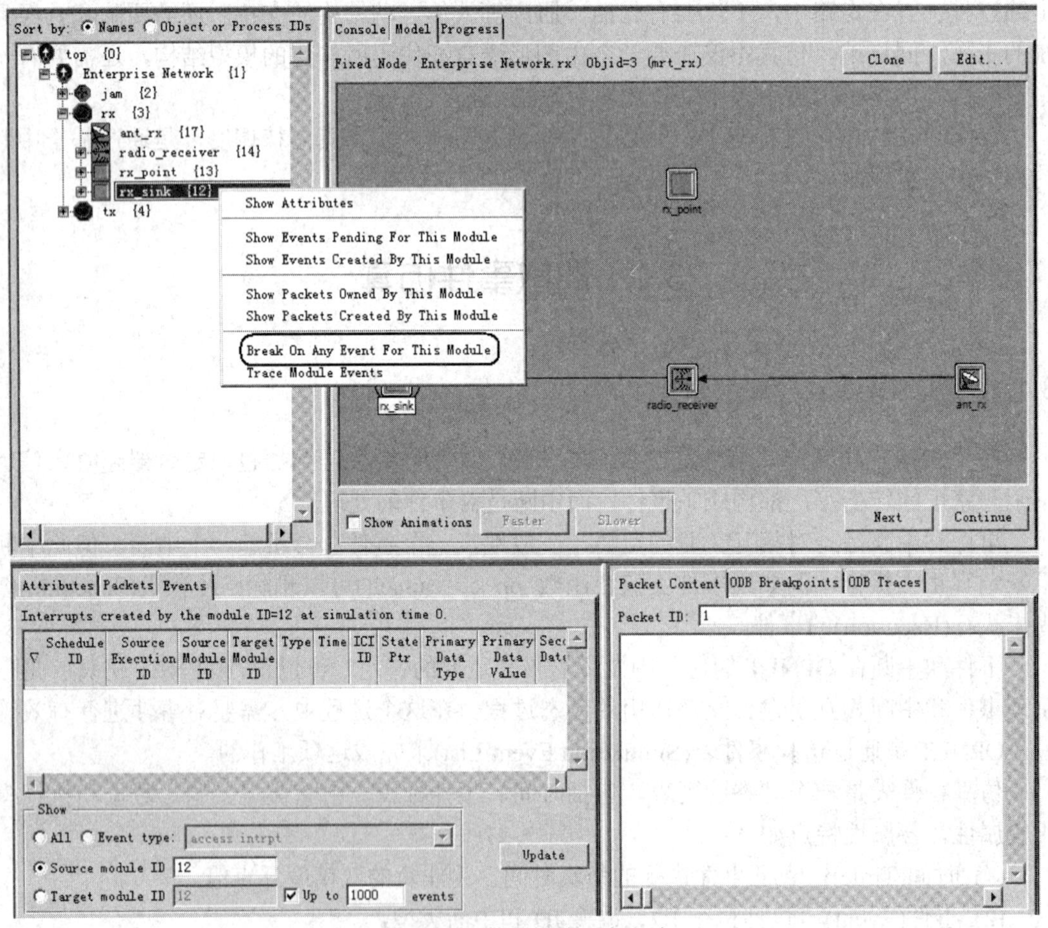

图 3.1　事件属性的观察方法

图 3.2 为在 ODB 窗口中截取的 rx_sink 模块的一个事件的属性。图中包含了时间、事件、源、数据、模块等五个属性。

```
____________________________ (ODB 14.5.A: Event) ____________________________

    * Time   :  16.000003333335 sec, [16s . 000ms 003us 333ns 335ps]
    * Event  :  execution ID (70), schedule ID (#78), type (stream intrpt)
    * Source :  execution ID (68), top.Enterprise Network.rx.radio_receiver [Objid=14] (radio receiver)
    * Data   :  instrm (0), packet ID (11)
    > Module :  top.Enterprise Network.rx.rx_sink [Objid=12] (processor)

breakpoint #0 trapped: "stop at event in module (top.Enterprise Network.rx.rx_sink [Objid=12])"
```

图 3.2 时间属性实例

其中，事件执行的仿真时间约为 16 秒；事件的执行 ID 为 70，调度 ID 为 78，处理事件的中断类型为流中断；源模块为 rx 节点的 radio_receiver，源模块的流中断事件的执行 ID 为 68；执行模块是 rx 节点的 rx_sink；数据中输入流号为 0，数据包 ID 为 11。

我们还可以用一个模块间的接收过程，将上述事件的主要属性串接起来，以便更好地理解其中的内涵。作为接收机的源模块收到来自接收天线的一个数据包(ID=11)，发给 instrm 为 0 的包流线，并通过仿真内核预设了包流线的输出节点——rx_sink 中的事件(流中断事件)，执行的仿真时间约为 16 秒。

在 OPNET 中，对仿真事件表的管理是由**仿真内核**(Simulation Kernel，SK)施行的。仿真内核是 OPNET 中的控制中心。如果将 OPNET 仿真平台比拟成一台计算机，那么仿真内核就是 CPU。在仿真中，仿真内核能够对事件进行管理和调度进程。

3.1.2 离散事件驱动

在实际应用中，仿真要对网络通信的某个过程进行模拟，模拟中涉及的协议、节点、实体间彼此相互作用。因此，仿真必然涉及许多的事件和中断。而在这些事件中，一个事件可能是由另一个事件触发的，彼此间存在着复杂的时序关系和逻辑关系。如何将这些纷繁复杂的事件进行合理的调度并有效地控制进程的行为，是仿真中的核心问题。

为了解决上述问题，OPNET 采用了一种称为离散事件驱动(Discrete Event Driven)的仿真机制，其基本思想如下所述：尽管物理世界的网络通信是连续发生的，但我们总可以将其分解为离散的事件。而离散事件总是在离散的时间点上发生的，不发生事件的时间段本质上对我们的仿真不产生任何影响。因此，尽管时间是连续的，我们可以仅对事件发生的离散时间点进行处理，从而简化仿真的模型和过程。基于上述思想，OPNET 形成了离散事件驱动机制。

下面我们以 simple_source 进程为例，描述离散事件驱动的主要过程。

在仿真开始时刻(仿真时间为 0)，通常要对进程进行初始化。这种对进程进行初始化的事件称为初始仿真(Begin Simulation，BEGSIM)事件，简称为初始事件。初始事件是在进程接口(Process Interface)的 begsim intrpt 属性中设置的，如图 3.3 所示。

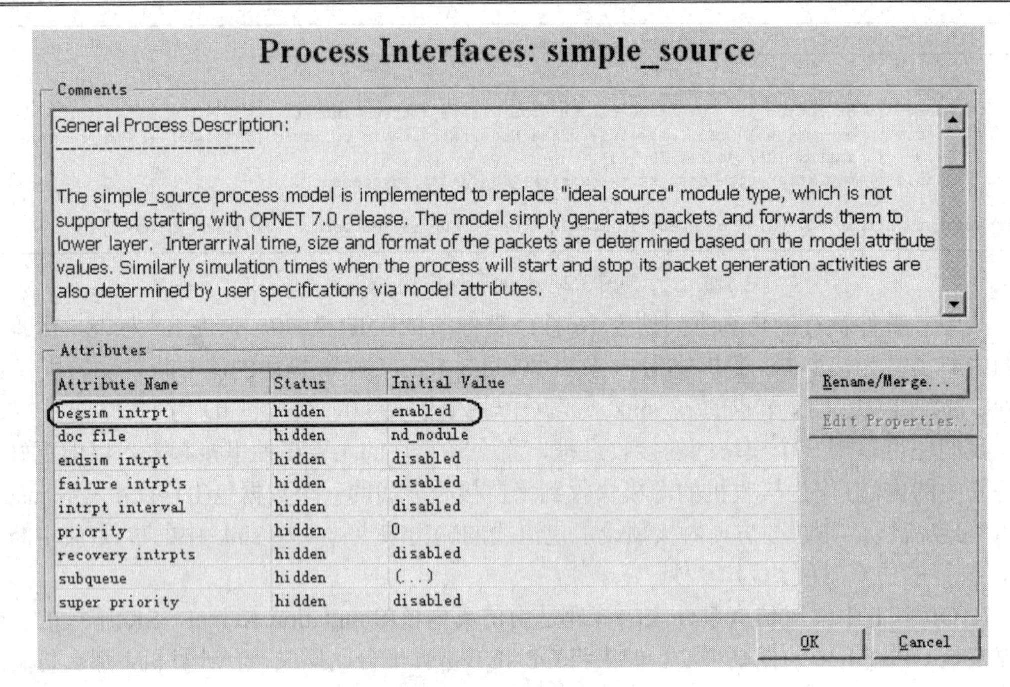

图 3.3　初始事件的设置

当设为使能时，初始化代码将在仿真开始后最先执行。初始化代码位于进程的初始状态中，以粗箭头表征，如图 3.4 所示。

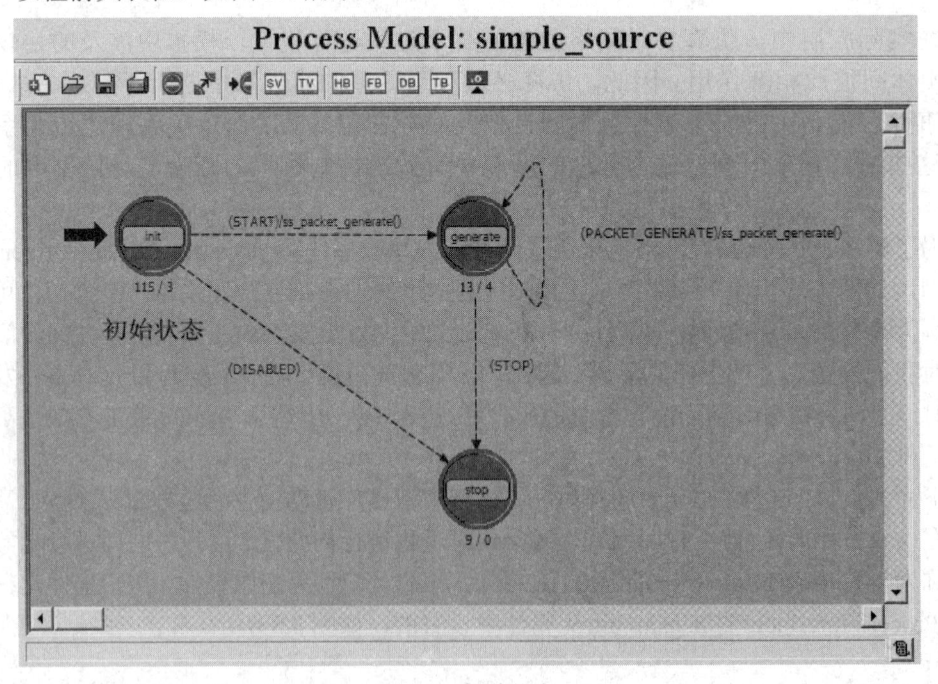

图 3.4　初始状态

在仿真开始前，仿真内核按照进程的优先级，将这些初始事件加入到仿真事件表中。优先级高的事件在前，优先级低的事件在后。若优先级相同，则按照加入仿真事件表的自然顺序(natural order)排列。包含了时间、类型和模块属性的仿真事件表，如图 3.5 所示。

	时间（Time）	类型（type）	模块（Module）
表头	0.0	初始事件	模块1
	0.0	初始事件	模块2
	...	...	...
表尾	0.0	初始事件	模块n

进程优先级或自然顺序

图 3.5　开始时刻的仿真事件表

在 OPNET 仿真中，还涉及仿真控制权的概念。由于在一般情况下，离散事件仿真是在串行计算机中进行的，同一时刻只能处理一个事件。一个实体要对事件进行处理，必须获取执行仿真的权利，我们称这种权利为**仿真控制权**。

仿真开始后，仿真内核将首先执行位于表头的事件，并将仿真控制权转给模块 1。模块 1 获得控制权后，将执行该模块进程模型的初始状态，进行进程的初始化，这一过程中通常包括读取对象属性、注册统计量和设置自中断等工作。其中，自中断用来预设未来的中断事件，可通过中断函数集中的自中断函数实现，该函数的作用是为调用进程预设一个中断事件。

自中断函数的调用形式为：

op_intrpt_schedule_self (time, code)

其中，第一个参数 time 为 double 型，表示预设事件的执行时间，该值为绝对仿真时间，而不是当前仿真时间的时延。第二个参数是用户自定义的中断代码，用以标识该自中断。

simple_source 进程初始状态中包产生的启动自中断代码如下：

```
/* Schedule a self interrupt that will indicate our start time for   */
/* packet generation activities. If the source is disabled,          */
/* schedule it at current time with the appropriate code value.      */
if (start_time == SSC_INFINITE_TIME)
 {
 op_intrpt_schedule_self (op_sim_time (), SSC_STOP);
 }
else
 {
 op_intrpt_schedule_self (start_time, SSC_START);
     ⋮
 }
```

模块 1 在获得控制权后，若其初始状态为非强制状态(unforced state)，执行完入口(Enter Execs)程序后，模块 1 停止运行并等待激活，进入阻塞状态，同时把控制权归还仿真内核。仿真内核在获得控制权后，首先将已处理的事件(即表头事件)删除，并将自中断引发的预设事件按执行时间加入到仿真事件表中。若初始状态为强制状态，则继续执行至下一状态。直至到达一个非强制状态，再执行入口后阻塞和转让控制权。

自中断事件插入事件表是按照执行的仿真时间进行的，先执行的在前，后执行的在后。对于在同一仿真时间执行的多个事件按照优先级排序，若优先级也相同，则按事件的自然顺序排序。特殊地，在初始状态用 op_intrpt_schedule_self(0.0, code)时，预设的自中断执行时间和初始事件的执行时间是相同的，都是零时刻。

执行过图 3.5 表头的初始事件后，仿真内核将其从列表中删除，并加入模块 1 的自事件(为了描述方便，记为自事件 1，依次类推)，如图 3.6 所示。由图可见，仿真事件表是按执行时间排序的，先执行的在前，后执行的在后。若执行时间相同，则按优先级及自然顺序排序。

	时间（Time）	类型（type）	模块（Module）
表头	0.0	初始事件	模块 2
	…	…	…
	0.0	初始事件	模块 n
表尾	仿真时刻 t	自事件	模块 1

执行时间排序

图 3.6　第一个初始事件执行后的仿真事件表

之后，仿真内核将控制权转让给模块 2，执行相应的初始事件，并按上述排序规则加入模块 2 的自事件(自事件 2)。应该指出，自事件 2 不一定是在自事件 1 后面。事实上，若自事件 2 的执行时间小于 t，则其将被插入到自事件 1 之前。

以此类推，当执行完初始事件 n 后，将执行表头的自事件。此时，仿真内核将控制权转让至生成该自事件的模块。该模块将从阻塞中被唤醒，继续执行初始状态的出口程序，并根据状态转移条件转移到下一个状态中。若下一个状态为非强制状态，则执行入口程序后，阻塞并返回控制权；若为强制状态，则继续执行下一状态，直至执行到非强制状态。

随着状态的执行，进程还会预设其他类型的事件，如流事件、远程事件等。这些事件将按照执行时间的先后插入到时间表中，若执行时间相同，则按优先级及自然顺序排序。

如上所述，事件处理(即中断)将导致仿真内核的控制权转让，得到控制权的进程将执行代码，进而又会生成新的事件。就这样，仿真像一台启动的机器连续不断地进行下去，直到事件表已空或仿真时间已经到达，才停止运行。我们可在网络域 Configure/DES 下的区间(Duration)域，设置仿真时间，如图 3.7 所示。

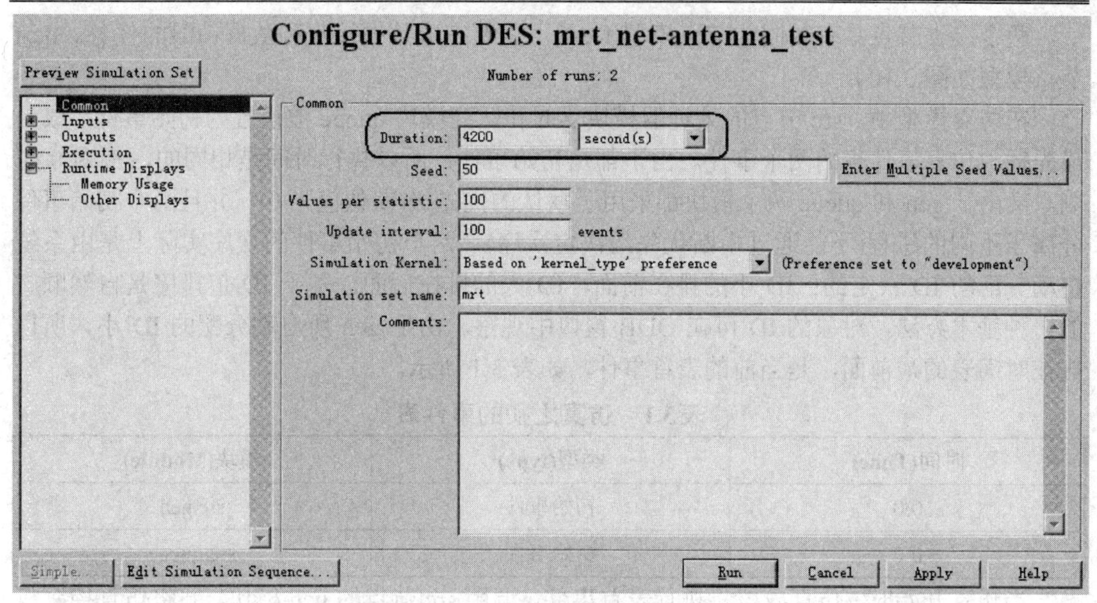

图 3.7　区间域设置

3.1.3　驱动实例分析

下面给出一个名为 discrete_event_driver_example 的工程实例，说明离散事件驱动的工作过程。该工程的网络域模型如图 3.8 所示。

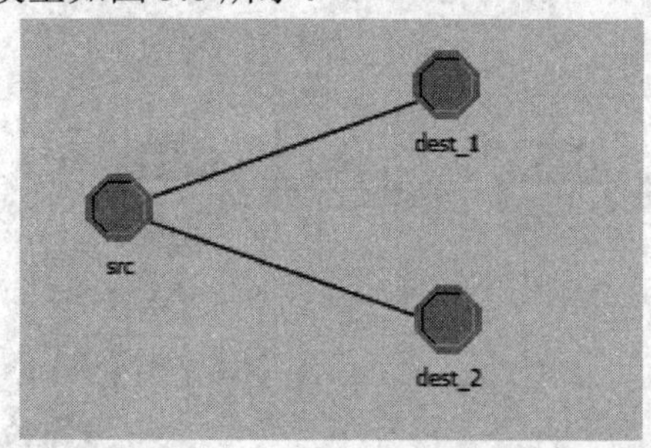

图 3.8　discrete_event_driver_example 的网络域模型

该模型是一对二的多播系统，由一个发送节点 src 和两个接收节点 dest_1 和 dest_2 组成。发送节点 src 主要完成产生数据包、队列管理和数据发送的任务，src 节点模型如图 3.9 所示。

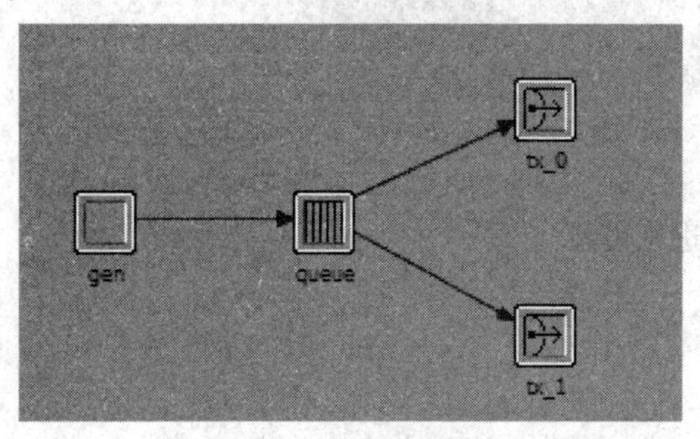

图 3.9　发送节点 src

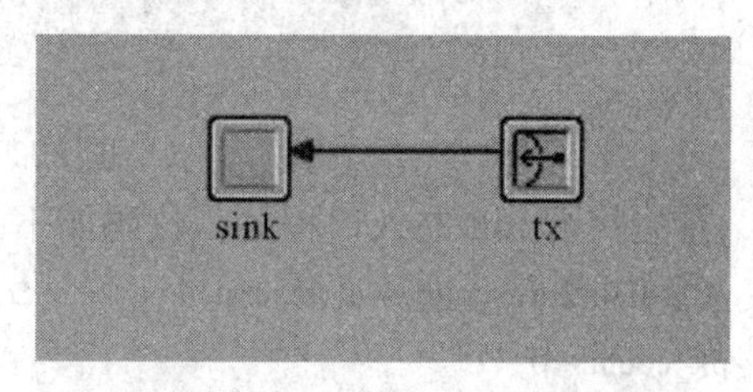

图 3.10　接收节点 dest

两个接收节点具有相同的节点模型(Dest)，主要完成数据接收和数据销毁的任务。dest 节点模型如图 3.10 所示。

在仿真模型中，src 节点的处理器模块 gen 和队列模块 queue 被设置为初始事件，成为最先插入仿真事件表的两个事件。由于都是初始事件，所以执行时间是相同的，都为 0 时刻。又由于 gen 和 queue 两个模块都采用了默认的优先级(默认值为 0)，并且两个初始事件分属于不同的进程(不能通过中断优先级决定次序)，两个初始事件的次序实际上是由系统自动分配的 ID 决定的：ID 小的排在前面，ID 大的排在后面。基于 ID 值排序是自然顺序的一种基本方法，对象的 ID 可在 ODB 窗口中观察。由于 gen 所自动分配的 ID 小，所以排在时间表的最前面，是当前的表首事件，如表 3.1 所示。

表 3.1　仿真之初的事件表

时间(Time)	类型(type)	模块(Module)
0.0	初始事件	src.gen
0.0	初始事件	src.queue

当仿真开始时，仿真内核将执行表首事件，调用 src 节点的 gen 模块，并将仿真控制权转交。模块 gen 在获得控制权后，首先执行其初始状态 Init，该状态是强制性状态，如 gen 的进程模型(图 3.11)所示。图中，Init 是黑色箭头所指的状态，表示为初始状态。

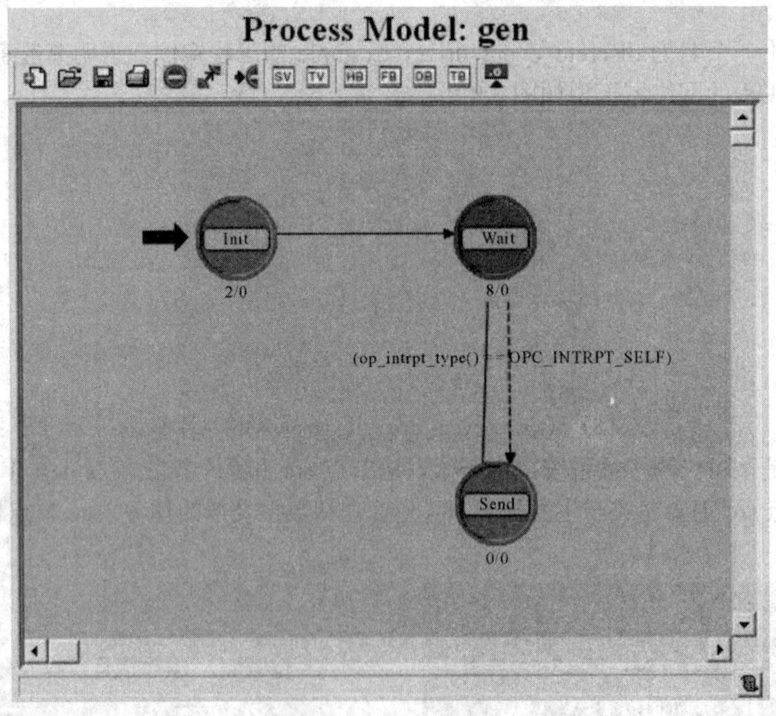

图 3.11　gen 进程模型

首先执行 Init 的入口程序，代码如下：

```
/* Initialize the counter of generated packets. */
pk_count = 0;
```

由于 Init 是强制性状态，执行完入口代码后，立刻执行出口代码。之后，判断状态转移条件，进行状态转移。由于 Init 到 Wait 的状态转移是无条件的，所以 gen 在执行完 Init 出口代码后，立即转移到状态 Wait，并执行其入口代码：

```
/* Generate a uniformly distributed random duration. */
rand_time = op_dist_uniform (10.0);

/* Get the current simulation time, */
cur_time = op_sim_time ();

/* Schedule a self intertrrupt for a future time. */
op_intrpt_schedule_self (cur_time + rand_time, 0);
```

该段程序在时间间隔为均匀分布的随机时间上预设自中断。随机时间是通过当前仿真时间和随机时间间隔相加得到的，其中：当前仿真时间是通过调用仿真函数 op_sim_time()得到的；时间间隔是通过调用分布函数 op_dist_uniform()得到的。所预设的自中断将发生在当前仿真时间之后、间隔 rand_time 的时间点上。

由于 Wait 是非强制状态，在执行完入口代码之后，将不再执行出口代码；而是标记中断点、阻塞状态，并将仿真控制权交还仿真内核。

仿真内核获得控制权后，首先将该自事件插入到仿真事件表中。由于该自中断的执行时间在 0 时刻之后，所以插在两个初始事件之后。特殊地，若 cur_time 为 0 (这是有可能发生的，因为其服从 0.0 秒至 10.0 秒上的均匀分布)，则该自中断的执行时间和初始事件是相同的。该情况下，由于初始事件是先加入的，按照自然顺序的规则，该自事件仍将插入到所有自事件之后。插入自事件之后的仿真事件表如表 3.2 所示。

表 3.2　插入自事件后的事件表

时间(Time)	类型(type)	模块(Module)
0.0	初始事件	src.gen
0.0	初始事件	src.queue
rand_time	自事件	src.gen

仿真内核在插入自事件后，src.gen 的初始事件就彻底执行完了。仿真内核将删掉该事件，如表 3.3 所示。此时 src.queue 的初始事件成为表首事件，此时的仿真时钟依然保持在 0.0 秒。

表 3.3　删除 gen 初始事件后的事件表

时间(Time)	类型(type)	模块(Module)
0.0	初始事件	src.queue
rand_time	自事件	src.gen

此时，仿真核心向 queue 队列递交一个初始中断，src.queue 中的进程获得控制权。执行到非强制状态后，阻塞并归还控制权。仿真内核删除该初始事件，执行模块为 gen 的自事件成为表首事件，如表 3.4 所示。

表 3.4　删除 queue 初始事件后的事件表

时间(Time)	类型(type)	模块(Module)
rand_time	自事件	src.gen

仿真内核调用 gen 模块，并将控制权转交。模块 gen 获得控制权后，将找到中断标记点，继续执行 Wait 的出口程序。在执行完出口之后，测试状态转移条件：op_intrpt_type() == OPC_INTRPT_SELF。由于当前中断是由自事件产生的自中断，转移条件是满足的。有限状态机将由 Wait 状态转移到 Send 状态，并执行其入口代码：

```
/* Create a packet with size 1000 bits. */
pkptr = op_pk_create (1000);

/* Send packet to stream index 0. */
op_pk_send (pkptr, 0);

/* increment the number of packets that have been sent. */
pk_count++;
```

该段代码将在预设的自中断时刻产生、发送数据包，并计数。包产生和发送分别是由 OPNET 核心函数 op_pk_create()、op_pk_send()实现的。其中，调用 op_pk_send()发送报文，触发了一个流事件(stream interrupt, STRM)。该流事件负责把产生的包无时延地传送到 queue 队列，其由 gen 模块产生，由 queue 模块执行。

由于无延时，其执行时间也为 rand_time，根据自然顺序加入到 gen 所产生的自事件之后(流事件是后加入事件表的)，如表 3.5 所示。

表 3.5　加入流事件后的事件表

时间(Time)	类型(type)	模块(Module)
rand_time	自事件	src.gen
rand_time	流事件	src.queue

由于 Send 是强制状态，执行完入口程序后，立即执行其出口代码。执行完整个状态代码后，无条件地重新转移到 Wait 状态(参见 gen 进程模型)。Wait 在执行入口代码后，标记中断点并阻塞，归还控制权，仿真内核将处理下一个事件。仿真将一直进行下去，直到仿真事件表为空，或到达了所设置的仿真结束时间。

3.2　驱动问题的深入讨论

为了进一步理解离散事件驱动，我们将以下问题提炼出来做专题讨论。

3.2.1　深刻理解仿真中的时间

在仿真事件表中，事件是以**仿真执行时间**排序的。执行时间是一个单向递增的过程，其只向前发展或保持不变，不会向后发展，这和我们的物理世界中的时间是一致的。

执行时间反映了真实的物理现象的时间规律。例如，在数据包产生中，我们经常根据通信中的业务统计规律，假设为泊松分布，到达时间间隔服从于指数分布。我们可以将自中断函数的时间参数设置为一个具有指数分布的随机变量，从而预设具有泊松分布的多个自事件，再通过自事件的调用，生成具有泊松分布的业务量，客观反映实际业务的规律。

执行时间还可能出现同时发生的情况，即多个事件同时执行。这可能是由于客观世界所发生的事件是同时发生的。例如，在无线通信网络中，多个节点共享无线信道，同时接收无线信号，而不是一个接收完，再接收另一个。更多情况下，同时发生事件可能是由于仿真自身的特点造成的，如多个进程经常需要同时初始化。

同时发生事件可能是在不同的节点、进程中，也可能发生在同一个进程中。例如，初始状态中自中断的预设时间为 0 时刻，其仿真时间即为 0 时刻，因而自事件和初始事件的执行时间相同——二者构成同时发生事件。

在离散事件驱动中，只有执行时间才是有效的时间。本质上，我们在非执行时间中什么也不做。而且在执行一个事件的过程中执行时间总是不变的。事实上，执行一个事件的过程就是仿真内核将控制权转让给执行事件的进程，进程运行状态代码，直到执行至非强制状态，并执行入口代码后阻塞，然后返回给仿真内核的过程。该过程中仿真时间不会变化。

执行时间不同于在计算机上运行仿真的时间(我们称之为**仿真运行时间**)。尽管仿真运行时间也是单向递增的，但不会出现同时发生的情况，也不会产生跳跃。仿真中可能出现很长一段运行时间都在处理一个执行时间的多个事件。例如，多个初始事件的仿真执行时间都为 0，但在计算机上必须逐次进行。另一方面，如果两个仿真事件之间间隔 t 秒，那么执行时间会直接跳跃过这 t 秒，而仿真运行时间总是线性地递增的，不可能发生非线性的跳跃。

3.2.2　同一时刻的事件排序

我们知道，在仿真事件表中，同时发生的事件是按优先权排序的。那么优先权又是如何确定的呢？OPNET 提供了对象优先权和中断优先权两种方法。

对象优先权适合确定不同执行模块下事件的优先权。仿真内核用优先权速率(Priority Rating)来决定对象优先权的高低。仿真速率可视为以下两个参数的函数。

- 模块优先权：适用于处理器和队列模块。
- 节点和子网优先权：适用于包含模块的节点和直接包含模块的子网。需要注意的是：子网必须是直接包含模块的对象，上一级子网的优先权不起作用。

优先权速率是基于继承关系的，高层是父对象，低层是子对象。父对象的优先权将被优先考虑。

此外，OPNET 还可以在模块中设置超级优先权(Super Priority)。这种方法打破了继承关系，具有高于优先权速率的最高优先权力。超级优先权的设置方法如图 3.12 所示。

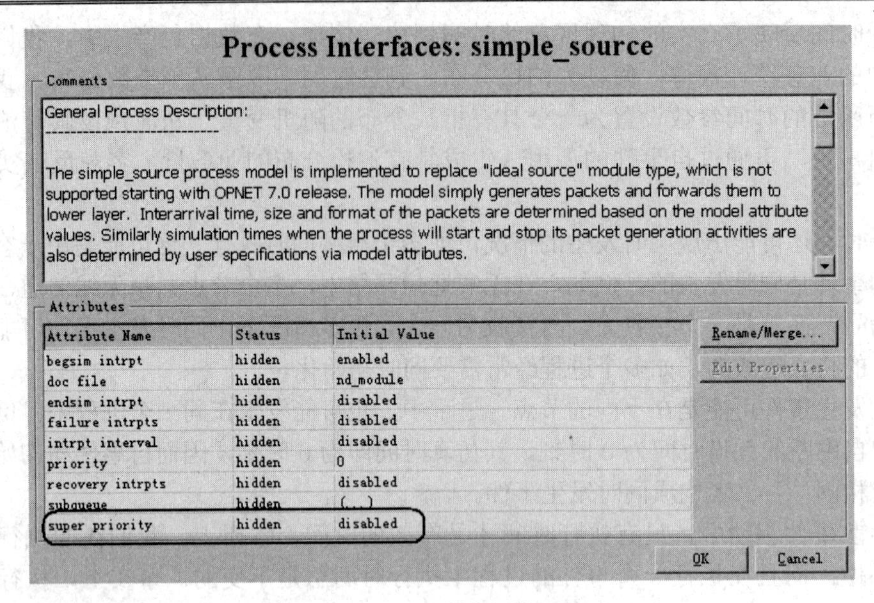

图 3.12　超级优先权的设置

表 3.6 为对象优先权的比较规则，其中节点(X)表示包含模块 X 的节点，子网(X)表示直接包含节点(X)的子网。

表 3.6　A 优先权与 B 优先权的比较

A.超级优先权使能 并且 B.超级优先权未使能
子网 (A).优先权> 子网 (B). 优先权
子网 (A).优先权= 子网 (B).优先权 并且 节点 (A).优先权> 节点 (B). 优先权
子网 (A).优先权= 子网 (B).优先权 并且 节点 (A).优先权= 节点 (B).优先权 并且 A.优先权> B.优先权

那么，多个事件在同一模块中同时执行时，优先权是如何确定的呢？OPNET 采用了中断优先权的方法进行设置。

不同于对象优先权，中断优先权是基于进程，而非基于模块的(或者说是基于模型，而非基于对象的)，可通过模型代码实现。OPNET 中断函数集提供了 op_intrpt_priority_set() 核心函数，可以对中断优先权进行设置。此函数包含以下三个参数：

- 类型(type)：指的是中断的类型，如自中断、流中断、统计中断等。
- 代码(code)：是用户自定义的中断号。对于不同的中断有不同的含义，例如：对于流中断来说，表示输入流的索引号；对于统计中断来说，表示统计输入的索引号。

• 优先权(priority)：指的是优先权值，默认值为0。

以下为多个事件在同一模块中同时执行并进行优先权设置的代码实例：

```
/* Set the priorities of the three instreams.          */
/* stream a has highest priority, stream b middle      */
/* priority, stream c lowest priority of the three. */
op_intrpt_priority_set (OPC_INTRPT_STRM, STREAM_A, 15);
op_intrpt_priority_set (OPC_INTRPT_STRM, STREAM_B, 10);
op_intrpt_priority_set (OPC_INTRPT_STRM, STREAM_C, 5);
```

以上我们已经了解了优先权排序的方法。那么，如果两个事件的优先权完全相同，又如何在事件表中排序呢？事实上，OPNET采用了自然顺序的方法，即先加入到时间表的在前，先行执行。

在许多情况下，一些同时发生的事件的顺序是不需要关心的。例如，在以太网模型中，无论哪个接收节点先初始化或者先接收总线上的数据，都不会对网络的性能产生任何影响。但是，在某些场合，自然顺序又是很重要的，甚至可能是建模的最好手段。下面以 wlan_sta tion_adv 节点模型为例说明这个问题，该模型位于\OPNET\14.5.A\models\std\wireless_lan 目录下，如图3.13所示。

在 wlan_station_adv 节点模型中，实现无线网络功能的核心模块是无线局域网MAC子层(wireless_lan_mac)和 MAC 接口模型(wlan_mac_intf)。根据协议，MAC与其接口的初始化不能独立完成，要相互以对方行为的发展、变化作为条件。如何实现这种具有交互关系的初始化呢？

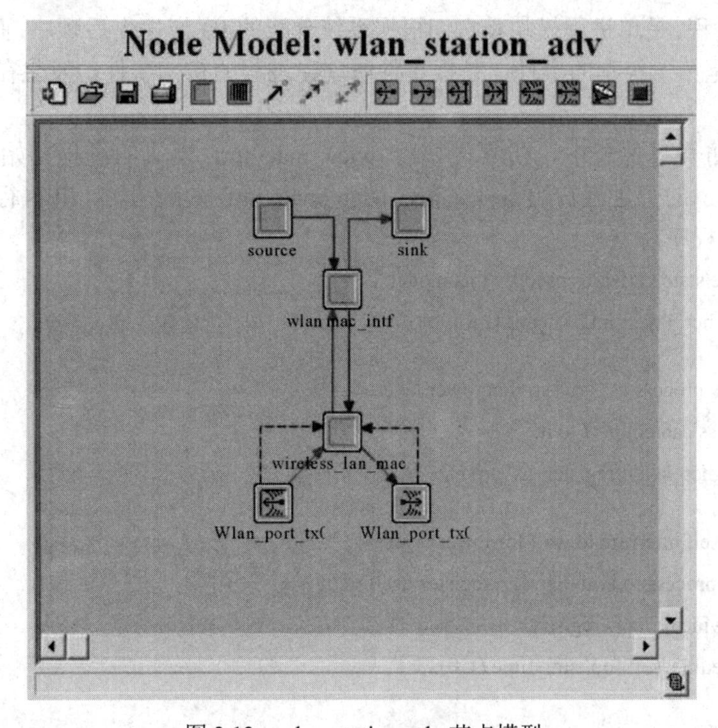

图3.13 wlan_station_adv 节点模型

首先，采用对象优先级的方法是不行的。这是因为两个模块的初始事件要交互进行，而设置对象初始化会使高优先级模块先执行，无法进行交互。同时，由于二者不在一个进程中，采用中断优先级的方法也不能发挥作用。因此，在该情况下最适合采用自然顺序的方法。

wlan_station_adv 节点模型(如图 3.13)采用了初始化的状态分解和自然顺序方法实现了交互初始化。下面我们将通过相关的模型和代码，具体分析一下交互初始化的实现过程。

图 3.14 为 wlan_mac_intf 模块的进程模型中的初始化部分，该初始化由 init 和 init2 两个非强迫状态实现。wireless_lan_mac 模块的根进程(Root Process)完成了子进程的选择、调用和中断注册等工作(此根进程只有一个初始化状态，执行完初始化后，就不再进入)，具体的媒介接入处理是通过动态子进程完成的，其初始化部分如图 3.15 所示。模块的子进程初始化由 INIT 和 BSS_INIT 两个非强迫状态共同实现。

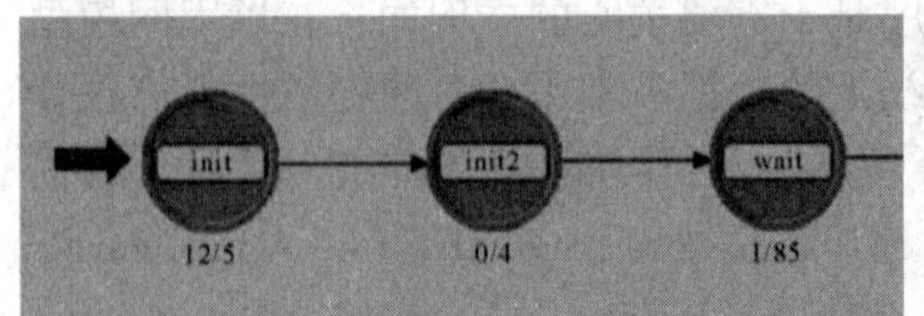

图 3.14 wlan_mac_intf 进程模型的初始化

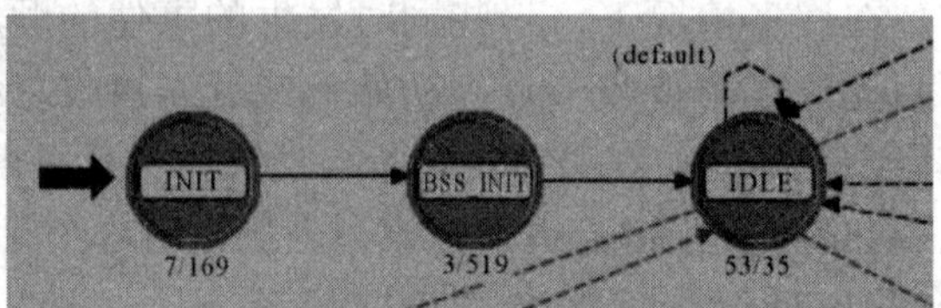

图 3.15 wireless_lan_mac 子进程模型的初始化

由于 wireless_lan_mac 的子进程是在根进程的初始化中建立的，该子进程的初始事件必然发生在 wireless_lan_mac 的进程初始事件之后。这是因为 wireless_lan_mac 的根进程初始事件和 wlan_mac_intf 的进程初始事件是同级别事件，二者都是根进程的初始事件(wlan_mac_intf 无子进程，是单进程模块)，它们根据系统分配的 ID 产生先后顺序；而 wireless_lan_mac 的子进程是第一级别的事件，是根事件所创建进程的初始事件，发生在所有根进程的初始事件之后。

因此，在仿真事件表中，仿真内核将 wlan_mac_intf 模块的进程初始事件置于模块 wireless_lan_mac 的子进程初始事件之前。wlan_mac_intf 先被调用，并执行其进程模型中 init 状态的入口程序：

```
/* Initialize the state variables used by this model.        */
wlan_mac_higher_layer_intf_sv_init ();

/* Register this process as "arp" so that lower layer        */
/* MAC process can connect to it.                            */
wlan_mac_higher_layer_register_as_arp ();

/* Schedule a self interrupt to wait for lower layer         */
/* wlan MAC process to initialize and register itself in*/
/* the model-wide process registry.                          */
op_intrpt_schedule_self (op_sim_time (), 0);
```

代码中预设了一个0时刻的自中断，并进入阻塞(blocking)，控制权交还给仿真内核。仿真内核将把该自中断插入到事件表中，并删除已执行的初始事件。由于自中断和初始事件是同时发生的(0时刻)，按照自然顺序，仿真内核将该自中断插入到所有初始事件之后。因此，该自中断是位于wireless_lan_mac的子进程初始事件之后的事件(不一定紧随之后，因为中间还有其他模块的初始事件)，成为第一个自中断。为了叙述方便，我们用第X个自中断表示由wlan_mac_intf和wireless_lan_mac预设的并且按先后顺序第X个加入事件表的自中断事件(不是wlan_station_adv节点所预设的第X个自中断，也不是仿真事件表中的第X个自中断)。

仿真内核在删除wlan_mac_intf初始事件后，将继续执行仿真事件表的表首事件。当wireless_lan_mac子进程的初始事件成为表首事件时，仿真内核将执行wireless_lan_mac子进程的初始事件——调用模块wireless_lan_mac，并转交控制权。wireless_lan_mac获得控制权后，执行其子进程模型中的初始状态INIT，其入口程序如下：

```
/* Initialization of the process model.              */
/* All the attributes are loaded in this routine     */
wlan_mac_sv_init ();

/* Schedule a self interrupt to wait for mac interface  */
/* to move to next state after registering              */
op_intrpt_schedule_self (op_sim_time (), 0);
```

上述代码中也预设了一个0时刻的自中断，并进入阻塞。仿真内核获得控制权后，将该中断事件插入到wlan_mac_intf(状态init)所预设的自中断之后(不一定紧随其后，中间可能有其他模块引发的其他事件)，成为第二个自中断，并删除wireless_lan_mac初始事件。仿真将继续执行。当第一个自中断成为表首事件时，仿真内核将调用模块wlan_mac_intf，并转交控制权。模块lan_mac_intf将执行其进程模型中init的出口程序，代码如下：

```
/* Schedule a self interrupt to wait for lower layer    */
/* wlan MAC process to initialize and register itself in*/
/* the model-wide process registry.                     */
op_intrpt_schedule_self (op_sim_time (), 0);
```

在执行出口程序之后，init将无条件转移到init2，并执行其入口程序后阻塞。仿真内核把该事件置于第二个自中断之后，成为第三个自中断事件。仿真将继续执行。当第二个自中断成为表首事件时，仿真内核将调用wireless_lan_mac模块，执行其子进程模型中的INIT出口程序。之后，执行BSS_INIT入口程序，代码如下：

```
/* Schedule a self interrupt to wait for mac interface  */
/* to move to next state after registering              */
op_intrpt_schedule_self (op_sim_time (), 0);
```

BSS_INIT阻塞后，返回控制权，仿真内核把该事件插入到第三个自中断之后。随着仿真的进行，第三个自中断将成为表首事件，wlan_mac_intf将再次获得控制权，执行init2的出口程序，代码如下：

```
/* Schedule a self interrupt to wait for lower layer          */
```

```
/* Wlan MAC process to finalize the MAC address        */
/* registration and resolution.                        */
op_intrpt_schedule_self (op_sim_time (), 0);
```

执行完 init2 的出口程序之后，执行 wait 入口程序并在执行后进行阻塞。仿真内核把 init2 出口程序中的自中断插入到第四个自中断之后，成为第五个自中断。

随着仿真的进行，当第四个自中断成为仿真事件表中的表首事件时，仿真内核将控制权转交给 wireless_lan_mac 模块。wireless_lan_mac 获得控制权后，继续执行子程序：完成初始化，进入 IDLE 状态，等待任务处理。

仿真继续进行，当第五个自中断成为表首事件时，模块 wlan_mac_intf 将再次获得控制权，进入 WAIT 状态，等待任务。至此，按照自然顺序，完成了两个模块在同一时刻(此例为 0 时刻)的交互初始化。

上面介绍了同时发生事件在仿真事件表中排序的三个规则。总之，对于同一时刻发生的事件，仿真内核首先按照对象的优先权排序；当对象优先级相同时，按中断优先级排序；在对象和中断优先级都相同时，按自然顺序进行排序。

3.3 事件的类型

前两节我们介绍的事件都是通过“调度”的方式执行的，即把仿真事件按执行时间或优先权及自然顺序插入仿真事件表；仿真内核执行事件表的表首事件，调度该事件所对应的模块进程；进程执行至非强制状态的入口结束，进行阻塞并交还控制权。调度是 OPNET 中最为常用的一种事件类型，大多数仿真都是依靠调度驱动的。

调度型事件只有在执行到非强制状态的入口代码结束后，才能执行其他事件。反映在数据包传输上，发送模块通过 op_pk_send()产生流中断，接收模块获得控制权后才能获取数据包。如果接收模块需要在执行进程代码的过程中立即接收数据包，接收之后，再继续执行进程代码，这该怎么实现呢？显然，用调度型事件是无能为力的。为了解决这个问题，OPNET 提出了一种称为“强制”的事件类型。

不同于调度事件，强制事件的发起模块在产生一个接入中断后，将挂起(suspended)正在执行的进程，并立即去执行接入中断指向的流输入进程。执行完数据流的输入进程后，再返回原进程，从被挂起的地方继续执行代码。

下面以被动队列为例，描述强制执行方式。图 3.16 为一个包含被动队列的节点模型。图中，数据包从 Upstream 处理器模块，经 Passive_Queue 队列模块，到达 Downstream 处理器模块。模块间是通过包流线(packet stream)连接的。

该实例中，Passive_Queue 队列接收来自 Upstream 的数据包，但其不会主动传递数据包。该队列将等待外界中断(来自其前向模块 Downstream 的接入中断)的触发，在外界中断被触发后，才向前传包。在此过程中，处理器 Downstream 将执行 op_strm_access()，该函数为被动队列中的进程产生一个强制性的接入中断(Access Interrupt)。op_strm_access()仅有一个整型的函数参数 instrm_index，表征输入流的索引号。

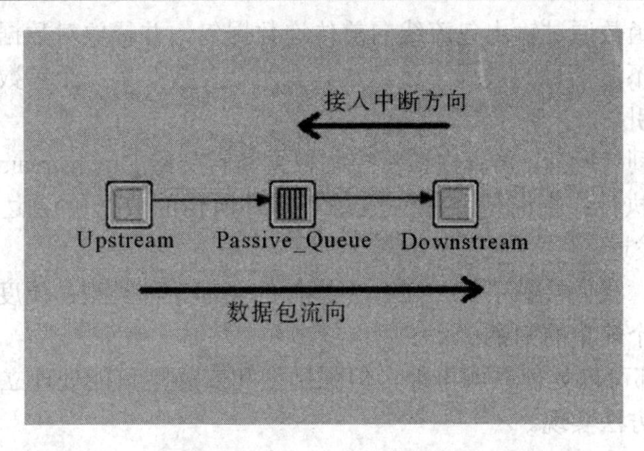

图 3.16　接入中断接收数据包

处理器 Downstream 中相关的进程代码如下：

```
/* Request a packet from the queue. */
op_strm_access (INPUT_STREAM);

/* Test if a packet has arrived.If so, forward it. */
if (op_strm_empty (INPUT_STREAM) == OPC_FALSE)
{
pk = op_pk_get (INPUT_STREAM);
op_pk_send (pk, INPUT_STREAM);
}
```

当执行完 op_strm_access()函数时，Downstream 将程序挂起(阻塞)，并将仿真控制权返回给仿真内核。请读者对比：调度方式下，执行完非强制状态入口代码后的驱动过程。

仿真内核将调用 Passive_Queue 队列，并转交控制权。被动队列获得控制权后，将查询是否有可传的数据包；若有，则传递数据包。队列 Passive_Queue 中的相关代码如下：

```
/* A Request has been made to access the queue: check if it is empty. */
if (!op_supq_empty (SUBQ))
{
/* Remove the first packet. */
pk = op_supq_pk_remove (SUBQ, OPC_QPOS_HEAD);

/* Send it without causing interrupt at destination.                    */
op_pk_send_quiet (pk, INPUT_STREAM);
}
```

应当特别引起注意的是，由于正处在执行接入中断的过程中，不能用 op_pk_send()传包；否则会产生流中断，并加入事件表和执行事件调度，从而会破坏接入中断的逻辑，也不能达到立即(中间无其他事件插入)接收数据包的初衷。那这个问题该如何解决呢？

为此，OPNET 又给出了一种“安静”型事件。所谓安静(quiet)型事件，就是对事件立即执行，同时又不引发中断。安静型事件可通过 op_pk_send_quiet()核心函数实现。

op_pk_send_quiet()函数通过输出包流线向前传递数据包，并释放对数据包的所有权。该函数不预设中断，也不激活目的进程。该函数具有两个参数：第一个参数为数据包指针；第二个参数为包流索引。

执行完被动队列代码后，仿真内核将控制权重新转交给 Downstream 模块。该模块将从挂起的代码处继续执行：查询是否有包(安静型事件所传的数据包)到达；如果有包，则用函数 op_pk_send()发送。

通过以上实例，我们接触了 OPNET 中事件的全部三种类型：调度型、强制型和安静型。下面我们做一个简单的归纳：

(1) 三种类型都可以处理立即事件，但强制型和安静型只能处理立即事件，未来发生的事件只能用调度方法实现。

(2) 调度型、强制型事件伴随着中断的过程，而安静型事件不会引发中断。

(3) 强制型事件引发的中断会将程序挂起，执行完中断后从悬起的程序处继续执行(类似于将中断嵌入到代码中)。调度性事件引发的中断不会挂起正在执行的代码，只能在执行完非强制状态的入口程序后将进程阻塞。

在 OPNET 中，每类事件所支持的事件类型是不同的。例如，流中断支持包括调度型、强制型和安静型在内的全部事件类型，而自中断仅支持调度型事件。

第四章　实体对象的通信方法

在本书中，实体对象是相对于连接对象(如链路、总线)而言的，实体对象可对信息进行处理，而不是单纯的传递信息。依据建模域的不同，实体对象主要体现为节点和模块。相应地，实体对象通信可以分为节点间通信、模块间通信(主要包括包流通信、统计量通信等)。

实体对象的“通信”与通信网中的“通信”是两个不同的概念。通信网中的通信概念我们已经在绪论中阐释过，而实体对象的通信是指在仿真过程中实体对象间的信息传递。从仿真模拟的角度看，节点对象间的通信基本上可视作通信网中的“通信”；而模块间的包通信只能视作设备内部的通信模拟，与通信网的“通信”不是一个概念。统计量通信经常是为了收集统计量而建立的，只与仿真过程有关，并无通信的网络设备原型。

本章将对节点间通信、模块间通信进行系统地阐述，并重点论述包通信、统计量通信的建模方法。

4.1 节点间通信

在 OPNET 仿真中，节点间通信可分为有线通信和无线通信，有线通信又可分为点对点通信、总线通信。与之相对应，在 OPNET 中有三种链路形式：点对点链路、总线链路和无线链路。

同时，节点间通信不仅与链路有关，还与发送机和接收机有关。在 OPNET 建模中，发送机和接收机不仅具有较现实且更为宽泛的内涵，还可通过管道阶段对物理信道的传输特性进行模拟。所谓的管道阶段，其实是一种由相互关联的程序模块构成的、模拟物理信道的建模方式。通过不同管道阶段的计算，可以对信道进行仿真。OPNET 模型库提供了基本的管道阶段模型。我们也可以通过 Pipeline Stage 文件建立自己的管道阶段，新建管道阶段文件的界面如图 4.1 所示。

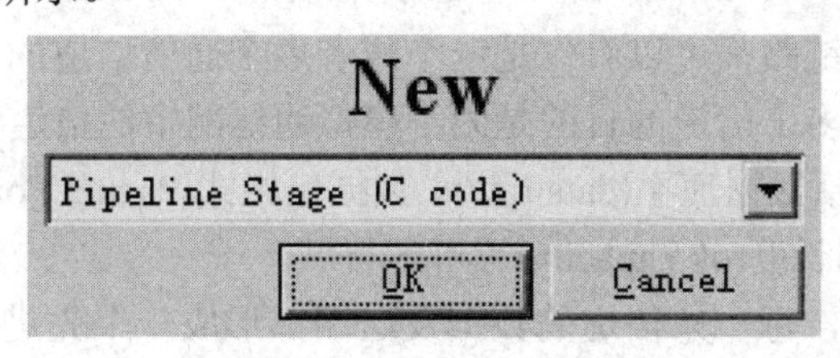

图 4.1　新建管道阶段文件

由于不同通信方式具有不同的特点，其链路和管道阶段也必然不同。本节将对点对点通信、总线通信和无线通信的链路和管道阶段分别进行论述。

4.1.1 点对点通信

点对点(point to point)通信是一种最基本的通信方式，是实现其他通信方式的基础。点对点通信是通过网络域的点对点链路和节点域的点对点收发机实现的。

点到点通信链路可以连接一对对等的通信节点，表示数据的点对点传输。为了体现通信中的单工/双工方式，OPNET 定义了两种点到点链路类型：

- 单向点到点通信链路：支持从一个节点的某一个模块到其他节点的另一个模块的数据通信，传输是单向进行的。
- 双向点到点通信链路：支持从一个节点的数据收发模块到其他节点的数据收发模块的数据传输，传输是双向进行的。

双向的点到点通信链路可以看作是两条并行的单向的点到点通信链路的叠加，单向链路与双向链路的关系如图 4.2 所示。

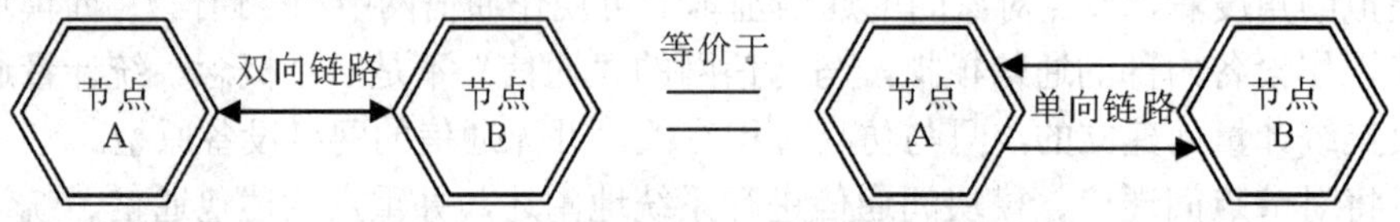

图 4.2 单向链路与双向链路的关系

只要通信链路还不能完成两个节点间的点到点通信，就必须在链路连接的两个节点的内部设置收发装置。对于单向的点到点通信链路，可以使用链路对象的 transmitter 属性和 receiver 属性来指定数据的发送和接收装置。对于双向的点到点通信链路对象，则需要两对 transmitter 属性和 receiver 属性来指定收发装置；其实质是实现了两对收发机之间的通信，如图 4.3 所示。

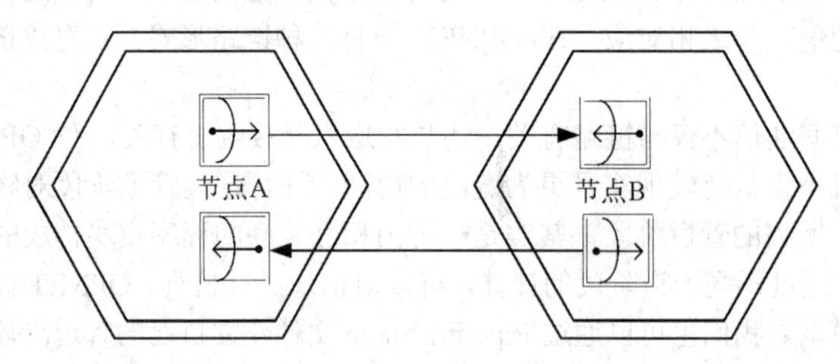

图 4.3 链路与收发机

连接节点的每一条链路都可以看作是一个或者多个通信信道的集合。链路上的每个信道彼此是独立的，设置多个信道的目的是为了模拟通信网中的信道复用。信道是在发送机和接收机中配置的，包括数据速率(data rate)、数据包格式(Packet Format)、包中最大比特数(bit capacity)、最大队列长度(pk capacity)等可配置域。

在节点通信过程中，每一条信道的数据发送端都形成一个先进先出(FIFO)的数据包队列。执行这种排队策略的目的是为了保证在信道数据发送的过程中，每一个时刻只有一个数据包进行处理。由于任何数据包的发送时间都是非零的；因此，后来的数据包需要等待前面的数据包传递结束，才能进行传输。

点到点通信是最基本、最简单的一种通信方式，其所对应的管道阶段也最少，仅包括四个阶段，如图 4.4 所示。

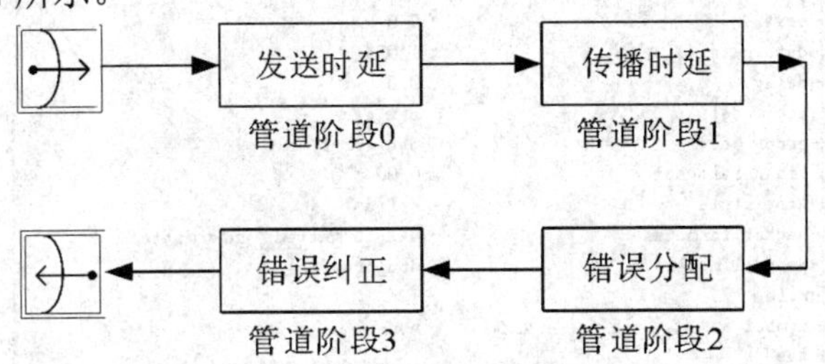

图 4.4 点到点的管道阶段

其中，点到点发送机包括发送时延和传输时延两个阶段：

(1) 发送时延：指发送机发送第一个比特开始到最后一个比特结束时所需要的时间，由包长度和处理速率决定。尤其是第一个管道阶段(管道阶段 0)，在开始发送数据包时被激活。

(2) 传播时延：指从源节点到目的节点的电磁波传播时间。该值与物理层参数有关，比如信号频率、传输距离和物理介质等。传播时延程序在发送阶段时延程序返回后被调用。

点到点接收机包括错误分配和错误纠正两个阶段：

(1) 错误分配：表征一个数据包的误码数，由误码率和包长度决定。错误分配程序在目的端接收到整个包后被触发，计算结果用于管道阶段的最后阶段，决定是否接收数据包。

(2) 错误纠正：差错纠正阶段决定数据包能否被接收，并且对能接收的包从接收机相应管道的输出流转发到其他模块，并销毁不能接收的包。该阶段依赖于差错分配阶段所计算的结果以及接收模块纠正错误的能力，在差错分配阶段返回后立刻被触发，中间没有任何间隔。应当指出，该阶段并没有真正的纠错能力，只是根据管道参数进行接收包/丢弃包的判断。

上述四个管道阶段依次定义于点对点链路的 txdel model、propdel model、error model 和 ecc model 属性，如图 4.5 所示。

每个管道阶段是通过函数实现的(以下我们称这种实现管道的函数为管道阶段函数)。各个管道阶段按顺序执行的过程，实质上是仿真内核调用对应的管道阶段函数并依次执行的过程。管道阶段之间是通过数据包传递参数(如传输数据属性、本地统计量等)的。各个管道阶段函数根据数据包携带的参数对所处的阶段进行计算，并将计算结果存储在数据包中，用于后续阶段的调用。

在管道阶段的参数中，最为重要的一种参数就是传输数据属性(Transmission Data Attribute，TDA)。TDA 是仿真内核和管道阶段之间通信的纽带，同时也是各个管道阶段之间沟通的纽带。处理 TDA(包括读取、存储等)是管道阶段函数的经常性工作，可以通过传输数据函数集中的核心函数实现。

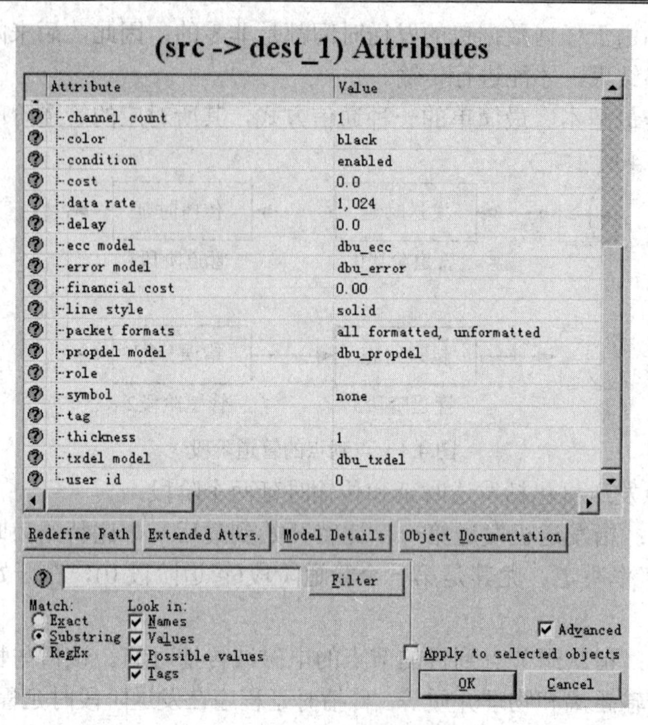

图 4.5　链路属性中的管道阶段

一般情况下，管道阶段函数只有数据包指针一个参数，error model 的函数模板如下：

```
void error_alloc_template (Packet* pk)
{
int             result;

FIN (error_alloc_template (Packet* pk))

/* extract required information from packet.           */

/* perform estimation of number of errors in packet.  */

/* place result in TDA to return to Simulation Kernel. */
op_td_set_int (pk, OPC_TDA_PT_NUM_ERRORS, result);

FOUT
}
```

以上调用了传输数据函数集中的 op_td_set_int 函数，它的作用是将整型变量 result 的值赋给 OPC_TDA_PT_NUM_ERRORS(参见表 4.1)，并将该 TDA 存储为以 PK 为指针的数据包中。

点对点管道阶段的内核预留 TDA 归纳于表 4.1 中。其中符号名称省略了"OPC_TDA_PT_"前缀(如 NUM_ERRORS 的全称是 OPC_TDA_PT_ NUM_ERRORS)；符号 I/D 是 Integer /Double 变量类型的缩写。

表 4.1 点对点管道阶段的预留 TDA

符号常量	定义	分配对象	阶段修改
TX_OBJID (I)	发送机的对象 ID	仿真内核	否
RX_OBJID (I)	接收机的对象 ID	仿真内核	否
LINK_OBJID (I)	链路的对象 ID	仿真内核	否
TX_CH_OBJID (I)	发送机信道的对象 ID	仿真内核	否
CH_INDEX (I)	信道索引	仿真内核	否
TX_DELAY (D)	发送时延	阶段 0	是
PROP_DELAY (D)	传播时延	阶段 1	是
NUM_ERRORS (I)	误比特数	阶段 2	是
PK_ACCEPT (I)	是否接受该数据包	阶段 3	是
ND_FAIL (D)	在接收数据包期间，节点失败(failure)的最早仿真时间	仿真内核(若发生失败)	否
ND_RECOV (D)	在接收数据包期间，节点恢复(recovery)的最迟仿真时间	仿真内核(若发生恢复)	否

4.1.2 总线通信

不同于点对点通信，总线型的通信允许一个数据包发送到多个目的节点，适用于计算机局域网、广播网络等网络的仿真。总线型通信是通过网络域的总线型链路和节点域的总线型收发机实现的。

在总线型网络中，总线节点都要连接到总线上，而节点和总线是通过专用的连接对象接头(Tab)进行连接的。接头对象没有在点到点的连接链路中出现(点到点链路直接对节点进行连接)，在无线链路中也不使用接头，它是总线型链路中的特有对象。总线和接头的关系，如图 4.6 所示。

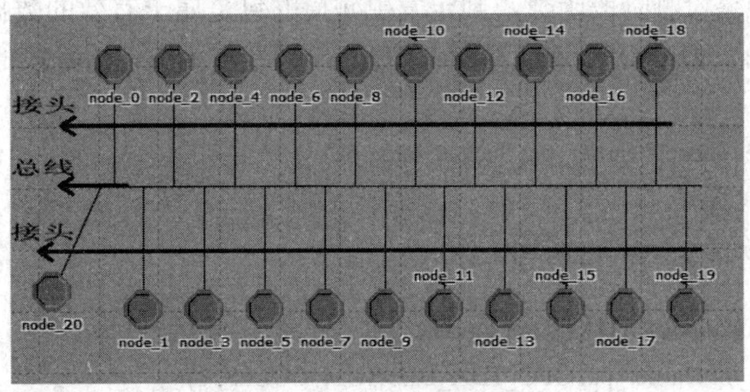

图 4.6 总线和接头

总线和接头共同规定了总线通信的属性，其中接头规定单/双工方式(可以设置为单发、单收和收发方式)，总线规定通信管道的各个阶段。

总线通信和点到点通信都属于有线通信，二者进行信息传输的基本过程是相同的。一方面，在管道阶段上，点到点通信的四个管道阶段都是总线通信的管道阶段。另一方面，由于总线是媒介访问(Media Access)，需要处理媒介访问中的竞争和碰撞问题，总线通信方式又较点到点通信更为复杂。与之相应，总线的管道阶段也在点对点管道阶段的基础上，增加了链路闭锁阶段和冲突检测阶段。

链路闭锁阶段决定了接收机能否接收数据包。如果接收机能接收发送包，则称发送机和接收机为**链路闭锁**。在总线通信的情况下，总线上存在不止一个可能接收信息的节点；链路闭锁将对可能接收包的多个节点进行选择，从而模拟总线广播链路的通信方式。链路闭锁阶段由总线链路中的 closure model 属性表示，该阶段的管道函数将判断链路是否闭锁，并将结果写入 TDA 的 TDA_OPC_BU_CLOSURE 符号常量中，该阶段的函数模板如下：

```
void
closure_template (Packet* pk)
{
int                  result;

FIN (closure_template (Packet* pk))

/* extract required information from packet.              */

/* perform calculation of closure indication.             */

/* place result in TDA to return to Simulation Kernel. */
op_td_set_int (pk, OPC_TDA_BU_CLOSURE, result);

FOUT
}
```

冲突检测阶段模拟总线链路中数据的碰撞，该阶段由总线链路中的 coll model 属性表示。当碰撞(一个包的包头到达接收机，另一个包的包尾还未离开接收机，此现象称为碰撞)发生时，将调用冲突检测阶段函数，判定发生碰撞的包是属于有效的数据包还是噪声，并将结果写入 TDA 的 TDA_OPC_BU_NUM_COLLS 符号常量中。该阶段的函数模板如下：

```
void
collision_template (Packet* earlier_pk, Packet* later_pk)
{
FIN (collision_template (earlier_pk, later_pk))

/* Test for collision; update TDAs if appropriate */
op_td_increment_int (earlier_pk, OPC_TDA_BU_NUM_COLLS, 1);
op_td_increment_int (later_pk, OPC_TDA_BU_NUM_COLLS, 1);

FOUT
}
```

总线的管道阶段共由 6 个阶段组成，如图 4.7 所示。与点对点链路相比，总线最大的特点是可供多个收信机同时接收信号。其中，发信机端的发送时延只需计算一次，而后续的管道阶段对于每个收信机都要执行一次。根据是否产生冲突，冲突检测可能被多次调用，也可能不被调用。

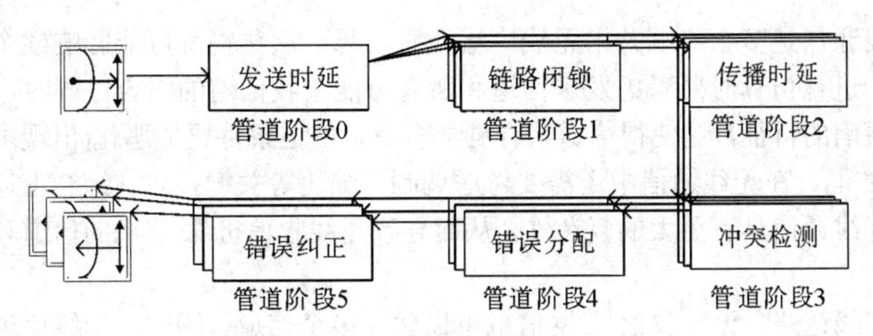

图 4.7　总线管道阶段

如图 4.7 所示，在源节点向链路发送数据的过程中，每个包在计算发送延时之后，将判断链路闭锁，并判断可能的目的节点。若有 n 个闭锁，则需要计算 n 次后续的管道阶段。源节点发送的每个数据包将会被复制 n 次，分别发给 n 个目的节点。因为总线共享链路，在发送数据过程中有可能存在冲突，所以必须进行冲突检测。对于名称相同的管道阶段，总线型和点对点型的处理方法是类似的。

总线管道阶段的预留 TDA 归纳于表 4.2 中，其中符号常量的名称省略了“OPC_TDA_BU_”前缀。

表4.2　总线管道阶段的预留 TDA

符号常量	定　义	分配对象	阶段修改
TX_OBJID (I)	总线发送机的对象 ID	仿真内核	否
LINK_OBJID (I)	总线链路的对象 ID	仿真内核	否
TX_TAP_OBJID (I)	发送机接头的对象 ID	仿真内核	否
TX_CH_OBJID (I)	发送信道的对象 ID	仿真内核	否
CH_INDEX (I)	信道索引	仿真内核	否
RX_OBJID (I)	总线接收机的对象 ID	仿真内核	否
RX_TAP_OBJID (I)	接收机接头的对象 ID	仿真内核	否
DISTANCE (D)	收发节点间的距离	仿真内核	否
NUM_COLLS (I)	碰撞的次数	仿真内核，阶段 3	是
END_RX (D)	接收结束的时间	仿真内核	否
CLOSURE (I)	从发送机到接收机的可连接性	阶段 1	是
TX_DELAY (D)	数据包发送延时	阶段 0	是
PROP_DELAY (D)	数据包传播延时	阶段 2	是
NUM_ERRORS (I)	数据包中的误比特数	阶段 4	是
PK_ACCEPT (I)	是/否接收数据包	阶段 5	是
ND_FAIL (D)	在接收包时，节点失败的最早仿真时间	仿真内核(若发生失败)	否
ND_RECOV (D)	在接收包时，节点恢复的最迟仿真时间	仿真内核(若发生恢复)	否

类似于点对点链路，总线链路也支持多信道传输(在收/发新机中配置)。并且，总线中的信道具有与点对点信道相似的可配置域。

4.1.3　无线通信

由于无线通信是多个终端共用无线广播介质，每一次传输都可能影响整个网络中的多个接收终端，进行仿真时要考虑发送信道和所有可能接收信道的组合。同时，无线通信一般具有移动通信的特征，这使得信道组合更加多变、信道条件更加恶化(出现多径效应和快衰落)。另一方面，在无线通信中还需要考虑调制、编码等关键技术。综合上述特点，使得无线通信较有线通信具有更大的复杂性，从而导致无线收信机/发信机的信道和管道阶段也更为复杂。

类似于有线链路，无线收信机/发信机可以建立多个信道。同时，无线信道的可配置域较有线链路更多，不仅包括数据速率(Data Rate)、数据包格式(Packet Format)、包中最大比特(Bit Capacity)和最大队列长度(Pk Capacity)，还包括最小频率(Min Frequency)、带宽(Band-width)、功率(Power)和扩频码(Spreading Code)、处理增益(Processing Gain)等反映无线通信技术特点的域。其中，扩频码可以模拟扩频通信——当收信机和发信机设为相同的码时，双方可以通信，否则，视为噪声。发送机和接收机的信道配置分别如图 4.8 和图 4.9 所示。

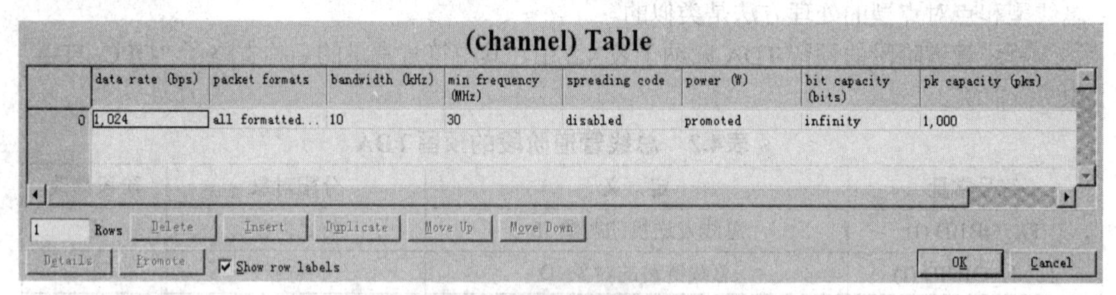

图 4.8　无线发送机信道

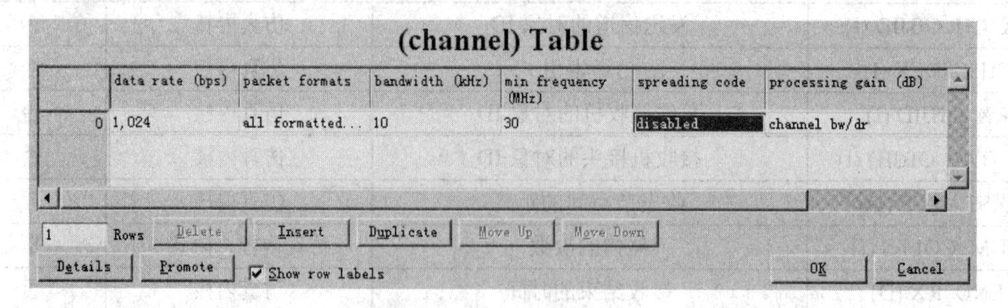

图 4.9　无线接收机信道

我们知道，物理层主要是通过管道阶段实现的。用户可以在管道阶段修改或编写代码，实现自定义功能。相应地，对于无线通信网络而言，无线管道阶段是物理层建模的主要途径和核心方法。下面我们讨论无线管道阶段的建模问题。

无线管道阶段共分为 13 个阶段(由于收信机组阶段不参与具体的包传输过程，未将其计入)。其中发信机管道阶段包括收信机组(Rxgroup)和发送时延(Txdel)、链路闭锁(Closure)、信道匹配(Chanmatch)、发信机天线增益(Tagain)和传播时延(Propdel)等 13 个无线管道阶段中的前五个阶段；收信机管道阶段包括收信机天线增益(Ragain)、收信机功率(Power)、误比特率(ber)、信噪比(SNR)、背景噪声(bkgnoise)、干扰噪声(Inoise)、错误分配(Error)、错误纠正(ECC)等无线管道的后八个阶段。发信机和收信机管道阶段在属性中的设置，如图4.10和图4.11所示。

(radio_tx) Attributes

Attribute	Value
name	radio_tx
channel	(...)
modulation	bpsk
rxgroup model	dra_rxgroup
txdel model	dra_txdel
closure model	dra_closure
chanmatch model	dra_chanmatch
tagain model	dra_tagain
propdel model	dra_propdel
icon name	ra_tx
channel [0].power	promoted

Extended Attrs.　Filter

Match: Exact / Substring / RegEx　Look in: Names / Values / Possible values / Tags

Apply to selected objects　OK　Cancel

图 4.10　无线发信机的管道阶段

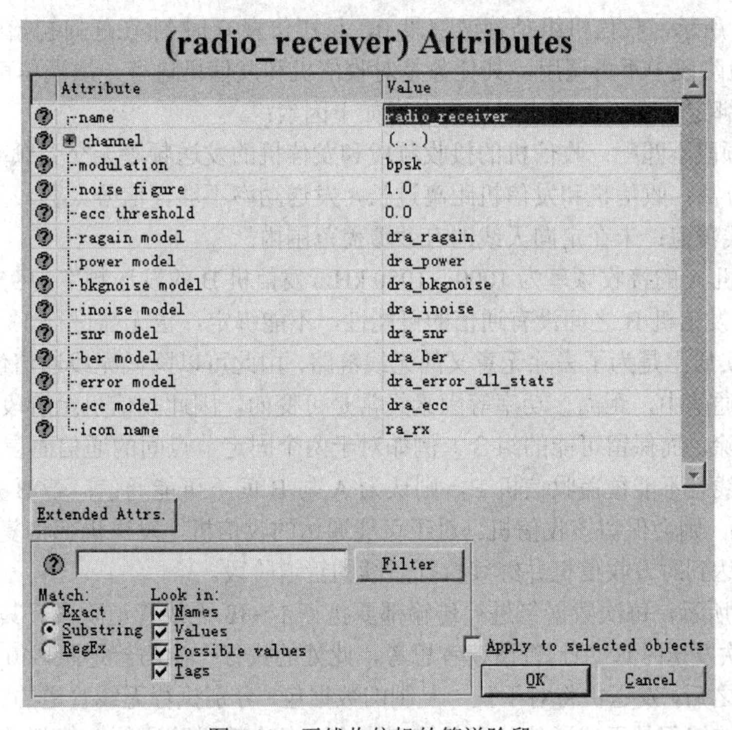

图 4.11　无线收信机的管道阶段

各个无线管道阶段是按先后顺序执行的，前面阶段计算得到的 TDA 作为后续阶段的计算依据。同时，每个阶段执行的时机和次数也是不同的，无线管道阶段的执行过程如图 4.12 所示。

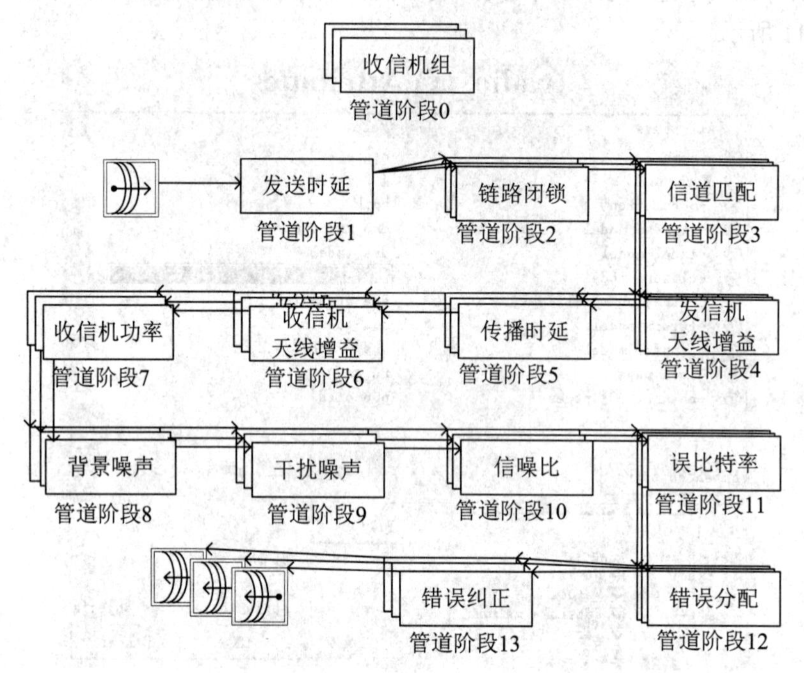

图 4.12　无线管道阶段

如图 4.12 所示，收信机组是管道阶段 0，只在仿真 0 时刻(在任何初始中断前)执行一次，在 13 管道阶段中不再调用，其任务是对收信机和发信机进行一次通信可行性的判决，并建立静态的绑定关系。在判决中，将考虑如下因素：

(1) 收发频段不匹配：收信机的接收频段和发信机的发送频段无交叉频率；

(2) 物理分离：收信机和发信机距离过长，发送功率不够，信号太弱；

(3) 无天线覆盖：未在定向天线的有效覆盖范围内。

例如收信机 A 的接收频率为 1000～1050 kHz，发信机 B 的发送频率为 950～1000 kHz，则收信机 A 和发信机 B 之间没有通信的可能性，不能绑定，也无需进行 13 管道阶段的计算。收信机组实质上是为了去除无意义的无线链路，由此可以降低无线通信仿真的计算量。应该指出，在通信中，距离、功率等因素经常是可变的，因此收信机组阶段仅将绝对不可能的收信机去除，而保留可能的组合。例如对于两个固定节点间的通信而言，若发信机 A 采用了定向天线且不能覆盖收信机 B，则认为 A 与 B 间不可能通信；若 B 是可移动的(位于移动节点内)，则会保留该收信机。对于可能通达的收信机，发送机都将复制一份数据包去尝试是否能达到对方收信机并继续执行后续的管道阶段。

如图 4.12 所示，每次数据包进行传输都要执行 1～13 无线管道阶段。其中，管道阶段 1 将仅执行一次发送时延的计算(请读者思考，此处的执行一次与管道阶段 0 的执行一次是否含义相同)。之后，发送机将对于任一复制的数据包，分别执行无线管道的其余各个阶段。

管道阶段的编程是无线通信仿真的核心内容，各个管道阶段的功能都是通过自身的管道阶段(Pipeline Stage)函数实现的。为了便于编程，我们将介绍各管道阶段的函数模板，该模板为我们提供了一个基本的程序框架，并使代码结构规范化。同时，OPNET 为各管道阶段都提供了函数实例，这些函数主要用于各个阶段的默认函数；我们可以模拟这些实例编写管道阶段函数代码。管道阶段文件的新建界面，如图 4.13 所示。

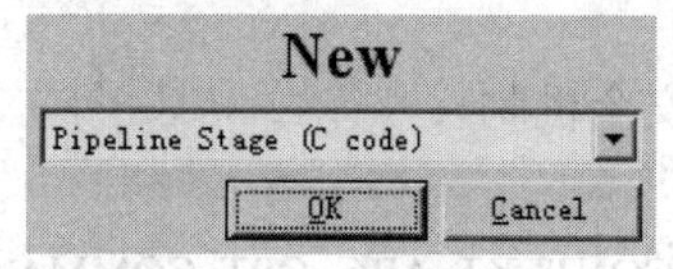

图 4.13　建立管道阶段 C 代码

所有管道阶段的函数模板都可以分为串行仿真(Sequential Simulation)和并行仿真(Parallel Simulation)两种结构。所谓串行仿真，就是在一个时刻只能处理一个进程，这是我们最常使用的一种方式；而并行仿真可以同时处理多个进程，是基于多处理器的一种高效方式，可有效提高无线管道阶段的处理速度。

并行仿真可以在 DES 中设置，设置方法如图 4.14 所示。并行仿真需要多个内核的硬件支持和多线程安全(MT_safe)的代码支持，当运行条件不能满足时，将自动转换为执行串行仿真。

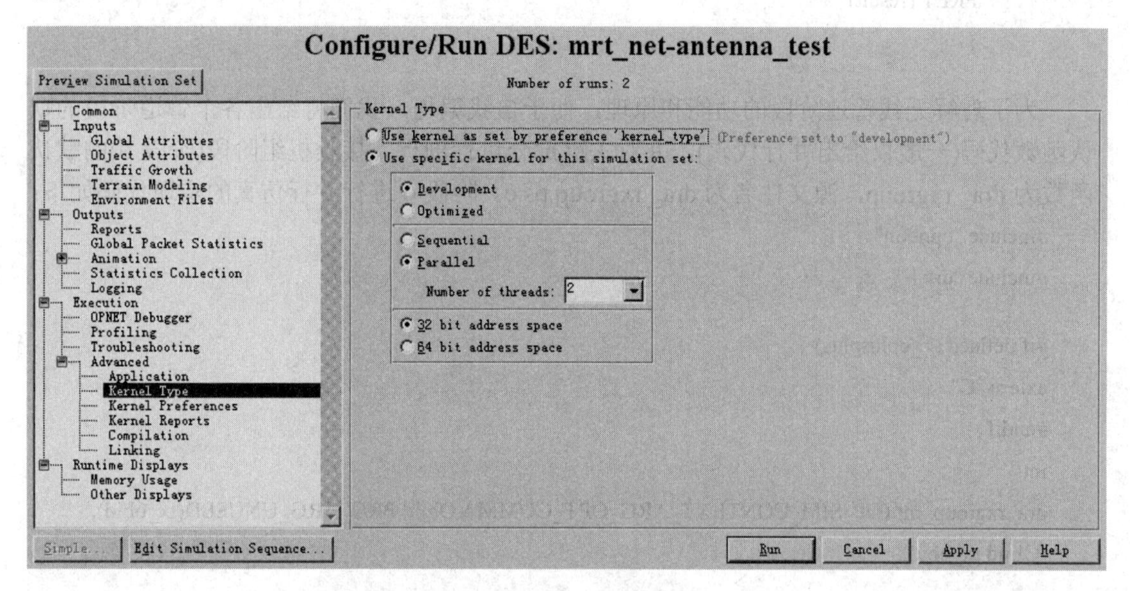

图 4.14　并行仿真配置

在并行仿真代码中，管道阶段的函数名要在串行代码的函数名后加_mt 后缀，函数参数也要在串行代码的参数前加 OP_SIM_CONTEXT_ARG_OPT_COMMA 关键字；同时，用于函数栈跟踪的宏也从 FIN 更改为 FIN_MT。阶段 0 的串行和并行代码的模板函数如下所示，读者可自行比较两种方式下代码结构的区别。在不予说明的情况下，为了节省篇幅，在各阶段的模板介绍中只给出串行代码结构的模板函数。

(1) 串行代码(不需要多线程安全机制)：

```
int
rx_group_template (Objid tx_channel_objid, Objid rx_channel_objid)
    {
    int result;
```

```
    FIN (rx_group_template (tx_channel_objid, rx_channel_objid))

    FRET (result)
    }
```

(2) 并行代码(需要多线程安全机制)：

```
int
rx_group_template_mt (OP_SIM_CONTEXT_ARG_OPT_COMMA Objid tx_channel_objid;
Objid rx_channel_objid)

    {
    int result;

    FIN_MT (rx_group_template (tx_channel_objid, rx_channel_objid))

    FRET (result)
    }
```

为了理解无线管道阶段的功能和原理，便于自我编程，我们将给出各个管道阶段的默认函数代码(一般仅给出并行代码)，并对关键部分进行剖析。接收机组阶段(阶段 0)的默认函数为 dra_ rxgroup，源文件名为 dra_ rxgroup.ps.c。阶段 0 进行并行仿真的实现代码如下：

```
#include "opnet.h"
#include "dra.h"

#if defined (__cplusplus)
extern "C"
#endif
int
dra_rxgroup_mt (OP_SIM_CONTEXT_ARG_OPT_COMMA Objid PRG_ARG_UNUSED(tx_obid),
 Objid rx_obid)
 {
 DraT_Rxch_State_Info*      rxch_state_ptr;

 /** Determine the potential for communication between          **/
 /** given transmitter and receiver channel objects.            **/
 /** Also create and initialize the receiver channel's          **/
 /** state information to be used by other pipeline             **/
 /** stages during the simulation.                              **/
 FIN_MT (dra_rxgroup (tx_obid, rx_obid));

 /* Unless it is already done, initialize the receiver    */
 /* channel's state information.                          */
```

```
    if (op_ima_obj_state_get (rx_obid) == OPC_NIL)
        {
#if defined (OPD_PARALLEL)
        /* Channel state information doesn't exist. Lock        */
        /* the global mutex before continuing.                   */
        op_prg_mt_global_lock ();

        /* Check again since another thread may have           */
        /* already set up the state information.                */
        if (op_ima_obj_state_get (rx_obid) == OPC_NIL)
            {
#endif /* OPD_PARALLEL */
            /* Create and set the initial state information     */
            /* for the receiver channel. State information      */
            /* is used by other pipeline stages to              */
            /* access/update channel specific data              */
            /* efficiently.                                     */
            rxch_state_ptr = (DraT_Rxch_State_Info *)
                op_prg_mem_alloc (sizeof (DraT_Rxch_State_Info));
            rxch_state_ptr->signal_lock = OPC_FALSE;
            op_ima_obj_state_set (rx_obid, rxch_state_ptr);
#if defined (OPD_PARALLEL)
            }

        /* Unlock the global mutex.                              */
        op_prg_mt_global_unlock ();
#endif /* OPD_PARALLEL                                           */
        }

    /* By default, all receivers are considered as               */
    /* potential destinations.                                   */
    FRET (OPC_TRUE)
    }
```

下面我们将分别讨论 13 个无线管道阶段的功能、原理和代码例程。

1. 发送时延(阶段 1)

无线信道的发送时延与有线通信链路(点到点、总线)的发送时延基本上是一致的，指的是数据包以数据速率发送所需要的时间。该时间是数据包的第一个比特开始发送到最后一个比特结束发送的时间差，也是发信机处理数据包所用的仿真时间。在此过程中，信道处于忙状态。在该状态下，媒体接入层的数据包将在队列中等候，直到信道空闲才可继续发包。

发送时延计算方法为：传输时延＝数据的长度/数据传输速率。对于每个包而言，该阶段只计算一次，并将结果写入 TX_DELAY(TDA 符号常量，参见表 4.3)中。发送时延的函数模板如下：

```
void
tx_delay_template (Packet* pk)
    {
    double result;

 FIN (tx_delay_template (Packet* pk))

 /* extract required information from packet.          */

 /* perform calculation of transmission delay.          */

 /* place result in TDA to return to Simulation Kernel. */
 op_td_set_dbl (pk, OPC_TDA_RA_TX_DELAY, result);

 FOUT
 }
```

发送时延的默认函数为 dra_txdel，源文件名为 dra_txdel.ps.c，位于路径为<reldir>/models/std/wireless 的目录下，该函数的代码如下：

```
#include "opnet.h"

#if defined (__cplusplus)
extern "C"
#endif
void
dra_txdel_mt (OP_SIM_CONTEXT_ARG_OPT_COMMA Packet * pkptr)
 {
 OpT_Packet_Size        pklen;
 double                 tx_drate, tx_delay;

 /** Compute the transmission delay associated with the       **/
 /** transmission of a packet over a radio link.              **/
 FIN_MT (dra_txdel (pkptr));

 /* Obtain the transmission rate of that channel.         */
 tx_drate = op_td_get_dbl (pkptr, OPC_TDA_RA_TX_DRATE);
```

```
/* Obtain length of packet. */
pklen = op_pk_total_size_get (pkptr);

/* Compute time required to complete transmission of packet. */
tx_delay = pklen / tx_drate;

/* Place transmission delay result in packet's                */
/* reserved transmission data attribute.                       */
op_td_set_dbl (pkptr, OPC_TDA_RA_TX_DELAY, tx_delay);

FOUT
}
```

2. 链路闭锁(阶段 2)

该阶段的目的是通过对无线链路物理可达性的判断，来加快仿真运行速度，其作用与收信机组管道阶段具有相似性。

无线链路的物理可达性取决于视线(考虑直线传播)是否通达，即测试连接发信机与收信机之间的连线是否被地球表面或障碍物阻挡。若不阻挡(视线通达)，则无线链路物理可达；否则，不可达。若无线链路不可达，数据包将被丢掉，不必计算后续的管道阶段；若无线链路可达，则把 PROP_CLOSURE 设为 OPC_FALSE，继续执行后续阶段。链路闭锁的函数模板为

```
void
closure_template (Packet* pk)
{
int result;

FIN (closure_template (Packet* pk))

/* extract required information from packet.           */
/* perform calculation of closure indication.          */
/* place result in TDA to return to Simulation Kernel. */
op_td_set_int (pk, OPC_TDA_RA_CLOSURE, result);

FOUT
}
```

链路闭锁的默认函数为 dra_closure，源文件名为 dra_closure.ps.c，位于路径为<reldir>/models/std/wireless 的目录下。其管道函数代码如下(未列出支持函数的定义)：

```
#if defined (__cplusplus)
extern "C"
#endif
```

```
void
dra_closure_mt (OP_SIM_CONTEXT_ARG_OPT_COMMA Packet * pkptr)
{
static int     closure_initialized = 0;

FIN_MT (dra_closure (pkptr));

/* When using a parallel kernel, several threads of computation          */
/* might reach that point at the same time. All we need is to            */
/* ensure that tmm_closure_init is invoked only once.                     */
/* This simple requirement gives us some flexibility.                     */
/* closure_initialized might be set to 1 while another thread             */
/* is reading the value.   That other thread will get some value          */
/* (0, 1, or some garbled bit pattern).                                   */
/* If 1 or the garbled pattern is read, then the test will fail           */
/* but since this results from the initialization already done            */
/* then it is fine. If 0 is read, then we try to create a mutex           */
/* and lock it.
/* There might be several calls to op_prg_mt_mutex_create, but            */
/* all of them will return the same mutex pointer. Writing the            */
/* same value in a global variable should survive non-atomicity.          */
if (!closure_initialized)
     {
     op_prg_mt_global_lock ();

     /* Check the variable again.   If another thread also                */
     /* "created" the mutex and already did the initialization,            */
     /* then the value is going to be 1 and the test will fail.            */
     if (!closure_initialized)
          {
          /* This function will determine the behavior for                 */
          /* closure by setting static variables                           */
          /* (DraS_Active_Closure_Method,                                  */
          /* DraS_Closure_Prop_Model_Ptr).                                 */
          tmm_closure_init (OP_SIM_CONTEXT_PTR_OPT);

          /* Only once the initialization has been done, we                */
          /* reset the flag to make sure another thread is not             */
          /* going to rush ahead and assume the initialization is          */
          /* done. In the worst case, every thread will have               */
```

```
        /* "created" the same mutex and will be serialized on           */
        /* the mutex lock.                                               */
        closure_initialized = 1;
        }

    op_prg_mt_global_unlock ();
    }

/* This stage has three modes of operation. (See the comments            */
/* above, near the definition of DraT_Closure_Method type).              */
switch (DraS_Active_Closure_Method)
    {
    case DraC_Line_Of_Sight_Never_Occluded:
        /* mode #1 The tranmission path will never be occluded.         */
        /* Set OPC_TDA_RA_CLOSURE to OPC_TRUE for all transmissions.    */
        op_td_set_int (pkptr, OPC_TDA_RA_CLOSURE, OPC_TRUE);
    break;
    case DraC_Earth_Line_Of_Sight:
        /* mode #2: basic spherical earth closure.                      */
        simple_earth_LOS_closure (OP_SIM_CONTEXT_PTR_OPT_COMMA pkptr);
    break;
    case DraC_Terrain_Modeling:
        /* mode #3: Utilize TMM propagation model.                      */
        tmm_model_closure_calc (OP_SIM_CONTEXT_PTR_OPT_COMMA pkptr);
    break;
    }
FOUT
}
```

在并行仿真中，多个线程(对应多个内核)可以同时计算。为了保证只做一次初始化，代码中使用了 op_prg_mt_global_lock ()。通过互斥量锁定，使得在一个时刻只有一个内核可以访问 tmm_closure_init 函数。初始化后将 closure_initialized 置 1，防止再次初始化；同时，通过 op_prg_mt_global_unlock ()解除锁定，以供其他线程使用。

3. 信道匹配(阶段 3)

信道匹配阶段根据发送机和接收机的频率、带宽、数据速率以及扩频码等信道属性来判断信道是否匹配。根据匹配程度，可将所传输的数据包分成下述三类(参见图 4.15)。

• 有效(valid)：接收和发送的信道属性完全匹配，接收机能够正确接收并解码当前所传输的数据包。

• 干扰(noise)：发射和接收的频率和带宽有重叠部分(错开部分)，所传输的数据包不能被正确解码，并会对其他数据包的接收产生干扰。

• 忽略(Ignore)：带外数据包，频带无重叠部分。该数据包虽然不能被正确解码和利用，但也不会对其他数据包的接收产生干扰。忽略的数据包会被仿真核心销毁。

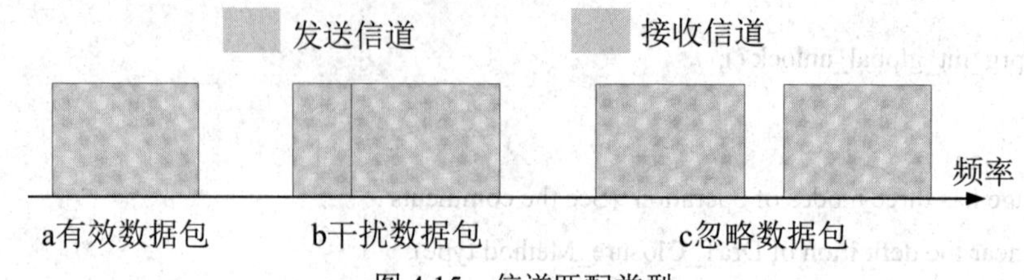

图 4.15　信道匹配类型

信道匹配的函数模板为

```
void
channel_match_template (Packet* pk)
{
int result;

FIN (channel_match_template (Packet* pk))

/* extract required information from packet.            */
/* perform calculation of channel match classification. */
/* place result in TDA to return to Simulation Kernel.  */
op_td_set_int (pk, OPC_TDA_RA_MATCH_STATUS, result);

FOUT
}
```

信道匹配的默认函数为 dra_chanmatch，源文件名为 dra_chanmatch.ps.c，位于路径为 <reldir>/models/std/wireless 的目录下：

```
#include "opnet.h"

#if defined (__cplusplus)
extern "C"
#endif
void
dra_chanmatch_mt (OP_SIM_CONTEXT_ARG_OPT_COMMA Packet * pkptr)
{
double      tx_freq, tx_bw, tx_drate, tx_code;
double      rx_freq, rx_bw, rx_drate, rx_code;
Vartype     tx_mod;
Vartype     rx_mod;
```

```
/* Determine the compatibility between transmitter and receiver channels. */
FIN_MT (dra_chanmatch (pkptr));

/* Obtain transmitting channel attributes.                         */
tx_freq        = op_td_get_dbl (pkptr, OPC_TDA_RA_TX_FREQ);
tx_bw          = op_td_get_dbl (pkptr, OPC_TDA_RA_TX_BW);
tx_drate   = op_td_get_dbl (pkptr, OPC_TDA_RA_TX_DRATE);
tx_code        = op_td_get_dbl (pkptr, OPC_TDA_RA_TX_CODE);
tx_mod         = op_td_get_ptr (pkptr, OPC_TDA_RA_TX_MOD);

/* Obtain receiving channel attributes.                            */
rx_freq        = op_td_get_dbl (pkptr, OPC_TDA_RA_RX_FREQ);
rx_bw          = op_td_get_dbl (pkptr, OPC_TDA_RA_RX_BW);
rx_drate   = op_td_get_dbl (pkptr, OPC_TDA_RA_RX_DRATE);
rx_code        = op_td_get_dbl (pkptr, OPC_TDA_RA_RX_CODE);
rx_mod         = op_td_get_ptr (pkptr, OPC_TDA_RA_RX_MOD);

/* For non-overlapping bands, the packet has no                    */
/* effect; such packets are ignored entirely.                      */
if ((tx_freq > rx_freq + rx_bw) || (tx_freq + tx_bw < rx_freq))
    {
    op_td_set_int (pkptr, OPC_TDA_RA_MATCH_STATUS, OPC_TDA_RA_MATCH_IGN ORE);
    FOUT
    }

/* Otherwise check for channel attribute mismatches which would   */
/* cause the in-band packet to be considered as noise.            */
if ((tx_freq != rx_freq) || (tx_bw != rx_bw) ||
    (tx_drate != rx_drate) || (tx_code != rx_code) || (tx_mod != rx_mod))
    {
    op_td_set_int (pkptr, OPC_TDA_RA_MATCH_STATUS, OPC_TDA_RA_MATCH_NO ISE);
    FOUT
    }

/* Otherwise the packet is considered a valid transmission which  */
/* could eventually be accepted at the error correction stage.    */
op_td_set_int (pkptr, OPC_TDA_RA_MATCH_STATUS, OPC_TDA_RA_MATCH_VALID);

FOUT
}
```

4. 发信机天线增益(阶段 4)

天线增益是由天线的增益和方位角决定的。对于发信机而言，不同的天线增益会导致不同的发送功率，进而影响接收信噪比及误码性能。在天线特性中，还经常出现在各个发射方向上增益不同的现象：最极端化的例子就是定向天线——仅在一个方向(或几个方向)上有增益，在其他方向可以认为不发射信号(增益为很高的负值)。

天线的仿真模型是在天线编辑器中建立和查看的，mrt_net 项目中 tx 节点的定向发送天线 rx_cone 如图 4.16 所示。

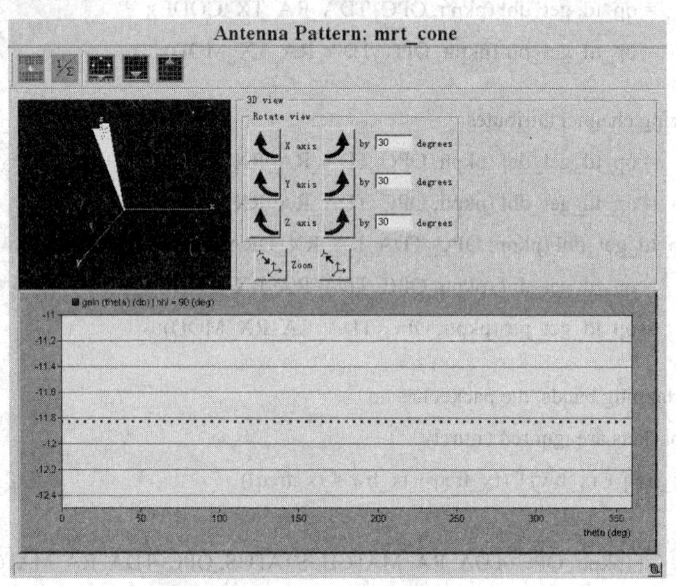

图 4.16　天线编辑器

计算发送天线增益前，要获得天线仰角(lookup_phi 和 lookup_theta)，其涉及坐标的变换如下：

将天线模型坐标系的 z 轴旋转至对准基准点(boresight point)，然后将发送与接收天线的连通向量投影到旋转后的天线模型坐标系上。通过天线的仰角，可以查找无线链路中的天线增益值。其中，连通向量(即发送端与接收端的夹角)可以根据天线的位置(经度、纬度和高度)进行计算。当节点移动时，需要人为对位置属性进行更新。

该阶段的函数模板如下：

```
void
tx_antenna_gain_template (Packet* pk)
{
double result;

FIN (tx_antenna_gain_template (Packet* pk))

/* extract required information from packet.             */

/* perform calculation of tx antenna gain.               */
```

```
/* place result in TDA to make available for later stages.    */
op_td_set_dbl (pk, OPC_TDA_RA_TX_GAIN, result);

FOUT
}
```

信道匹配的默认函数为 dra_tagain，源文件名为 dra_tagain.ps.c，位于路径为<reldir>/models/std/wireless 的目录下，该函数如下：

```
#include "opnet.h"
#include <math.h>
#if defined (__cplusplus)
extern "C"
#endif
void
dra_tagain_mt (OP_SIM_CONTEXT_ARG_OPT_COMMA Packet * pkptr)
{
double          tx_x, tx_y, tx_z;
double          rx_x, rx_y, rx_z;
double          dif_x, dif_y, dif_z, dist_xy;
double          rot1_x, rot1_y, rot1_z;
double          rot2_x, rot2_y, rot2_z;
double          rot3_x, rot3_y, rot3_z;
double          rx_phi, rx_theta; point_phi, point_theta;
double          bore_phi, bore_theta, lookup_phi, lookup_theta, gain;
Vartype         pattern_table;

/** Compute the gain associated with the transmitter's antenna.    **/
FIN_MT (dra_tagain (pkptr));

/* Obtain handle on receiving antenna's gain.    */
pattern_table = op_td_get_ptr (pkptr, OPC_TDA_RA_TX_PATTERN);

/* Special case: By convention a nil table address indicates an    */
/* isotropic antenna pattern. Thus no calculations are necessary.   */
if (pattern_table == OPC_NIL)
    {
    /* Assign zero dB gain regardless of transmission direction.    */
    op_td_set_dbl (pkptr, OPC_TDA_RA_TX_GAIN, 0.0);
    FOUT;
    }
```

```
    /* Obtain the geocentric coordinates of the transmitter.              */
tx_x = op_td_get_dbl (pkptr, OPC_TDA_RA_TX_GEO_X);
tx_y = op_td_get_dbl (pkptr, OPC_TDA_RA_TX_GEO_Y);
tx_z = op_td_get_dbl (pkptr, OPC_TDA_RA_TX_GEO_Z);

/* Obtain the geocentric coordinates of the receiver.                     */
rx_x = op_td_get_dbl (pkptr, OPC_TDA_RA_RX_GEO_X);
rx_y = op_td_get_dbl (pkptr, OPC_TDA_RA_RX_GEO_Y);
rx_z = op_td_get_dbl (pkptr, OPC_TDA_RA_RX_GEO_Z);

/* Compute the vector from the transmitter to the receiver.               */
dif_x = rx_x - tx_x;
dif_y = rx_y - tx_y;
dif_z = rx_z - tx_z;

/* Special case: If transmitter and receiver are the same                 */
/* then calculations are unnecessary.   We set gain = 0                   */
if ((dif_x == 0) && (dif_y == 0) && (dif_z == 0))
    {
    op_td_set_dbl(pkptr, OPC_TDA_RA_TX_GAIN, 0.0);
    FOUT;
    }

    /* Determine phi, theta pointing directions for antenna.              */
/* These are computed based on the target point of the antenna            */
/* module and the position of the transmitter.                            */
point_phi = op_td_get_dbl (pkptr, OPC_TDA_RA_TX_PHI_POINT);
point_theta = op_td_get_dbl (pkptr, OPC_TDA_RA_TX_THETA_POINT);

/* Determine antenna pointing reference direction                         */
/* (usually boresight cell of pattern).                                   */
/* Note that the difference in selected coordinate systems                */
/* between the antenna definiton and the geocentric axes,                 */
/* is accomodated for here by modifying the given phi value.              */
bore_phi = 90.0 - op_td_get_dbl (pkptr, OPC_TDA_RA_TX_BORESIGHT_PHI);
bore_theta = op_td_get_dbl (pkptr, OPC_TDA_RA_TX_BORESIGHT_THETA);

{
// Setup a new coordinate system originating at the antenna location
// where x axis is pointing at the antenna target and z axis is
    //pointing to the "sky".
```

```
// Deterministic z-axis definition is required to make rotation
// of pattern assymetrical around the boresigh independent of the antenna
// location [more strictly, "sky" means that tangental projection of Z-axis
// to the surface tangetal to Earth at the antenna location is covered by
// the tangental projection of the X-axis to the same surface].
double cos_pt_th = cos (VOSC_NA_DEG_TO_RAD * point_theta);
double sin_pt_th = sin (VOSC_NA_DEG_TO_RAD * point_theta);
double cos_pt_ph = cos (VOSC_NA_DEG_TO_RAD * point_phi);
double sin_pt_ph = sin (VOSC_NA_DEG_TO_RAD * point_phi);

// rotate about z axis by -point_theta.
double rot_x = dif_x * cos_pt_th + dif_y * sin_pt_th;
double rot_y = -dif_x * sin_pt_th + dif_y * cos_pt_th;
double rot_z = dif_z;
// rotate about y axis by -point_phi.
rot1_x = rot_x * cos_pt_ph + rot_z * sin_pt_ph;
rot1_y = rot_y;
rot1_z = rot_z * cos_pt_ph - rot_x * sin_pt_ph;
}
{
// now roll around x axis to make z axis point to the "sky".
double r = sqrt (tx_x * tx_x + tx_y * tx_y + tx_z * tx_z);
double sin_lat = tx_z / r;
double cos_lat = sqrt (1 - sin_lat * sin_lat);

rot2_x = rot1_x;
rot2_y = rot1_y * sin_lat + rot1_z * cos_lat;
rot2_z = rot1_z * sin_lat - rot1_y * cos_lat;
}
{
// now rotate vector by the pattern's boresight angles.
double cos_b_th = cos (VOSC_NA_DEG_TO_RAD * bore_theta);
double cos_b_ph = cos (VOSC_NA_DEG_TO_RAD * bore_phi);
double sin_b_th = sin (VOSC_NA_DEG_TO_RAD * bore_theta);
double sin_b_ph = sin (VOSC_NA_DEG_TO_RAD * bore_phi);

// first by +boresigh_phi about y axis
double rot_x = rot2_x * cos_b_ph - rot2_z * sin_b_ph;
double rot_y = rot2_y;
double rot_z = rot2_x * sin_b_ph + rot2_z * cos_b_ph;
```

```
    // then by +boresigh_theta about the z axis
    rot3_x = rot_x * cos_b_th - rot_y * sin_b_th;
    rot3_y = rot_x * sin_b_th + rot_y * cos_b_th;
    rot3_z = rot_z;
    }

    /* Determine x-y projected distance.                              */
    dist_xy = sqrt (rot3_x * rot3_x + rot3_y * rot3_y);

    /* For the vector to the receiver, determine phi-deflection from  */
    /* the x-y plane (in degrees) and determine theta deflection from */
    /* the positive x axis.                                           */
    if (dist_xy == 0.0)
        {
        if (rot3_z < 0.0)
            rx_phi = -90.0;
        else
            rx_phi = 90.0;
        rx_theta = 0.0;
        }
    else
        {
        rx_phi = VOSC_NA_RAD_TO_DEG * atan (rot3_z / dist_xy);
        rx_theta = VOSC_NA_RAD_TO_DEG * atan2 (rot3_y, rot3_x);
        }

    /* Setup the angles at which to lookup gain.                      */
    /* In the rotated coordinate system, these are really             */
    /* just the angles of the transmission vector. However,           */
    /* note that here again the difference in the coordinate          */
    /* systems of the antenna and the geocentric axes is              */
    /* accomodated for by modiftying the phi angle.                   */
    lookup_phi = 90.0 - rx_phi;
    lookup_theta = rx_theta;

    /* Obtain gain of antenna pattern at given angles.                */
    gain = op_tbl_pat_gain (pattern_table, lookup_phi, lookup_theta);

    /* Set the tx antenna gain in the packet's transmission data attribute. */
    op_td_set_dbl (pkptr, OPC_TDA_RA_TX_GAIN, gain);
```

```
FOUT;
}
```

5. 传播时延(阶段 5)

对于传播时延而言，无线链路与有线链路在这一概念上是一致的，都是从发射节点到接收节点的电磁波传播时间。但由于无线通讯中的节点经常具有移动性，传播时延不再是固定不变的；在数据包传输过程中，发送和接收节点间的传输距离可能发生变化。OPNET为了表征上述变化，预设了两个 TDA 符号常量，START_PROPDEL 和 END_PROPDEL(参见表 4.3)，它们分别表示了传输开始时的传播时延和传输结束时的传播时延，用以逼近节点的移动特性。

下面将分别计算发送机和接收机之间的传输开始距离和传输结束距离，并根据电磁波传播速率推算时延：

(1) 传播开始时延=传输开始时收/发信机间距离÷电磁波传播速率

(2) 传播结束时延=传输结束时收/发信机间距离÷电磁波传播速率

其中，电磁波传播速率为 3×10^8 m/s。

计算传播时延的函数模板如下：

```
void
prop_delay_template (Packet* pk)
{
double start_prop_delay, end_prop_delay;

FIN (prop_delay_template (Packet* pk))

/* extract required information from packet.          */

/* perform calculation of propagation delay.          */

/* place result in TDA to return to Simulation Kernel. */
op_td_set_dbl (pk, OPC_TDA_RA_START_PROPDEL, start_prop_delay);
op_td_set_dbl (pk, OPC_TDA_RA_END_PROPDEL, end_prop_delay);

FOUT
}
```

信道匹配的默认函数为 dra_propdel，源文件名为 dra_propdel.ps.c，位于路径为<reldir>/models/std/wireless 的目录下，该函数代码如下：

```
#include "opnet.h"

/***** constants *****/
/* propagation velocity of radio signal (m/s) */
#define PROP_VELOCITY    3.0E+08
```

```
/***** pipeline procedure *****/
#if defined (__cplusplus)
extern "C"
#endif
void
dra_propdel_mt (OP_SIM_CONTEXT_ARG_OPT_COMMA Packet * pkptr)
 {
 double    start_prop_delay, end_prop_delay;
 double    start_prop_distance, end_prop_distance;

 /** Compute the propagation delay separating the                    **/
 /** radio transmitter from the radio receiver.                      **/
 FIN_MT (dra_propdel (pkptr));

 /* Get the start distance between transmitter and receiver.         */
 start_prop_distance = op_td_get_dbl (pkptr, OPC_TDA_RA_START_DIST);

 /* Get the end distance between transmitter and receiver.           */
 end_prop_distance = op_td_get_dbl (pkptr, OPC_TDA_RA_END_DIST);

 /* Compute propagation delay to start of reception.                 */
 start_prop_delay = start_prop_distance / PROP_VELOCITY;

 /* Compute propagation delay to end of reception.                   */
 end_prop_delay = end_prop_distance / PROP_VELOCITY;

 /* Place both propagation delays in packet transmission data attributes. */
 op_td_set_dbl (pkptr, OPC_TDA_RA_START_PROPDEL, start_prop_delay);
 op_td_set_dbl (pkptr, OPC_TDA_RA_END_PROPDEL, end_prop_delay);

 FOUT
 }
```

6. 接收机天线增益(阶段 6)

接收机天线增益和发射天线增益的计算方法完全相同，计算结果写入 TDA 下的 RX_GAIN 符号常量中。该函数模板的代码如下：

```
void
rx_antenna_gain_template (Packet* pk)
      {
      double result;
```

```
FIN (rx_antenna_gain_template (Packet* pk))

/* extract required information from packet.                */

/* perform calculation of rx antenna gain.                  */

/* place result in TDA to make available for later stages. */
op_td_set_dbl (pk, OPC_TDA_RA_RX_GAIN, result);

FOUT
}
```

信道匹配的默认函数为 dra_ragain，源文件名为 dra_ragain.ps.c，位于路径为<reldir>/models/std/wireless 的目录下。由于发射机天线增益的代码类似，这里不再赘述。

7. 接收功率(阶段 7)

接收功率是数据包到达接收机的功率。对于有效数据包而言，接收功率大表征接收信号强；对于干扰数据包而言，接收功率大表征干扰严重。

接收功率通过以下步骤进行计算：

(1) 根据发信机和接收机的基准频率和带宽，得到收发过程中互相重叠的带宽。由重叠带宽和发送功率 P_{TX} 计算带内发送功率 P_i：

$$P_i = \frac{P_{TX}(f_{max} - f_{min})}{B} \tag{4.1}$$

式中，B 为发送信道带宽；$f_{max/min}$ 表示重叠带宽的最高/最低频率；

(2) 由频率计算发送波长，再根据无线传播的距离，计算自由空间的电磁波功率传播损耗。自由空间的传输损耗 L_p 的计算方法为

$$L_p = \left(\frac{\lambda}{4\pi D}\right)^2 \tag{4.2}$$

上式中，λ 表示电磁波的波长，D 表示发送与接收节点间的距离。λ 可通过光速 c 和中心频率 f_c 近似求出。λ 的计算公式为

$$\lambda = \frac{c}{f_c} \tag{4.3}$$

(3) 通过收、发天线增益 G_{rx}、G_{tx}，计算接收功率 P_{rx}：

$$P_{rx} = P_i G_{rx} L_p G_{tx} \tag{4.4}$$

计算时应当注意：所计算的接收功率无论是有效数据包还是噪声数据包，都会被写入 TDA 的 RCVD_POWER 符号常量中。该阶段的函数模板如下：

```
void
received_power (Packet* pk)
```

```
{
double result;

FIN (received_power (Packet* pk))

/* extract required information from packet.            */

/* perform calculation of received power (in watts). */

/* place result in TDA for Kernel & later stages.        */
op_td_set_dbl (pk, OPC_TDA_RA_RCVD_POWER, result);

FOUT
}
```

信道匹配的默认函数为 dra_power，源文件名为 dra_power.ps.c，位于路径为<reldir>/models/std/wireless 的目录下。该函数代码如下：

```
#include "opnet.h"
#include "dra.h"
#include <math.h>

/***** constants *****/
#define C                          3.0E+08              /* speed of light (m/s) */
#define SIXTEEN_PI_SQ              157.91367            /* 16 times pi-squared */

/***** pipeline procedure *****/
#if defined (__cplusplus)
extern "C"
#endif

void
dra_power_mt (OP_SIM_CONTEXT_ARG_OPT_COMMA Packet * pkptr)
{
double                    prop_distance, rcvd_power, path_loss;
double                    tx_power, tx_base_freq, tx_bandwidth,tx_center_freq;
double                    lambda, rx_ant_gain, tx_ant_gain;
Objid                     rx_ch_obid;
double                    in_band_tx_power, band_max, band_min;
double                    rx_base_freq, rx_bandwidth;
DraT_Rxch_State_Info*                              rxch_state_ptr;

/** Compute the average power in Watts of the                              **/
```

```
/** signal associated with a transmitted packet.                              **/
FIN_MT (dra_power (pkptr));

/* If the incoming packet is 'valid', it may cause the receiver to            */
/* lock onto it. However, if the receiving node is disabled, then             */
/* the channel match should be set to noise.                                  */
if (op_td_get_int (pkptr, OPC_TDA_RA_MATCH_STATUS) == OPC_TDA_RA_MATCH_ VALID)
    {
    if (op_td_is_set (pkptr, OPC_TDA_RA_ND_FAIL))
        {
        /* The receiving node is disabled.   Change                           */
        /* the channel match status to noise.                                 */
        op_td_set_int (pkptr, OPC_TDA_RA_MATCH_STATUS, OPC_TDA_RA_MATCH_ NOISE);
        }
    else
        {
        /* The receiving node is enabled.   Get                               */
        /* the address of the receiver channel.                               */
        rx_ch_obid = op_td_get_int (pkptr, OPC_TDA_RA_RX_CH_OBJID);

        /* Access receiver channels state information.                        */
        rxch_state_ptr =
            (DraT_Rxch_State_Info *) op_ima_obj_state_get (rx_ch_obid);

        /* If the receiver channel is already locked,                         */
        /* the packet will now be considered to be noise.                     */
        /* This prevents simultaneous reception of multiple                   */
        /* valid packets on any given radio channel.                          */
        if (rxch_state_ptr->signal_lock)
            op_td_set_int (pkptr, OPC_TDA_RA_MATCH_STATUS,OPC_TDA_RA_MATCH_NOISE);
        else
            {
            /* Otherwise, the receiver channel will become                    */
            /* locked until the packet reception ends.                        */
            rxch_state_ptr->signal_lock = OPC_TRUE;
            }
        }
    }

  /* Get power allotted to transmitter channel.                               */
```

```
tx_power = op_td_get_dbl (pkptr, OPC_TDA_RA_TX_POWER);
/* Get transmission frequency in Hz.                                    */
tx_base_freq = op_td_get_dbl (pkptr, OPC_TDA_RA_TX_FREQ);
tx_bandwidth = op_td_get_dbl (pkptr, OPC_TDA_RA_TX_BW);
tx_center_freq = tx_base_freq + (tx_bandwidth / 2.0);
/* Caclculate wavelength (in meters).                                   */
lambda = C / tx_center_freq;

    /* Get distance between transmitter and receiver (in meters).       */
   prop_distance = op_td_get_dbl (pkptr, OPC_TDA_RA_START_DIST);
   /* When using TMM, the TDA OPC_TDA_RA_RCVD_POWER will already */
   /* have a raw value for the path loss.                               */
   if (op_td_is_set (pkptr, OPC_TDA_RA_RCVD_POWER))
           {
           path_loss = op_td_get_dbl (pkptr, OPC_TDA_RA_RCVD_POWER);
           }
    else
           {
    /* Compute the path loss for this distance and wavelength.          */
    if (prop_distance > 0.0)
           {
           path_loss = (lambda * lambda) /
                  (SIXTEEN_PI_SQ * prop_distance * prop_distance);
           }
    else
           path_loss = 1.0;
    }
   /* Determine the receiver bandwidth and base frequency.              */
   rx_base_freq = op_td_get_dbl (pkptr, OPC_TDA_RA_RX_FREQ);
   rx_bandwidth = op_td_get_dbl (pkptr, OPC_TDA_RA_RX_BW);

   /* Use these values to determine the band overlap with the transmitter.   */
   /* Note that if there were no overlap at all, the packet would already    */
   /* have been filtered by the channel match stage.                         */

   /* The base of the overlap band is the highest base frequency.            */
   if (rx_base_freq > tx_base_freq)
     band_min = rx_base_freq;
   else
     band_min = tx_base_freq;
```

```
/* The top of the overlap band is the lowest end frequency.                    */
if (rx_base_freq + rx_bandwidth > tx_base_freq + tx_bandwidth)
  band_max = tx_base_freq + tx_bandwidth;
else
  band_max = rx_base_freq + rx_bandwidth;

/* Compute the amount of in-band transmitter power.                             */
in_band_tx_power = tx_power * (band_max - band_min) / tx_bandwidth;

/* Get antenna gains (raw form, not in dB).                                     */
tx_ant_gain = pow (10.0, op_td_get_dbl (pkptr, OPC_TDA_RA_TX_GAIN) / 10.0);
rx_ant_gain = pow (10.0, op_td_get_dbl (pkptr, OPC_TDA_RA_RX_GAIN) / 10.0);

/* Calculate received power level.                                              */
rcvd_power = in_band_tx_power * tx_ant_gain * path_loss * rx_ant_gain;

/* Assign the received power level (in Watts)                                   */
/* to the packet transmission data attribute.                                   */
op_td_set_dbl (pkptr, OPC_TDA_RA_RCVD_POWER, rcvd_power);

FOUT;
}
```

其中

```
if (rxch_state_ptr->signal_lock)
  op_td_set_int (pkptr, OPC_TDA_RA_MATCH_STATUS,
        OPC_TDA_RA_MATCH_NOISE);
else
    {
/* Otherwise, the receiver channel will become                     */
/* locked until the packet reception ends.                          */
    rxch_state_ptr->signal_lock = OPC_TRUE;
    }
```

代码段的作用是通过信号锁(signal_lock)的方法，再次进行有效包和干扰包的判断。信号锁是在管道阶段模型文件中定义的一个结构变量，用以防止接收信道同时接收多个数据包。通过(DraT_Rxch_State_Info *) op_ima_obj_state_get (rx_ch_obid)函数，可以获取 DraT_Rxch_State_Info 的结构指针，并可进一步指向信号锁变量。DraT_Rxch_State_Info 结构体定义在\MODELS\std\include\dra.h 中，定义过程如下：

```
/* Structure for receiver channel state information      */
/* to access channel specific information quickly.       */
```

```
typedef struct
    {
    Boolean           signal_lock;
    } DraT_Rxch_State_Info;
```

在接收功率阶段，有效包/干扰包的判断方法：若信号锁已锁定，则表明施加锁定的包(视为有效包)已经在进行有效传输，当前的数据包(视为干扰包)将对已锁定包形成干扰；若信号锁未锁定，则表明没有包在进行有效传输，当前的数据包就是有效包。

应当注意，本阶段的有效包/干扰包的判断方法同信道匹配阶段是不同的，且前者是在后者的基础上进行的，是对前者的判决结果所做的进一步判断。请读者自行比较，并对有效包/干扰包判断的总体步骤进行总结。

8. 背景噪声(阶段 8)

背景噪声阶段可以计算各种噪声源对接收信号的影响。背景噪声包括自然噪声和人为噪声两部分：

- 自然噪声：自然界产生的电磁噪声，如银河噪声。自然噪声通常被视为白噪声。
- 人为噪声：表现为无线电发射所产生的射电噪声、电子设备的电子热噪声等人为产生的噪声。这些噪声一般可视作白噪声。

背景噪声通过以下步骤进行计算：

(1) 分别计算自然噪声和人为噪声：

- 自然噪声 N_a

$$N_a = B_{rk} S_n \tag{4.5}$$

式中，B_{rk} 为接收带宽；S_n 为自然噪声功率谱密度，默认值为 $1.0\times E^{-26}$ W/Hz。

- 人为噪声 N_b

$$N_b = kB_{rk}(T_{rk} + T_{bk}) \tag{4.6}$$

式中，k 为玻尔兹曼常量；T_{rk} 和 T_{bk} 分别表示接收机温度和背景温度，T_{bk} 默认值为 290，T_{rk} 计算公式为

$$T_{rk} = (NF - 1.0)\times 290 \tag{4.7}$$

式中，NF 为噪声图样。

(2) 计算背景噪声 N：

$$N = N_a + N_b \tag{4.8}$$

背景噪声阶段的模板函数为

```
void
bkg_noise_template (Packet* pk)
    {
    double result;

    FIN (bkg_noise_template (Packet* pk))

    /* extract required information from packet. */
```

```
/* perform calculation of background noise power (in watts). */

/* place result in TDA to make available to later stages. */
op_td_set_dbl (pk, OPC_TDA_RA_BKGNOISE, result);

FOUT
}
```

背景噪声阶段的默认函数为 dra_bkgnoise，源文件名为 dra_bkgnoise.ps.c，位于路径为 <reldir>/models/std/wireless 的目录下。该函数代码如下：

```
#include "opnet.h"

/***** constants *****/
#define BOLTZMANN                               1.379E-23
#define BKG_TEMP                                290.0
#define AMB_NOISE_LEVEL                         1.0E-26

/***** procedure *****/
#if defined (__cplusplus)
extern "C"
#endif
void
dra_bkgnoise_mt (OP_SIM_CONTEXT_ARG_OPT_COMMA Packet * pkptr)
    {
    double              rx_noisefig, rx_temp, rx_bw;
    double              bkg_temp, bkg_noise, amb_noise;
    /** Compute noise sources other than transmission interference.          **/
    FIN_MT (dra_bkgnoise (pkptr));
    /* Get receiver noise figure.                                             */
    rx_noisefig = op_td_get_dbl (pkptr, OPC_TDA_RA_RX_NOISEFIG);
    /* Calculate effective receiver temperature.                              */
    rx_temp = (rx_noisefig - 1.0) * 290.0;
    /* Set the effective background temperature.                              */
    bkg_temp = BKG_TEMP;
    /* Get receiver channel bandwidth (in Hz).                                */
    rx_bw = op_td_get_dbl (pkptr, OPC_TDA_RA_RX_BW);
    /* Calculate in-band noise from both background and thermal sources.      */
    bkg_noise = (rx_temp + bkg_temp) * rx_bw * BOLTZMANN;
    /* Calculate in-band ambient noise.                                       */
    amb_noise = rx_bw * AMB_NOISE_LEVEL;
        /* Put the sum of both noise sources in the packet transmission data attr.  */
```

```
op_td_set_dbl (pkptr, OPC_TDA_RA_BKGNOISE, (amb_noise + bkg_noise));
FOUT
}
```

背景噪声对每个数据包的一个接收仅需要估算一次(请读者注意，对于数据包的不同接收还是需要分别计算的，参见无线管道阶段图例)。

9. 干扰噪声(阶段 9)

干扰噪声功率描述了同时到达接收信道的各个数据包间的相互影响。若当有效数据包到达目的信道的同时另一个数据包正在接收，则会产生干扰噪声。由于在接收过程中所有干扰功率都要累加至接收数据包，干扰噪声功率可能要计算多次(不同于背景噪声，对每个数据包的一个接收仅需计算一次)。

当两个帧发生碰撞时，需要计算相互干扰。如果两个帧都是有效帧，便分别将对方的接收功率加到自身的干扰累计中；如果是干扰帧，则仅将其接收功率加到对方的干扰累计中，而自身不进行累加。如果一个帧和多个帧发生碰撞则这一过程要被触发多次。

该阶段的模板函数如下：

```
void
interference_noise_template (Packet* earlier_pk, Packet* later_pk)
    {
    int      e_status, l_status;
    double   e_power, l_power;

    FIN (interference_noise_template (earlier_pk, later_pk))

    /* extract match status and received power from each packet          */
    e_status = op_td_get_int (earlier_pk, OPC_TDA_RA_MATCH_STATUS);
    e_power = op_td_get_dbl (earlier_pk, OPC_TDA_RCVD_POWER);
    l_status = op_td_get_int (later_pk, OPC_TDA_RA_MATCH_STATUS);
    l_power = op_td_get_dbl (later_pk, OPC_TDA_RCVD_POWER);

    /* if earlier packet is valid, augment noise accumulator             */
    if (e_status == OPC_TDA_RA_MATCH_VALID)
        op_td_increment_dbl (earlier_pk, OPC_TDA_RA_NOISE_ACCUM, l_power);

    /* Similarly,if later packet is valid, augment its noise accumulator  */
    if (l_status == OPC_TDA_RA_MATCH_VALID)
        op_td_increment_dbl (later_pk, OPC_TDA_RA_NOISE_ACCUM, e_power);

    FOUT
    }
```

干扰噪声阶段的默认函数为 dra_inois，源文件名为 dra_inoise.ps.c，位于路径为 <reldir>/models/std/wireless 的目录下。该函数的代码如下：

```
#include "opnet.h"

#if defined (__cplusplus)
extern "C"
#endif
void
dra_inoise_mt (OP_SIM_CONTEXT_ARG_OPT_COMMA Packet * pkptr_prev,   Packet * pkptr_arriv)
 {
 int                  arriv_match, prev_match;
 double                    prev_rcvd_power, arriv_rcvd_power;

 /** Evaluate a collision due to arrival of 'pkptr_arriv'                    **/
 /** where 'pkptr_prev' is the packet that is currently                     **/
 /** being received.                                                        **/
 FIN_MT (dra_inoise (pkptr_prev, pkptr_arriv));

 /* If the previous packet ends just as the new one begins, this is not      */
 /* a collision (just a near miss, or perhaps back-to-back packets).         */
 if (op_td_get_dbl (pkptr_prev, OPC_TDA_RA_END_RX) != op_sim_time ())
      {
      /* Increment the number of collisions in previous packet.              */
      op_td_increment_int (pkptr_prev, OPC_TDA_RA_NUM_COLLS, 1);

      /* Increment number of collisions in arriving packet.                  */
      op_td_increment_int (pkptr_arriv, OPC_TDA_RA_NUM_COLLS, 1);

      /* Determine if previous packet is valid or noise.                     */
      prev_match = op_td_get_int (pkptr_prev, OPC_TDA_RA_MATCH_STATUS);

      /* Determine if arriving packet is valid or noise.                     */
      arriv_match = op_td_get_int (pkptr_arriv, OPC_TDA_RA_MATCH_STATUS);

      /* If the arriving packet is valid, calculate                          */
      /* interference of previous packet on arriving one.                    */
      if (arriv_match == OPC_TDA_RA_MATCH_VALID)
           {
           prev_rcvd_power = op_td_get_dbl (pkptr_prev, OPC_TDA_RA_RCVD_POWER);
           op_td_increment_dbl (pkptr_arriv, OPC_TDA_RA_NOISE_ACCUM,
                prev_rcvd_power);
```

```
            }

        /* And vice-versa. */
        if (prev_match == OPC_TDA_RA_MATCH_VALID)
            {
            arriv_rcvd_power = op_td_get_dbl (pkptr_arriv, OPC_TDA_RA_RCVD_ POWER);
            op_td_increment_dbl (pkptr_prev, OPC_TDA_RA_NOISE_ACCUM,
                arriv_rcvd_power);
            }
        }

    FOUT
    }
```

10. 信噪比(阶段 10)

接收信噪比是衡量系统可靠性的重要指标。在 OPNET 中，为了体现接收技术对信噪比的改善作用，将信噪比(SNR)分为实际信噪比(用 SNR_{actual} 表示)和有效信噪比(用 $SNR_{effective}$ 表示，代码实现于阶段 11 中)。实际信噪比的计算方法如下：

$$SNR_{actual} = 10\lg\left[\frac{P_r}{P_b + P_i}\right] \tag{4.9}$$

上式中，P_r 表示接收功率；P_b 表示背景噪声功率；P_i 表示干扰噪声功率。

$$SNR_{effective} = SNR_{actual} + G_p \tag{4.10}$$

上式中，G_p 表示接收机在调制前对信噪比的处理增益，单位与信噪比相同，为 dB。

信噪比阶段的模板函数如下：

```
void
snr_template (Packet* pk)
    {
    double result;

    FIN (snr_template (Packet* pk))

    /* extract required information from packet.                */

    /* perform calculation of average-power SNR (in dB).          */

    /* place result in TDA to make available to Kernel & later stages. */
    op_td_set_dbl (pk, OPC_TDA_RA_SNR, result);
```

```
    FOUT
    }
```

该无线管道阶段的默认函数名为 dra_snr，源文件名为 dra_snr.ps.c，位于路径为<reldir>/models/std/wireless 的目录下。其函数代码如下：

```
#include "opnet.h"
#include <math.h>
#if defined (__cplusplus)
extern "C"
#endif
void
dra_snr_mt (OP_SIM_CONTEXT_ARG_OPT_COMMA Packet * pkptr)
        {
        double                  bkg_noise, accum_noise, rcvd_power;

        /** Compute the signal-to-noise ratio for the given packet.        **/
        FIN_MT (dra_snr (pkptr));

        /* Get the packet's received power level.                           */
        rcvd_power = op_td_get_dbl (pkptr, OPC_TDA_RA_RCVD_POWER);

        /* Get the packet's accumulated noise levels calculated by the      */
        /* interference and background noise stages.                        */
        accum_noise = op_td_get_dbl (pkptr, OPC_TDA_RA_NOISE_ACCUM);
        bkg_noise = op_td_get_dbl (pkptr, OPC_TDA_RA_BKGNOISE);

        /* Assign the SNR in dB.                                            */
        op_td_set_dbl (pkptr, OPC_TDA_RA_SNR,
            10.0 * log10 (rcvd_power / (accum_noise + bkg_noise)));

        /* Set field indicating the time at which SNR was calculated.       */
        op_td_set_dbl (pkptr, OPC_TDA_RA_SNR_CALC_TIME, op_sim_time ());

        FOUT
        }
```

信噪比阶段可以被以下任一情况触发：

- 数据包到达目的信道；
- 数据包开始接收后，另一个包(有效包或干扰包)到达；
- 数据包开始接收后，另一个包(有效包或干扰包)完成接收。

在一次数据包的传输过程中，信噪比阶段可被触发多次，并进行多次的信噪比计算和相关的 TDA 设置。

由于误比特率和错误分配(阶段 11-12)都是以信噪比为基础计算得到的，因而重新计算信噪比将导致后续两个阶段的触发。换言之，触发信噪比阶段，也将进一步引起误比特率和错误分配两个阶段的触发。

11. 误比特率(阶段 11)

误比特率阶段将以信噪比(上一阶段计算结果)为参数，根据解调方式，计算误比特的比率。调制的误码特性可通过调制曲线进行描述。调制曲线以 E_b / N_o 为横坐标(E_b 表示信号能量；N_o 表示噪声功率谱密度)，以误比特率(BER)为纵坐标；该曲线可在调制曲线编辑器中建立和查看。新建调制曲线的界面如图 4.17 所示。

图 4.17　新建调制曲线

由于 E_b / N_o 与信噪比 S / N (S 表示信号功率；N 表示噪声功率)存在如下关系：

$$\frac{E_b}{N_o} = \frac{ST}{N/W} = \frac{S}{N}\frac{W}{1/T} = \frac{S}{N}\frac{W}{B} \tag{4.11}$$

其中：T 表示码元宽度，W 表示信号带宽，B 表示传码速率。

由于信噪比已经在阶段 10 得到，信号带宽和传码速率是信道参数，E_b / N_o 是可以由式(4.11)计算得到的。可以将 E_b / N_o 作为变量，通过计算调制曲线的函数值，得到误比特率。

OPNET 模型库提供了经常使用的调制曲线，路径为<reldir>/models/std/wireless。如图 4.18 所示，为 BPSK 的调制曲线。读者可结合 BPSK 性能，分析横、纵坐标之间的关系。

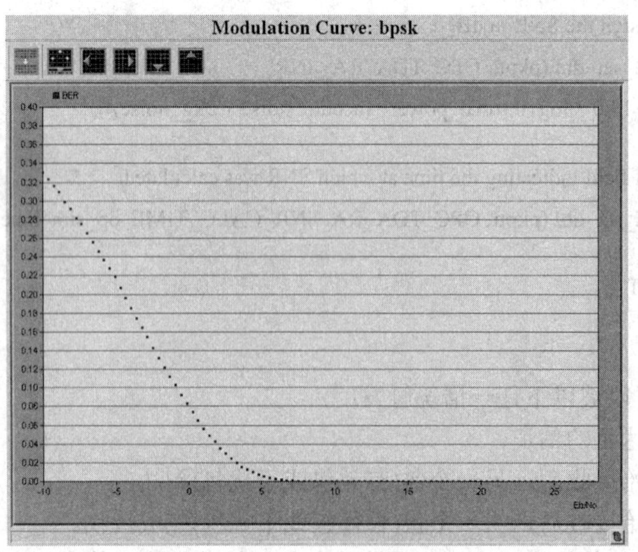

图 4.18　BPSK 调制曲线

该阶段的模板函数为

```
void
ber_template (Packet* pk)
    {
    double result;

    FIN (ber_template (Packet* pk))

    /* extract required information from packet.        */

    /* perform calculation of bit-error-rate.        */

    /* place result in TDA for Kernel & later stages. */
    op_td_set_dbl (pk, OPC_TDA_RA_BER, result);

    FOUT
    }
```

该无线管道阶段的默认函数名为 dra_ber，源文件名为 dra_ber.ps.c，位于路径为<reldir>/models/std/wireless 的目录下。函数代码如下：

```
#include "opnet.h"
#if defined (__cplusplus)
extern "C"
#endif
void
dra_ber_mt (OP_SIM_CONTEXT_ARG_OPT_COMMA Packet * pkptr)
    {
    double          ber, snr, proc_gain, eff_snr;
    Vartype         modulation_table;
    /** Calculate the average bit error rate affecting given packet.        **/
    FIN_MT (dra_ber (pkptr));
    /* Determine current value of Signal-to-Noise-Ratio (SNR).        */
    snr = op_td_get_dbl (pkptr, OPC_TDA_RA_SNR);
    /* Determine address of modulation table.        */
    modulation_table = op_td_get_ptr (pkptr, OPC_TDA_RA_RX_MOD);
    /* Determine processing gain on channel.        */
    proc_gain = op_td_get_dbl (pkptr, OPC_TDA_RA_PROC_GAIN);
    /* Calculate effective SNR incorporating processing gain.        */
    eff_snr = snr + proc_gain; //原理参见式 4.10
    /* Derive expected BER from effective SNR.        */
    ber = op_tbl_mod_ber (modulation_table, eff_snr);
```

```
/* Place the BER in the packet's transmission data.                    */
op_td_set_dbl (pkptr, OPC_TDA_RA_BER, ber);
FOUT
}
```

值得注意的是，由于信噪比的计算是分段进行的，误码率的计算也是分段进行的，也就是说，在一次传输数据包的过程中，可能出现若干个误码率。

12. 错误分配(阶段 12)

该阶段可根据误码率阶段得到的数据包分段误码率和产生的随机数，计算出数据包每段数据中的误码数；然后将各段误码率累积求和，即可得到总的误码数目。将总误码数与分段长度相除，可得到错误的后验概率，以 OPC_TDA_RA_ACTUAL_BER 表征(阶段 11 所计算的误比特率为错误的先验概率，以 OPC_TDA_RA_BER 表征，请读者注意区分)。

每个分段中的错误是基于概率中的二项分布，采用迭代的方法得到的，算法如下：

步骤 1：产生一个 0 至 1 之间服从均匀分布的随机数 r；

步骤 2：对于 N 长的分段，计算 0($k=0$)个错误的二项分布概率，计算公式为(p 表示误码率，由上一阶段计算得到)：

$$P_k = p^k (1-p)^{N-k} C_N^k \tag{4.12}$$

在编程中，可通过取对数的方法对 4.12 式进行计算，以避免溢出；将计算结果再取指数，即为所求的概率(参见该阶段的默认函数 dra_error)。

步骤 3：若 $P_0 > r$，则认为在该分段内无错(误码为 0)；否则 k 加 1，根据公式 4.12 计算 P_1，并作如下比较：

$$\sum_{i=0}^{k} P_i > r \tag{4.13}$$

上式的左式称为累加函数(Cumulative Mass Function，CMF)，参见 dra_error 代码。

步骤 4：对于 $k=1$，若(4.13)式成立，则认为在该分段内有 1 位错码；否则，k 加 1，根据公式(4.12)计算 P_k，并根据式(4.13)作比较。比较结果若为不真，则继续迭代；若为真，则认为在该分段内有 k 位错码，并结束迭代过程。

该阶段的模板函数为

```
void
err_alloc_template (Packet* pk)
    {
    int      num_added_errs, segment_length;
    double   empirical_ber;

    FIN (err_alloc_template (Packet* pk))

    /* extract required information from packet.                */

    /* perform calculation of number of bit errors in segment. */
```

```
/* Add errors to bit-error accumulator.                          */
op_td_increment_int (pk, OPC_TDA_RA_NUM_ERRORS, num_added_errs);

op_td_set_dbl (pk, OPC_TDA_RA_ACTUAL_BER,
       num_added_errs / segment_length);

FOUT
}
```

该无线管道阶段的默认函数名为 dra_error，源文件名为 dra_error.ps.c，位于路径为 <reldir>/models/std/wireless 的目录下。函数代码如下：

```
#include "opnet.h"
#include <math.h>

/* Define a convenient macro for computing factorials using the gamma        */
/* function. Pick the mt-safe version for parallel execution, which is       */
/* available only for Solaris.                                                */

#if defined (OPD_PARALLEL) && !defined (HOST_PC_INTEL_WIN32)
#define log_factorial(n)        lgamma_r ((double) n + 1.0, &signgam)
extern double lgamma_r (double, int *);
#else
#define log_factorial(n)        lgamma ((double) n + 1.0)
extern double lgamma (double);
#endif

#define round(x) (floor (x + 0.5))

#if defined (__cplusplus)
extern "C"
#endif
void
dra_error_mt (OP_SIM_CONTEXT_ARG_OPT_COMMA Packet* pkptr)
 {
 double              pe, r, p_accum, p_exact;
 double              data_rate, elap_time;
 double              log_p1, log_p2, log_arrange;
 double              ecc_thresh;
 double              pklen;
 OpT_Packet_Size     seg_size;
 int                 num_errs, prev_num_errs;
```

```
#if defined (OPD_PARALLEL) && !defined (HOST_PC_INTEL_WIN32)
 int                    signgam;
#endif

 /** Compute the number of errors assigned to a segment of bits within      **/
 /** a packet based on its length and the bit error probability.             **/
 FIN_MT (dra_error (pkptr));

 /* Get the total of bir errors that are already found in the previous      */
 /* segments of the packet.                                                 */
 prev_num_errs = op_td_get_int (pkptr, OPC_TDA_RA_NUM_ERRORS);

 /* If the packet already contains bit errors and their number exceeds      */
 /* the receiver's ecc threshold, then there is no need to check whether    */
 /* there are additional bit errors, since the packet is going to be        */
 /* rejected due to already found bit errors. Get the packet size and       */
 /* error correction threshold to make this check only if there are         */
 /* already found bit errors.                                               */
 if (prev_num_errs > 0)
     {
     ecc_thresh = op_td_get_dbl (pkptr, OPC_TDA_RA_ECC_THRESH);
     pklen      = (double) op_pk_total_size_get (pkptr);

     /* Check whether the errors have already exceeded the threshold.       */
     if ((double) prev_num_errs / pklen > ecc_thresh)
         {
         FOUT;
         }
     }
 else
     {
     /* Set the packet length to an invalid value indicating that it        */
     /* is not obtained, yet.                                               */
     pklen = -1.0;
     }

 /* Obtain the expected Bit-Error-Rate 'pe'.                                */
 pe = op_td_get_dbl (pkptr, OPC_TDA_RA_BER);

 /* Calculate time elapsed since last BER change.                           */
 elap_time = op_sim_time () - op_td_get_dbl (pkptr, OPC_TDA_RA_SNR_CALC_ TIME);
```

```
/* Use datarate to determine how many bits in the segment.                    */
data_rate = op_td_get_dbl (pkptr, OPC_TDA_RA_RX_DRATE);
seg_size = (OpT_uInt64) round (elap_time * data_rate);

/* Case 1: if the bit error rate is zero, so is the number of errors.         */
    if (pe == 0.0 || seg_size == 0)
      num_errs = 0;

/* Case 2: if the bit error rate is 1.0, then all the bits are in error.      */
/* (note however, that bit error rates should not normally exceed 0.5).       */
else if (pe >= 1.0)
      num_errs = seg_size;

/* Case 3: The bit error rate is not zero or one.                             */
else
      {
/* The error count can be obtained by mapping a uniform random number         */
/* in [0, 1] via the inverse of the cumulative mass function (CMF)            */
/* for the bit error count distribution.                                      */

     /* Obtain a uniform random number in [0, 1] to represent                  */
      /* the value of the CDF at the outcome that will be produced.            */
      r = op_dist_uniform (1.0);

/* Integrate probability mass over possible outcomes until r is exceeded.     */
/* The loop iteratively corresponds to "inverting" the CMF since it finds     */
/* the bit error count at which the CMF first meets or exceeds the value r.   */
      for (p_accum = 0.0, num_errs = 0; num_errs <= seg_size; num_errs++)
            {
/* Compute the probability of exactly 'num_errs' bit errors occurring.        */
/* The probability that the first 'num_errs' bits will be in error            */
/* is given by pow (pe, num_errs). Here it is obtained in logarithmic         */
/* form to avoid underflow for small 'pe' or large 'num_errs'.                */
            log_p1 = (double) num_errs * log (pe);

/* Similarly, obtain the probability that the remaining bits will not         */
/* be in error. The combination of these two events represents one           */
/* possible configuration of bits yielding a total of 'num_errs' errors.      */
            log_p2 = (double) (seg_size - num_errs) * log (1.0 - pe);

/* Compute the number of arrangements that are possible with the same         */
```

```
/* number of bits in error as the particular case above. Again obtain        */
/* this number in logarithmic form (to avoid overflow in this case).         */
/* This result is expressed as the logarithmic form of the formula for       */
/* the number N of combinations of k items from n:   N = n!/(n-k)!k!         */
        log_arrange = log_factorial (seg_size) - log_factorial (num_errs) -
                                   log_factorial (seg_size - num_errs);

/* Compure the probability that exactly 'num_errs' are present in the        */
/* segment of bits, in any arrangement.                                      */
        p_exact = exp (log_arrange + log_p1 + log_p2);

/* Add this to the probability mass accumulated so far for previously        */
/* tested outcomes to obtain the value of the CMF at outcome = num_errs.     */
        p_accum += p_exact;

/*'num_errs' is the outcome for this trial if the CMF meets or exceeds       */
/* the uniform random value selected earlier.                                */
        if (p_accum >= r)
            break;

/* If we reach this point then the packet has at least one bit error,        */
/* which may be already sufficient to exceed the ECC threshold. If this      */
/* is the case, stop computing the number of bit errors, since we know       */
/* that the packet will be rejected anyway.       If this is the very first  */
/* bit error then get the total packet size and threshold value, which       */
/* we need for the comparison below.                                         */
        if (pklen < 0.0)
            {
            ecc_thresh = op_td_get_dbl (pkptr, OPC_TDA_RA_ECC_THRESH);
            pklen        = (double) op_pk_total_size_get (pkptr);
            }

/* Check whether the total errors have already exceeded the threshold.       */
        if ((double) (prev_num_errs + num_errs + 1) / pklen > ecc_thresh)
            {
/* Increment the number of bit errors, which we would have done if           */
/* we continued with searching for a higher number of bit errors.            */
            num_errs++;

            /* Terminate the for-loop.                                       */
            break;
```

```
                }
            }
        }

    /* Increase number of bit errors in packet transmission data attribute.          */
    op_td_set_int (pkptr, OPC_TDA_RA_NUM_ERRORS, num_errs + prev_num_errs);

    /* Assign actual (allocated) bit-error rate over tested segment.                  */
    if (seg_size != 0)
        op_td_set_dbl (pkptr, OPC_TDA_RA_ACTUAL_BER, (double) num_errs /
        seg_size);
    else op_td_set_dbl (pkptr, OPC_TDA_RA_ACTUAL_BER, pe);

    FOUT
    }
```

13. 错误纠正(阶段 13)

该阶段根据误码后验概率(由阶段 12 计算得到)和接收机纠错能力(在接收机的 ecc threshold 属性中设置)，判断当前的接收数据包是否被接受：若判断为能够接收，则允许数据包被继续发送到高层；否则，销毁数据包。此阶段的判断直接影响信道的吞吐量。

考虑到发送机在发包过程中可能被关闭等情况，接受/拒绝数据包的判断将通过以下算法实现：

步骤 1：判断发送端是否完整发送了数据包。如果是，丢弃包；否则，执行步骤 2。

步骤 2：判断误码率是否小于纠错门限值(ecc threshold)。若为真，则接受包，并将 PK_ACCEPT 属性置为 OPC_TRUE；否则，丢弃包。

该阶段的模板函数为

```
void
error_correction_template (Packet* pk)
    {
    int result;

    FIN (error_correction_template (Packet* pk))

    /* extract required information from packet. */

    /* determine if packet should be accepted or rejected. */

    /* place result in TDA to return to Simulation Kernel. */

    op_td_set_int (pk, OPC_TDA_RA_PK_ACCEPT, result);

    FOUT
```

```
    }
```

该无线管道阶段的默认函数名为 dra_ecc，源文件名为 dra_ecc.ps.c，位于路径为<reldir>/models/std/wireless 的目录下。函数代码如下：

```
#include "opnet.h"
#include "dra.h"

#if defined (__cplusplus)
extern "C"
#endif

void
dra_ecc_mt (OP_SIM_CONTEXT_ARG_OPT_COMMA Packet * pkptr)
{
 int                        num_errs, accept;
 OpT_Packet_Size            pklen;
 Objid                      rx_ch_obid;
 double                     ecc_thresh;
 DraT_Rxch_State_Info*      rxch_state_ptr;

 /** Determine acceptability of given packet at receiver.       **/
 FIN_MT (dra_ecc (pkptr));

 /* Do not accept packets that were received                    */
 /* when the node was disabled.                                 */
 if (op_td_is_set (pkptr, OPC_TDA_RA_ND_FAIL))
       accept = OPC_FALSE;
 else
       {
       /* Obtain the error correction threshold of the receiver.     */
       ecc_thresh = op_td_get_dbl (pkptr, OPC_TDA_RA_ECC_THRESH);

       /* Obtain length of packet.                                    */
       pklen = op_pk_total_size_get (pkptr);

       /* Obtain number of errors in packet.                          */
       num_errs = op_td_get_int (pkptr, OPC_TDA_RA_NUM_ERRORS);

       /* Test if bit errors exceed threshold.                        */
       if (pklen == 0)
             accept = OPC_TRUE;
       else
```

```
        accept = ((((double) num_errs) / pklen) <= ecc_thresh) ? OPC_TRUE :
                OPC_FALSE;
    }

/* Place flag indicating accept/reject in transmission data block. */
op_td_set_int (pkptr, OPC_TDA_RA_PK_ACCEPT, accept);

/* In either case the receiver channel is no longer locked.          */
rxch_state_ptr = (DraT_Rxch_State_Info *) op_ima_obj_state_get
        (op_td_get_int (pkptr, OPC_TDA_RA_RX_CH_OBJID));
rxch_state_ptr->signal_lock = OPC_FALSE;

FOUT
}
```

最后一段代码的作用是释放信号锁(参考收信机功率阶段)，从而为其他数据包提供锁定(成为有效包)的可能。至此，一个数据包的整个发送接收过程便全部完成了。

无线管道阶段的内核预留 TDA 归纳于表 4.3 中。其中符号名称省略了“OPC_TDA_RA_”前缀，符号 P 是 Pointer 变量类型的缩写。

表 4.3　无线管道阶段的预留 TDA

符号常量	定　义	分配对象	阶段修改
ACTUAL_BER(D)	错误比特所占的比例	阶段 12	是
BER(D)	误比特率	阶段 11	是
BKGNOISE(D)	背景噪声(W)	阶段 8	是
CLOSURE(I)	发送信道和接收信道相互通信的可能性	阶段 2	是
ECC_THRESH(D)	收信机的最大纠错能力	仿真内核	是
END_DIST(D)	传输结束时，发送机和接收机之间的距离(m)	仿真内核	是
END_PROPDEL(D)	在传输结束时刻，信号在发送机和接收机间传播所需的时间(s)	阶段 5	是
END_RX(D)	数据包结束接收的仿真时间	仿真内核	否
END_TX(D)	数据包结束发送的仿真时间	仿真内核	否
MATCH_STATUS(I)	发送信道和接收信道的兼容性	阶段 3	是
ND_FAIL(D)	接收机在接收数据包的过程中发生故障的最早时刻	仿真内核(如果发生失败)	否
ND_RECOV(D)	接收机在接收数据包的过程中发生恢复的最晚时刻	仿真内核(如果发生恢复)	否

续表一

符号常量	定　义	分配对象	阶段修改
NOISE_ACCUM(D)	影响传输的总噪声功率	阶段 9	是
NUM_COLLS(I)	冲突的数目	由内核重置	是
NUM_ERRORS(I)	误比特数	阶段 12 并由内核重置	是
PK_ACCEPT(I)	接收/拒绝包	阶段 13	是
PROC_GAIN(D)	接收端所提供的处理增益(dB)，用于计算有效 SNR	仿真内核	是
RCVD_POWER(D)	接收信道带内功率(W)	阶段 7	是
RX_BORESIGHT_PHI(D)，RX_BORESI GHT_THETA(D)	接收天线的参考点(degree)，通常为最大增益点	仿真内核	是
RX_BW(D)	接收信道带宽(Hz)	仿真内核	是
RX_CH_INDEX(I)	接收信道索引	仿真内核	否
RX_CH_OBJID(I)	无线接收新到的对象 ID	仿真内核	否
RX_CODE(D)	用于识别接收机扩频技术及序列的代码	仿真内核	是
RX_DRATE(D)	接收信道的数据速率(b/s)	仿真内核	是
RX_FREQ(D)	接收信道的最低频率(Hz)	仿真内核	是
RX_GAIN(D)	接收天线的信号增益	阶段 6	是
RX_GEO_X(D)，RX_GEO_Y(D)，RX_GEO_Z(D)	接收节点所在位置的笛卡尔坐标(m)	仿真内核	是
RX_LAT(D)，RX_LONG(D)，RX_ALT(D)	接收节点的经度、纬度和高度	仿真内核	是
RX_MOD(P)	指向调制表对象，用于 in op_tbl_mod_ber()函数参数	仿真内核	是
RX_NOISEFIG(D)	接收机的噪声系数	仿真内核	是
RX_OBJID(I)	无线接收机的对象 ID	仿真内核	否
RX_PATTERN(P)	指向接收天线增益模式对象，用于 op_tbl_pat_gain()函数参数	仿真内核	是
RX_PHI_POINT(D)，RX_THETA_POINT(D)	接收天线的指向角(degree)	仿真内核	是
RX_REL_X(D)，RX_REL_Y(D)	接收节点在其子网中的坐标	仿真内核	是
SNR(D)	在接收机侧的信噪比	阶段 10	是
SNR_CALC_TIME(D)	计算 SNR 的最迟仿真时间	阶段 10	是

续表二

符号常量	定　义	分配对象	阶段修改
START_DIST(D)	传输开始时，发送机和接收机之间的距离(m)	仿真内核	是
START_PROPDEL(D)	开始传输的时刻，信号在发送机和接收机之间传播所需的时间(s)	阶段 5	是
START_RX(D)	数据包开始接收的仿真时间	仿真内核	否
START_TX(D)	数据包开始发送的仿真时间	仿真内核	否
TX_BORESIGHT_PHI(D)，TX_BORESIGHT_THETA(D)	接收天线的参考点(degree)，通常为最大增益点	仿真内核	是
TX_BW(D)	发送信道带宽(Hz)	仿真内核	是
TX_CH_INDEX(I)	发送信道索引	仿真内核	否
TX_CH_OBJID(I)	无线发送信道的对象 ID	仿真内核	否
TX_CODE(D)	用于识别发送机扩频技术及序列的代码	仿真内核	是
TX_DELAY(D)	数据包的发送时延(s)	阶段 1	是
TX_DRATE(D)	发送信道的传比特率(bit/s)	仿真内核	是
TX_FREQ(D)	发送信道的频率起点(Hz)	仿真内核	是
TX_GAIN(I)	发送天线的信号增益	阶段 4	是
TX_GEO_X(D)，TX_GEO_Y(D)，TX_GEO_Z(D)	发送节点所在位置的笛卡尔坐标(m)	仿真内核	是
TX_LAT(D)，TX_LONG(D)，TX_ALT(D)	发送节点的经度、纬度和高度	仿真内核	是
TX_MOD(P)	指向调制表对象，用于 in op_tbl_mod_ber()函数参数	仿真内核	是
TX_OBJID(I)	无线发送机的对象 ID	仿真内核	否
TX_PATTERN(P)	指向发送天线增益模式对象，用于op_tbl_pat_gain()函数参数	仿真内核	是
TX_PHI_POINT(D)，TX_THETA_POINT(D)	发送天线的指向角(degree)	仿真内核	是
TX_POWER(D)	发送功率(W)	仿真内核	是
TX_REL_X(D), TX_REL_Y(D)	发送节点在其子网中的坐标	仿真内核	是

应当指出，以上是仿真内核为管道阶段预留(reserved)的 TDA；开发者在编程中也可以使用自定义 TDA，自定义的 TDA 索引号应该大于最大的 TDA 索引号(OPC_TDA_RA_MAX_ INDEX)。例如，在以下码分多址(CDMA)的误比特率自定义管道 cdma_ber2 中，为了表征 CDMA 中的信干比，定义了码分多址 SNR，以区别于内核预留的 SNR。

```
void
cdma_ber2 (Packet * pkptr)
    {
    double      ber,bernew,snr,cdmasnr, proc_gain, eff_snr, cdmaeff_snr, code_rate;
    Vartype     modulation_table;

    /** Calculate the average bit error rate affecting given packet.              **/
    FIN (cdma_ber (pkptr));

    /* Determine current value of Signal-to-Noise-Ratio (SNR).                     */
    snr = op_td_get_dbl (pkptr, OPC_TDA_RA_SNR);
    cdmasnr = op_td_get_dbl (pkptr, OPC_TDA_RA_MAX_INDEX+1);

    /* Determine address of modulation table.                                      */
    modulation_table = op_td_get_ptr (pkptr, OPC_TDA_RA_RX_MOD);

    /* Determine processing gain on channel.                                       */
    proc_gain = op_td_get_dbl (pkptr, OPC_TDA_RA_PROC_GAIN);

    /* Calculate effective SNR incorporating processing gain.                      */
    eff_snr = snr + proc_gain;
    cdmaeff_snr = cdmasnr + proc_gain;

    /* Derive expected BER from effective SNR.                                     */
    ber = op_tbl_mod_ber (modulation_table,cdmaeff_snr);

    /* Place the BER in the packet's transmission data.                            */
    op_td_set_dbl (pkptr, OPC_TDA_RA_BER, ber);

    FOUT
    }
```

代码中核心函数 op_tbl_mod_ber()的作用是根据当前的信噪比和调制表，计算当前的误码率。op_td_set_dbl 将计算结果，赋给了预留 TDA OPC_TDA_RA_BER。

4.2 模块间通信

4.2.1 包流通信

数据包在节点间是通过链路(点对点链路、总线链路和无线链路)进行通信的，而在节点内的模块之间是通过包流线(packet stream)实现的，如图 4.19 所示为包流通信示意图。

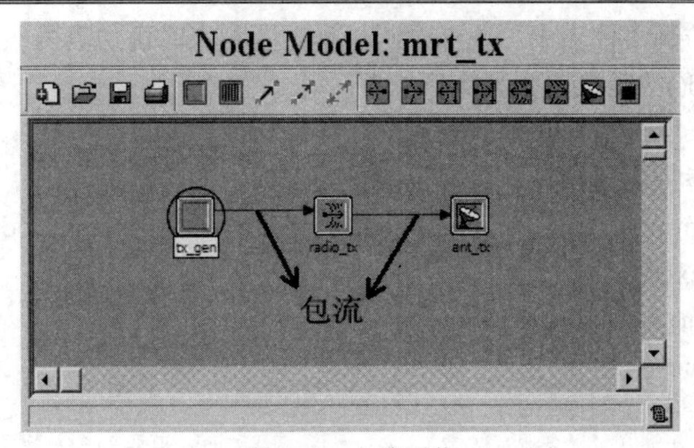

图 4.19 包流通信

包流是支持包在同一节点模型的不同模块间的传输，可实现源模块的输出端口和目的模块输入端口间的物理连接。包流可以划分为源模块的输出流(output stream)和目的模块的输入流(input stream)。

我们可以通过点击“Create Packet Stream”工具栏图标，并拖曳包流线连接两个模块。在建立包流线的过程中，仿真系统会根据各模块间的包流线的连接状态，为新建包流线自动分配源包流号(src stream)和目的包流号(dest stream)。作为包流对象的两个属性，源包流号和目的包流号可在属性中查询；除自动配置外，还可在属性中对其进行人工的重新配置。包流的属性如图 4.20 所示。

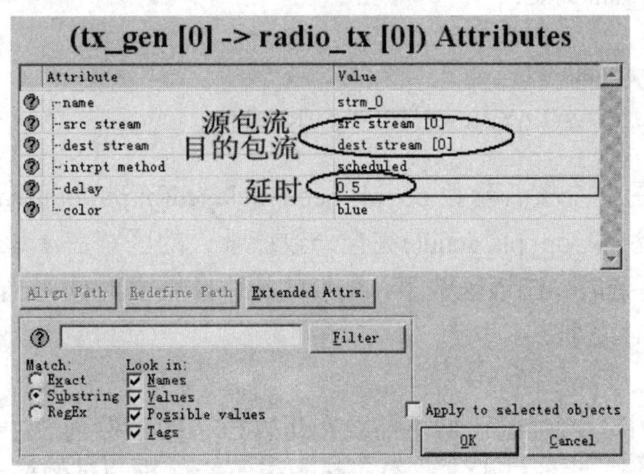

图 4.20 包流的属性

源包流号和目的包流号分别表征源模块的输出流和目的模块的输入流，并可作为函数参数用于包流传输的核心函数中，产生发送和接收行为。下面将叙述包流在输出端口和输入端口的进程域的建模方法。

1. 输入端通信方法

以下将根据流中断的三种类型：调用、强制和安静(参看“3.3 事件的类型”部分)，分别论述包流输入端的通信方式。

1) 调用中断方式

在输入端，最常用的发送方式是调用 op_pk_send()包发送函数。该函数将对目的模块预设一个流中断，该流中断的仿真时间为当前仿真时间与包流的延时之和。其对应的流中断事件将被加入到仿真事件表中，并在中断仿真时间到来时由仿真内核将控制权转让到目的模块。op_pk_send()的函数原型和实例如下：

函数原型 op_pk_send (pkptr, outstrm_index)。

参数：第一个参数为包指针；第二个参数为源模块的输出流号。

实例： Excerpt from: example model (models/std/eth_net); process model (eth_mac); state (TX_START); enter execs。

```
/* increment the number of attempts made so far          */
/* on the current frame                                   */
attempts ++;

/* the frame is no longer waiting; notify                 */
/* the deference process of this transition               */
frame_waiting = 0;
op_stat_write (FRAME_WAITING_OUTSTAT, frame_waiting);

/* record the start time for the transmission attempt     */
/* in order to determine if late collisions occur         */
/* (these are collisions occurring beyond one slot time)  */
frame_start_time = op_sim_time ();

/* send frame to bus transmitter                          */
op_pk_send (tx_frame, LOW_LAYER_OUTPUT_STREAM);
```

此外，还可通过另一个核心函数 op_pk_send_delayed(pkptr, outstrm_index，elay)产生调用流中断，其中断方法和 op_pk_send()完全一致；唯一的区别在于该核心函数可通过参数 delay 预设额外的中断延时。在该函数下，预设的流中断仿真时间为当前时间与包流属性中延时和函数参数的延时之和。

2) 强制中断方式

在强制中断方式中，产生的事件不需要在仿真核心的事件列表中排队，而是插队到事件列表的队首立刻执行，并且包不需要经历从源模块输出流到目的模块输入流的延时(包流属性中的延时不起作用)，而是直接到达目的模块。

强制中断方式通过 op_pk_send_forced()实现，其函数原型和实例如下：

函数原型：op_pk_send_forced (pkptr, outstrm_index)。

参数：第一个参数为包指针；第二个参数为源模块的输出流号。

实例： Excerpt from: example model (models/std/base); process model (acb_fifo); state (svc_compl); enter execs。

```
/* extract packet at head of queue                */
/* this is the packet just finishing service      */
pkptr = op_subq_pk_remove (0, OPC_QPOS_HEAD);

/* forward the packet on stream 0,                */
```

```
/* causing an immediate interrupt at dest.              */
op_pk_send_forced (pkptr, 0);

/* server is idle again.                                */
server_busy = 0;
```

3) 安静方式

在调用和强制方式中，包的到达会强加一个流中断到目的模块，通知其接收。因而，对于目的模块而言，其接收过程是被动的。如果希望目的模块主动去接收数据包，上述两种方式便会失效。此时，可采用安静方式，通过源模块调用 op_pk_send_quiet()核心函数实现。在安静方式下，接收模块将通过 op_strm_empty()或 op_strm_pksize()检查队列中是否有包，若有则调用 op_pk_get()获取数据包。

包类核心函数 op_pk_send_quiet()的函数原型和实例如下：

函数原型：op_pk_send_quiet (pkptr, outstrm_index)。

参数：第一个参数为包指针；第二个参数为源模块的输出流号。

解释：立即发送，无时延，包流延时属性不起作用。同时，不产生流中断，没有事件加入到仿真事件表中。

实例：Excerpt from: example model (models/std/base); process model (pc_lifo); state (SEND_HEAD); enter execs。

```
/* a request has been made to access the queue           */
/* check if its empty                                    */
if (!op_subq_empty (0))
        {
        /* access the first packet in the subqueue       */
        pkptr = op_subq_pk_remove (0, OPC_QPOS_HEAD);

        /* forward it to the destination                 */
        /* without causing a stream interrupt            */
        op_pk_send_quiet (pkptr, 0);
        }
```

2. 输出端通信方法

在输出端，OPNET 在目的模块中设置了一个包队列，允许包在没有被移除之前在队列中排队等候。包队列隶属于模块，而不隶属于包流。连接模块的包流可以有多个，而包队列只有一个。仿真核心不限制该队列的大小。队列采用先进先出(FIFO)模式管理包，位于队首的包将由目的模块通过 op_pk_get()获取并移除。

包核心函数 op_pk_get(input stream)的实例如下：

Excerpt from: example model (models/std/base); process model (prq_fifo); state (REQUEUE); enter execs.

```
/* a packet is being 'pushed' onto the head of the queue     */
```

```
pkptr = op_pk_get (op_intrpt_strm ());

/* insert the new packet at head of subqueue 0                    */
if (op_subq_pk_insert (0, pkptr, OPC_QPOS_HEAD) != OPC_QINS_OK)
 {
 /* if the insertion failed, discard the packet                   */
 op_pk_destroy (pkptr);
 }
```

包流只支持包在同一节点模型中不同模块间的包传输。在某些情况下，希望包在节点模型之间直接传输，而又不希望将这些节点模型通过链路连接(即节点间没有物理连接)。此时，可以采用包传递(packet delivery)的方法。

与包流相类似，包传递采用 op_pk_delivery()、op_pk_delivery_delayed()、op_pk_delivery_forced()和 op_pk_delivery_quiet()四种函数实现调用、强制和安静三种方式的包通信。但与包流不同，包传递必须指定目的模块。这是由于包传递中没有包流的参与，因而没有指向目的模块的依据，只能通过指定 objid 的方法来定位目的模块。

包核心函数 op_pk_delivery()的用法与实例如下：

函数原型：op_pk_deliver (pkptr, mod_objid, instrm_index)。

参数：第一个参数为包指针；第二个参数为远程模块的 objid；第三个参数为远程模块的输入流号。

实例：

```
/* obtain the object ID of remote telemetry processor        */
node_objid = op_id_from_name (0, OPC_OBJTYPE_NODE_FIXED, "tlm_node");
proc_objid = op_id_from_name (node_objid, OPC_OBJTYPE_PROC, "tlm_proc");

/* create a packet                                            */
pkptr = op_pk_create (128);

/* stuff packet with operation code                           */
op_pk_fd_set (pkptr, 0, OPC_FIELD_TYPE_INTEGER, OPCODE_ACTIVATE, 0);

/* deliver the packet to remote processor                     */
op_pk_deliver (pkptr, proc_objid, 0);
```

4.2.2　统计量通信

1. 统计量的概念

在 OPNET 中，用统计量来分析仿真结果和观察中间过程。统计量可分为标量(Scalar)和矢量(Vector)两种，两者的结构和应用有所不同：

(1) 标量统计的数据与时间无关，是一维的数据；矢量统计的数据与时间有关，每个统计数据都是在特定时间上收集的，是包含统计数据和发生时间的二维数据。

(2) 标量统计主要用于收集仿真结果；矢量统计主要用于观察仿真的中间过程。

(3) 矢量统计量可生成标量数据，而标量统计量不能生成矢量数据。例如在 cct_network 项目中，收集信道忙(Busy)矢量统计量可生成矢量和标量两种数据，如图 4.21 所示为矢量统计量的数据收集。

标量统计量和矢量统计量在实现的方法上也是有所不同的：

(1) 矢量统计是基于统计线的，而标量统计不能使用统计线(统计线的概念和方法见“统计量通信”)。

(2) 矢量统计通过核心函数(统计量函数集)op_stat_write()或 op_stat_write_t()写入数据，标量统计通过核心函数 op_stat_scalar_write()写入数据。

(3) 矢量统计在写入前必须用注册函数 op_stat_reg()进行统计量的注册；标量统计不需要注册。

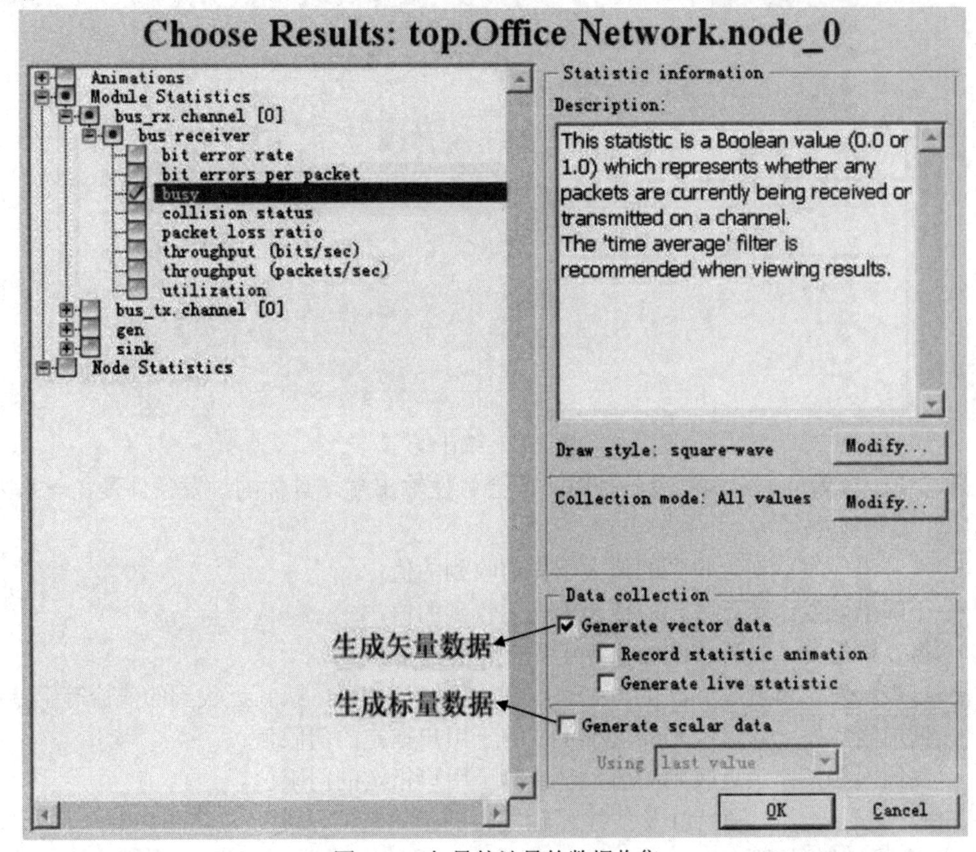

图 4.21 矢量统计量的数据收集

2. 统计量通信

统计量通信只支持矢量统计量(对标量统计量不予支持)，需要通过节点域和进程域的建模共同实现。

要实现统计量通信，首先要进行节点域建模——在模块间建立统计线连接。与包流线相似，统计线(Statistic Wire)可通过点击和拖曳“Creat Statistic Wire”工具栏图标建立统计线。统计线默认为红色虚线，图 4.22 中虚线为 cct_network 项目中在 csma 场景下发送节点 cct_csma_tx 的统计线。

与包流类似，统计线支持矢量统计量在同一节点模型的不同模块间传输包，可实现源模块的输出端口和目的模块输入端口间的物理连接。统计线用“src stat”属性设置输入的统计量。以节点 cct_csma_tx 为例，tx_proc 模块输入的统计量为“busy”，如图 4.22 所示。同时，统计线用“dest stat”属性设置目标模块的输入统计线索引“instat[]”，此处用输入统计量(instat)是因为统计线的输出相当于目标模块的输入。

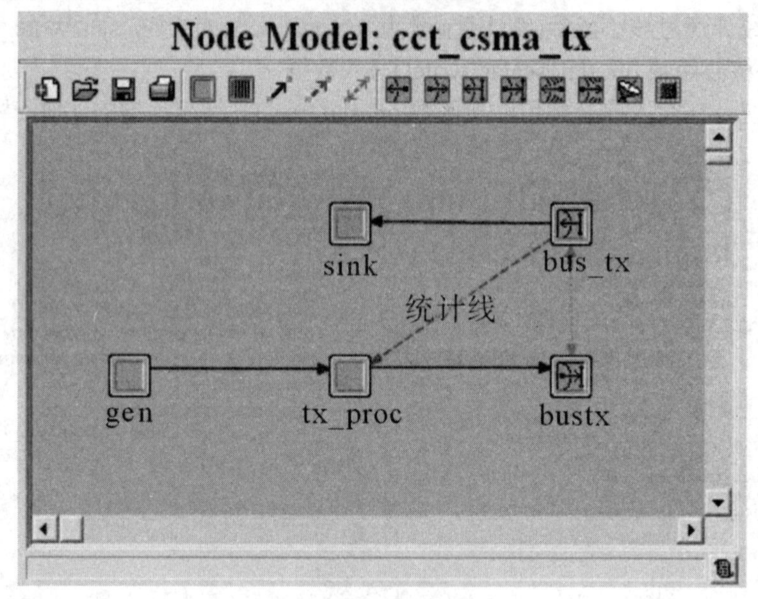

图 4.22　统计线

只有统计量满足一定的触发条件时，才会触发输出端。具体的触发条件是在一系列统计线属性中配置的：

- 上升沿触发：新近收到的值大于先前收到的值；
- 下降沿触发：新近收到的值小于先前收到的值；
- 重复值触发：新近收到的值等于先前收到的值；
- 过零触发：新近收到的值与先前收到的值符号相反，或新近收到的值恰等于零；
- 低门限触发：新近收到的值小于或等于用户指定的门限值；
- 高门限触发：新近收到的值大于或等于用户指定的门限值。

在统计量通信中，满足触发条件、触发目的模块的方法是通过产生统计型中断实现的。中断方式可以是强制式(Forced)的，即输入端发生变化时立刻触发目的端产生中断(在仿真事件表中插队)；也可以是调度式(Scheduled)的，即输入端的变化和输出端的中断之间有一个延时(延时时间由属性“delay”设置)。其中，调度方式为统计量通信的默认中断方式。

统计线可以处理仿真系统内建的矢量统计量，如统计量“busy”就是内建于收信机 bus_rx 中信道 0 中的矢量统计量。所谓内建是指已经由仿真系统定义好，并作为仿真模型的一部分，用户不能对其进行改动。信道(channel)是收信机模块的子模块(submodule)，每个信道有误码率(bit error rate)、信道忙(busy)、碰撞状态(collision status)、吞吐量(throughput)、信道利用率(utilization)等多个内建统计量(参见图 4.21)。

(bus_rx.channel [0].busy -> tx_proc.instat [0])
Attribute
Value
name
stat_0
submodule
channel [0]
src stat
busy
dest stat
instat [0]
intrpt method
scheduled
delay
0.0
rising edge trigger
disabled
falling edge trigger
enabled
repeated value trigger
disabled
zero crossing trigger
disabled
low threshold trigger
disabled
high threshold trigger
disabled
color
red
Align Path
Redefine Path
Extended Attrs.
Filter
Match:
Exact
Substring
RegEx
Look in:
Names
Values
Possible values
Tags
Apply to selected objects
OK
Cancel

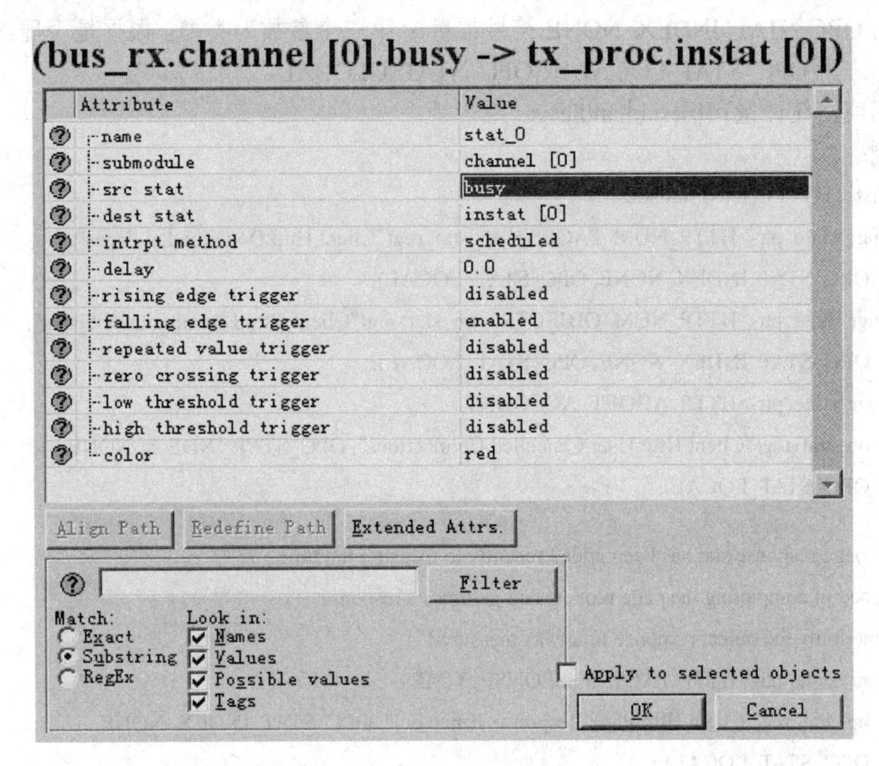

图 4.23　统计线属性

同时，统计线也可以处理用户自定义的矢量统计量。自定义矢量统计量时，首先要在进程域 Interface 菜单→局部统计量(Local Statistics)或全局统计量(Global Statistics)下的对话框中声明统计量。局部/全局统计量的区别在于：全局统计量可以被模型中的所有进程所共享，而局部统计量只能应用于注册统计量的进程。在统计量声明对话框中，可对统计量的名称(stat name)、模式(mode)、维数(count)、组(group)等特征进行声明，例如在模式域中可设定统计量是多维的(dimensioned)还是一维的(single)。同时，如果是一维统计量，则维数域无效(表示为 N/A)；如果是多维统计量，则可输入维数。统计量声明对话框如图 4.24 所示。

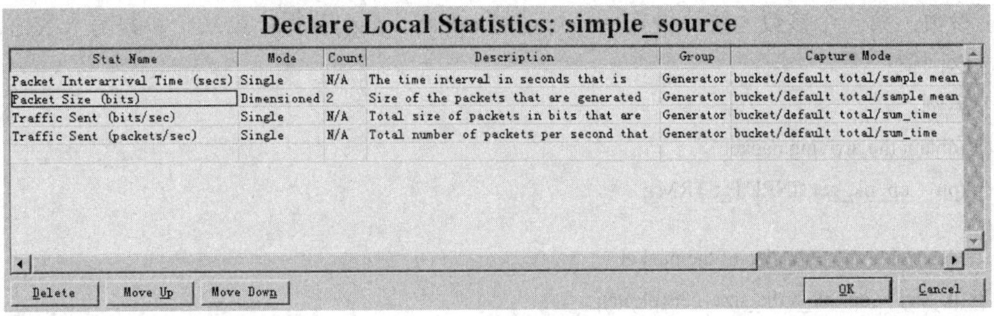

Declare Local Statistics: simple_source
Stat Name
Mode
Count
Description
Group
Capture Mode
Packet Interarrival Time (secs)
Single
N/A
The time interval in seconds that is
Generator
bucket/default total/sample mean
Packet Size (bits)
Dimensioned
2
Size of the packets that are generated
Generator
bucket/default total/sample mean
Traffic Sent (bits/sec)
Single
N/A
Total size of packets in bits that are
Generator
bucket/default total/sum_time
Traffic Sent (packets/sec)
Single
N/A
Total number of packets per second that
Generator
bucket/default total/sum_time
Delete
Move Up
Move Down
OK
Cancel

图 4.24　声明统计量

然后，调用状态量注册函数 op_stat_reg()。其函数原型和用法为

函数原型：op_stat_reg (stat_name, stat_index, type)。

参数：第一个参数为统计量名称；第二个参数为多维统计量中的维数(若为一维统计量，则标志为 OPC_STAT_INDEX_NONE 符号常量)；第三个参数为类型，根据是否局部或全局统计量标志为 OPC_STAT_LOCAL 或 OPC_STAT_GLOBAL。

返回值：统计量句柄(stathandle)。

实例：

```
/* register HTTP-related statistics. */
app_mgr_state_ptr->HTTP_NUM_PAGES = op_stat_reg("Client Http.Downloaded Pages",
        OPC_STAT_INDEX_NONE, OPC_STAT_LOCAL);
app_mgr_state_ptr->HTTP_NUM_OBJECTS = op_stat_reg("Client Http.Downloaded Objects",
        OPC_STAT_INDEX_NONE, OPC_STAT_LOCAL);
app_mgr_state_ptr->HTTP_ABORT_ACCOUNT =
        op_stat_reg("Client Http.User Cancelled Connections", OPC_STAT_INDEX_ NONE,
        OPC_STAT_LOCAL);

/* The page response stat has been added recently to measure the time          */
/* elapsed in completing the page request and getting its response.            */
/* Earlier only the object response time was measured.                         */
app_mgr_state_ptr->HTTP_PAGE_RESPONSE_TIME =
        op_stat_reg("Client Http.Page Response Time(sec)", OPC_STAT_INDEX_NONE,
        OPC_STAT_LOCAL);
app_mgr_state_ptr->GLOBAL_HTTP_PAGE_RESP_TIME =
        op_stat_reg("Http.Page Response Time (sec)", OPC_STAT_INDEX_NONE,
        OPC_STAT_GLOBAL);
```

下面具体讨论统计线输入端和输出端的读写方法：

(1) 输入端写方法。

输入模块采用核心函数 op_stat_write()和 op_stat_write_t()实现矢量统计量的写入，op_stat_write()用法如下：

函数原型：op_stat_write (stat_handle, value)。

参数：第一个参数为统计量句柄，可通过 op_stat_reg()获得；第二个参数写入数值。

返回值：无。

实例：

```
/* obtain the arriving packet                                  */
pkptr = op_pk_get (INPUT_STRM);

/* determine the bulk size of the packet                       */
bulk_size = op_pk_bulk_size_get (pkptr);
```

```
/* If the statistic handle for received packet size has not yet        */
/* been initialized, do so now.                                        */
if (pk_size_init == OPC_FALSE)
 {
 pk_size_shandle = op_stat_reg ("Packet Size (bits)", OPC_STAT_INDEX_NONE,
       OPC_STAT_GLOBAL);
 pk_size_init = OPC_TRUE;
 }

/* write out the bulk size of the packet as a global statistic         */
op_stat_write (pk_size_shandle, (double) bulk_size);

/* destroy the now useless packet                                      */
op_pk_destroy (pkptr);
```

函数 op_stat_write_t()与 op_stat_write()的区别在于后者写入的二维数据中的时间为当前仿真的时间，而前者可以通过函数参数产生一个时间延迟。

若写入的数值满足统计线的触发条件，将为统计线的目标模块预设一个统计中断。

(2) 输出端读方法。

目的模块通过核心函数 op_stat_local_read()读统计量，该函数的用法如下：

函数原型：op_stat_local_read(instat_index)。

参数：输入状态线索引。

返回值：double 型状态量值。

实例：

Excerpt from: example model (models/std/eth_net); process model (eth_mac); header block.

```
/*** mnemonic macros for transitions and executives ***/
#define DEFERENCE_ON       (op_stat_local_read (DEFERENCE_INSTAT) == 1.0)
#define DEFERENCE_OFF      (op_stat_local_read (DEFERENCE_INSTAT) == 0.0)

#define DEFERENCE_LOW   (op_intrpt_type () == OPC_INTRPT_STAT && \
            op_intrpt_stat () == DEFERENCE_INSTAT && \
            DEFERENCE_OFF)

#define COLL_DET_HIGH   (op_intrpt_type () == OPC_INTRPT_STAT && \
            op_intrpt_stat () == TRANSMITTING_INSTAT && \
            op_stat_local_read (TRANSMITTING_INSTAT) == 0.0)
```

统计量通信采用条件触发和统计量中断的方法，可以动态获取同一节点内统计量的变化，具有主动通知和动态监控的作用。同时，由于统计量具有比数据包更简单的数据结构和更小的通信开销，在传递简单数据(特别是单个变量)时，可不采用包通信，而是通过自定义矢量统计量，采用统计量通信的方法实现。

4.3　ICI 通信

本章的前面两节论述了节点间和节点内的通信方法。无论是有线链路、无线链路，还是数据包通信、统计量通信，都是基于对象间连接的(即使是包通信的包传递方式，也是基于不同节点模块间的虚拟连接)。本节将讨论另一种机理的通信方式，该通信方式不是基于连接，而是基于特定进程中的事件——对事件的接口控制信息(Interface Control Information，ICI)进行通信。通常，我们将其称之为 ICI 通信。

1. ICI 的概念

用户可以新建 ICI 格式(ICI Format)——与事件相联系的数据列表，如图 4.25 所示为 ICI 的数据格式。

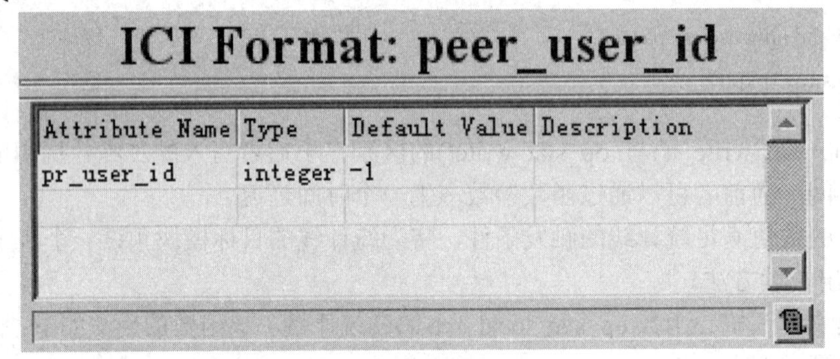
ICI Format: peer_user_id

Attribute Name	Type	Default Value	Description
pr_user_id	integer	-1	

图 4.25　ICI 的数据格式

ICI 可以与源模块(绑定 ICI 的模块)的事件产生关联，并成为该事件的一个属性；该事件将触发目的模块中事件的发生，并由目的模块对 ICI 进行处理。由于 ICI 以事件为载体，所以可以将其用在各种有关事件调度的场合(比数据包的应用范围更为广泛)，如实现在同一节点模型的不同模块之间、不同节点模型之间的通信以及同一节点模型的相同模块内的信息传递上。

在一个进程中，通过调用 op_ici_install(iciptr)至多只能绑定(installation)一个 ICI。如果多次绑定，后面的绑定将覆盖前面的绑定。在 ICI 绑定之后，进程中的当前事件和后续事件都将和该 ICI 相关联，直到通过调用 op_ici_install(OPC_NIL)取消关联。可以与 ICI 相关联的事件包括自中断类事件、流中断类事件、远程中断类事件、进程类事件、多播类事件、接入类事件以及统计中断类事件等，其中 ICI 结合流中断类事件最为常用。

2. ICI 的通信方法

在 ICI 通信中，首先由源模块的进程(简称为：源进程)通过调用 op_ici_creat()(接口控制信息函数集)创建 ICI。核心函数 op_ici_creat()的用法如下：

函数原型：op_ici_create (fmt_name)。

参数：ICI 格式名。

返回值：ICI 指针。

实例： Excerpt from: example model (models\std\x25); process model (x25_dce_ch); function block procedure (x25_dce_handle_ack).

```
/* Loop through saved packets that have been acked, discarding them.          */
for (i = send_window_low; i != rcv_seq; INC(i))
    {
    if (window [i].format & x25C_GFI_D_BIT)
    {
    /* The D bit was set on this packet when we sent it, so this represents and */
    /* end-to-end confirmation; notify the higher layer.                        */
    iciptr = op_ici_create ("x25_data");
    op_ici_attr_set (iciptr, "primitive", OSIC_N_DATA_ACK_INDICATION);
    op_ici_attr_set (iciptr, "src address", chan_vars->local_addr);
    op_ici_attr_set (iciptr, "dest address", chan_vars->remote_addr);
    op_ici_attr_set (iciptr, "confirmation request", 1);
    op_ici_attr_set (iciptr, "confirmation tag", window[i].tag);
    op_ici_install (iciptr);
    op_pk_send (op_pk_create (0), chan_vars->application);
    x25_dce_trace_msg ("Notifying higher layer of end-to-end confirmation");
    window [i].format = 0;
    }
}
```

然后通过 op_ici_install()将 ICI 与源进程的事件相关联，op_ici_install()核心函数的用法如下：

函数原型：op_ici_install (iciptr)。

参数：ICI 指针。

返回值：上次绑定的 ICI 指针，如果不存在，返回 OPC_NIL 符号常量。

实例： Excerpt from: example model (models\std\eth_net); process model (eth_gen); state (ARRIVAL); enter execs.

```
/* Determine the length of the packet to be generated.                  */
pklen = op_dist_outcome (len_dist_ptr);
/* Determine the destination of the packet.                             */
gen_packet: dest_addr = op_dist_outcome (dest_dist_ptr);
if (dest_addr! = -1 && dest_addr == station_addr)
        goto gen_packet;
/* Create an unformatted packet to send to mac.                         */
pkptr = op_pk_create (pklen);
/* Place the destination address into the ICI.                          */
op_ici_attr_set (mac_iciptr, "dst_addr", dest_addr);
/* Send the packet coupled with the ICI. Then deinstall the ICI to prevent */
/* it from being associated with other interrupts scheduled by this process.*/
op_ici_install (mac_iciptr);
```

```
op_pk_send (pkptr, MAC_LAYER_OUT_STREAM);
op_ici_install (OPC_NIL);
```

在仿真过程中，源进程可以通过核心函数 op_ici_attr_set()将不断变化的 ICI 动态写入事件的 ICI 属性中，使 ICI 随着事件的发生不断地更新。当关联事件成为仿真事件表的表首事件时，ICI 的目的进程将获取仿真控制权。该进程将调用 op_ici_attr_get()并读取 ICI。

为了消除不必要的关联，可以通过调用以 OPC_NIL 为参数的 op_ici_install()函数取消 ICI 与进程之间的关联。同时，可以调用 op_ici_destroy()释放 ICI 的存储空间。

第五章　进程域编程

在 OPNET 中，仿真的行为和过程是通过代码实现的，而代码的编写是在进程域中完成的。为了提高进程域建模效率，OPNET 提供了有限状态机的编程架构和支持编程的核心函数库，这些构成了 Proto C 的编程方法。

同时，OPNET 提供了多进程、多队列的机制。在进程域中，通过对进程/队列模型的编程，可实现动态进程和子队列。

5.1　Proto C 编程方法

Proto C 由有限状态机、OPNET 核心函数、标准的 C/C++构成，是一种高效描述离散事件系统行为的方法，具有如下特点：

(1) 有限状态机：采用状态转移图的直观图形化方法表示协议和算法，能够分解、简化问题。

(2) 图形和文档相结合：Proto C 开发的进程模型用有限状态机图形格式支持顶层控制流；但是图形化的表示方式不能有效或直观地描述过程的细节，因而采用了支持进程的文档——用文档说明出现在图形中的转移和状态。

(3) 状态信息表征：状态信息是由进程产生并保留的一组数据。传统的状态转移图由有限状态机表示系统在任何时间内发生的完全状态，对于复杂系统来说这是不可能完成的，同时也不可能进行有效和动态的扩展。Proto C 可通过 C/C++、OPNET 内建及用户自定义的数据类型，对状态信息进行详细、动态的描述，从而增强进程模型的功能。

(4) 支持多进程和多队列：可实现动态进程管理和数据包的子队列调度。

5.1.1　有限状态机

采用有限状态机是描述离散事件系统的主流方法，利用该方法可以直观地对复杂问题进行分解。

有限状态机(Finite State Machine，FSM)是由状态和转移构成的。所谓状态，是由单个或多个共同完成同一任务的进程所构成的进程载体，该载体可以处理事件或等待事件的触发。转移表征状态之间的关系，当收到中断请求后，进程将根据状态转移条件发生状态的转移。

1. 状态

状态由入口代码和出口代码组成：入口代码模拟进入状态时进行的动作；出口代码模拟离开进程状态时所进行的动作。

Proto C 的状态按是否阻塞，可分为强制状态和非强制状态；按是否进程的首个状态可分为初始状态和非初始状态。在默认情况下，强制状态用绿色表示，而非强制状态用红色表示，初始状态用前面带有箭头的状态表示。一个状态图仅能有一个初始状态。

1) 非强制状态

非强制状态是真正表示系统行为的状态。每执行完入口代码后(仿真系统保存进程相关信息)，非强制状态便处于阻塞状态，等待新的激活。

对于非强制状态而言，前一个状态的退出执行和后一个状态的进入执行同属一个执行过程，中间没有阻塞。若在一个状态的进入执行和退出执行期间有阻塞发生，必须要有阻塞和激活的过程，也正是由于这个过程，才能使状态与仿真核心之间进行交互，从而使仿真核心完成对进程的调度处理。

2) 强制状态

强制状态的特点是系统不会滞留在状态上。系统执行完强制状态的入口代码后就直接执行出口代码；执行完出口代码后，直接进入到条件转移的下一个状态。

对于强制状态而言，因为不存在激活与阻塞的状态，与仿真核心便没有交互过程，所以它并不真正代表状态。实际上，引入强制状态是由于有的非强制状态要完成的任务太多或进程间的转移不能清晰地表示协议等原因造成的。在引入强制状态后，便能够对非强制状态的过程进行分解。

3) 初始状态

初始状态是第一次调用进程的状态。一般而言，在该状态下完成代码的初始化工作。因为初始状态的初始化仅需执行一次，大多数模块不包含回到初始状态的转移。

进程的初始化可以由初始中断(在进程接口中的 begsim intrpt 属性中设置)引发，也可以由其他中断引发，如由数据包到达引起的流中断引发。为了叙述方便，我们将由初始中断以外的引发初始状态的中断称为非初始中断。

初始状态的强制类型和初始化过程的中断方式在建模中是相互结合的，必须认真考虑，否则会发生逻辑性错误。下面根据状态类型和中断方式，分四种情况进行讨论。

(1) 初始状态为强制状态，初始中断启用。

初始状态启用，初始状态执行于仿真初始时刻(0 时刻)；又由于初始状态为强制状态，执行完初始状态后直接进入下一个状态。在此情况下，与初始化状态相连的一般为非强制状态；该非强制状态进入阻塞后，需要通过其他中断再次激活进程。

(2) 初始状态为强制状态，初始中断未启用。

初始化仿真由非初始中断引发。初始状态除了完成初始化工作以外，还要处理该非初始中断。在这种情况下，初始化一直到执行非初始中断时才能完成。

(3) 初始状态为非强制状态，初始中断启用。

在这种情况下，初始化通常放在入口代码中，在仿真时间为 0 时完成。之后，进程将被阻塞，直到其他中断到达后才被激活。初始化的出口代码用于处理该触发中断，也可以交由下一个状态的入口代码或转移代码完成。

(4) 初始状态为非强制状态，初始中断未启用。

在这种情况下，由非初始中断触发初始状态，由初始状态的入口代码完成初始化和非初始中断处理。这种方法在仿真中应用较少。

2. 转移

转移描述的是从一个状态到另一个状态的过程和条件，它由源状态、目的状态、转移条件和转移执行代码四个组件组成。当源状态的转移条件得到满足时，将发生状态转移，运行转移执行代码并转移到目的状态。

转移用状态转移线连接表示，状态转移线可按方向连接原状态和目的状态。通过状态转移线的属性对话窗口(右键点击状态转移线，在下拉菜单中选择“Edit Attribute”)，可设置转移条件(condition)和转移执行代码(executive)等属性，如图 5.1 所示。

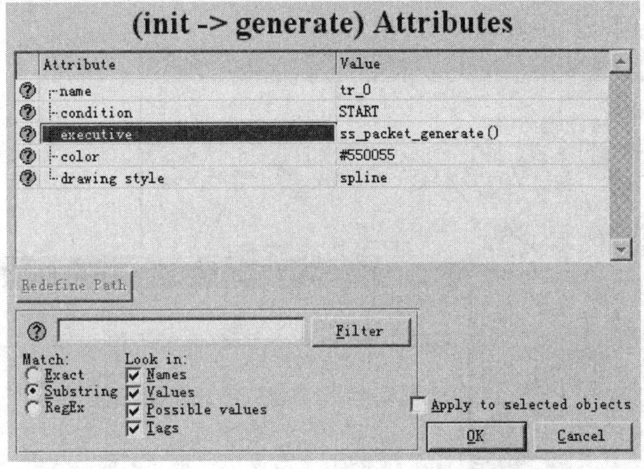

图 5.1　状态转移线的属性设置

一个原状态可以连接多条状态转移线，但相互之间必须是互斥的或互补的——在转移时刻仅能有一条状态转移线满足条件，否则将出现多个转移方向，在仿真运行中将发生异常；同时，必须能够找到满足条件的状态转移线，否则将不能转出，也将发生异常。用户在有限状态机建模中，需认真验证转移互斥和互补关系。为了防止不能转出情况的发生，在操作中经常采用建立缺省状态转移线的方法，将转移条件设置为“default”，即在其他转移条件都不满足时，按缺省状态转移线方向转移到目的状态。

下面结合源状态的强制类型，讨论状态的转移过程。

1) *源状态是强制状态*

执行源状态的入口代码后，由于入口代码和出口代码之间无阻塞发生，将直接进行状态转移条件判断。选择转移条件为真的状态转移线，执行其转移执行代码，并按转移方向转移到目的状态。在该情况下，可以将源状态的入口代码、出口代码和状态转移线的转移执行代码视为一个整体。

2) *源状态是非强制状态*

在入口代码和出口代码之间有阻塞和激活的转换，但在出口代码和转移之间无阻塞。在该情况下，可以将源状态的出口代码和状态转移线的转移执行代码视为一个整体。其他过程同源状态为强制状态的情况。

5.1.2　文件结构

Proto C 代码本质上是 C 代码，除了由有限状态机的图形结构和状态的入口、出口代码生成外，还必须包含状态变量和临时变量的定义。根据编程需要，还可编写头块、函数块和外部文件等文件类型的代码。变量的定义将在进程中的变量部分介绍，这里着重介绍头块、函数块和外部文件的相关内容。

1. 头块

进程域的头块(Head Block，HB)相当于 C 语言中的头文件，通常用于文件包含、函数声明、全局变量的定义、转移条件及常数的宏定义等。

可通过点击进程域的 HB 工具栏图标，打开头块编辑器，进行头块代码的编辑。以进程 simple_source 为例，其头块如图 5.2 所示。

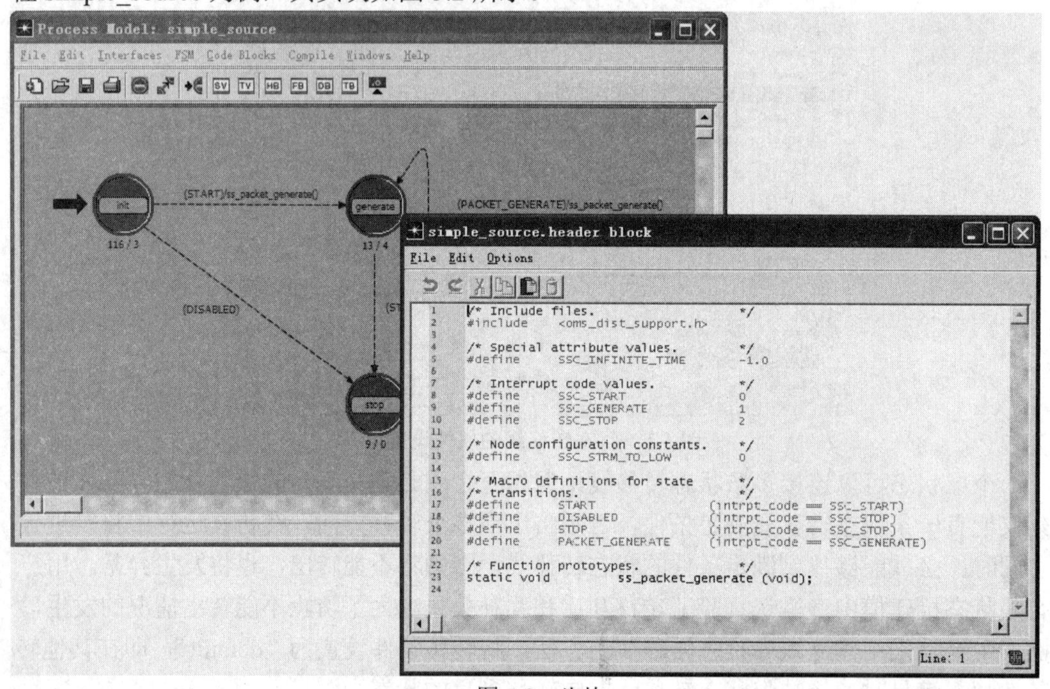

图 5.2　头块

2. 函数块

进程域中的函数块(Function Block，FB)的作用是为在头块中声明的函数进行具体的定义。函数块定义的函数可作为转移执行代码，也可用于状态的代码中。可通过点击进程域的 FB 工具栏图标，打开函数块编辑器，进行函数的定义。仍以进程 simple_source 为例，其函数块如图 5.3 所示。

图中，函数定义使用了预处理宏 FIN 和 FOUT 标记函数的入口和出口，是为了进行函数栈跟踪，以便在编译及运行中对所发生的错误进行定位。

simple_source.function block

```
1   static void
2   ss_packet_generate (void)
3       {
4       Packet*             pkptr;
5       double              pksize;
6
7       /** This function creates a packet based on the packet generation       **/
8       /** specifications of the source model and sends it to the lower layer. **/
9       FIN (ss_packet_generate ());
10
11      /* Generate a packet size outcome.                   */
12      pksize = (double) ceil (oms_dist_outcome (pksize_dist_ptr));
13
14      /* Create a packet of specified format and size.     */
15      if (generate_unformatted == OPC_TRUE)
16          {
17          /* We produce unformatted packets. Create one.   */
18          pkptr = op_pk_create (pksize);
19          }
20      else
21          {
22          /* Create a packet with the specified format.    */
23          pkptr = op_pk_create_fmt (format_str);
24          op_pk_total_size_set (pkptr, pksize);
25          }
26
```

图 5.3　函数块

3. 外部文件

函数定义和全局变量定义除了放在头块，还可放在进程模型的外部文件中。事实上，外部文件(external file)会在一定的场合中具有更大的灵活性，如声明外部变量(参看“进程中的变量”中的“全局变量”部分)。

外部文件可在外部代码编辑器中编辑生成(外部代码编辑器由系统界面的 File→New→External File (C code)进入)。生成外部文件后，还需要在进程模型中进行声明。声明在进程编辑器的 File→Declare External File 中进行。

可通过进程域的菜单 Compile→List Code，观察由有限状态机的图形结构和状态代码、状态变量及临时变量的定义、头块、函数块和外部文件等构成的全部 Proto C 代码，如图 5.4 所示。

E:\OPNET\14.5.A\models\std\traf_gen\simple_source.pr.c

```
104 #define FIN_PREAMBLE_DEC    simple_source_state *op_sv_ptr;
105 #define FIN_PREAMBLE_CODE   \
106         op_sv_ptr = ((simple_source_state *)(OP_SIM_CONTEXT_PTR->_op_mod_state_ptr));
107
108
109 /* Function Block */
110
111 #if !defined (VOSD_NO_FIN)
112 enum { _op_block_origin = __LINE__ + 2};
113 #endif
114
115 static void
116 ss_packet_generate (void)
117     {
118     Packet*             pkptr;
119     double              pksize;
120
121     /** This function creates a packet based on the packet generation       **/
122     /** specifications of the source model and sends it to the lower layer. **/
123     FIN (ss_packet_generate ());
124
125     /* Generate a packet size outcome.                   */
126     pksize = (double) ceil (oms_dist_outcome (pksize_dist_ptr));
127
128     /* Create a packet of specified format and size.     */
129     if (generate_unformatted == OPC_TRUE)
130         {
131         /* We produce unformatted packets. Create one.   */
132         pkptr = op_pk_create (pksize);
133         }
134     else
135         {
136         /* Create a packet with the specified format.    */
137         pkptr = op_pk_create_fmt (format_str);
138         op_pk_total_size_set (pkptr, pksize);
139         }
140
141     /* Update the packet generation statistics.          */
142     op_stat_write (packets_sent_hndl, 1.0);
143     op_stat_write (packets_sent_hndl, 0.0);
144     op_stat_write (bits_sent_hndl, (double) pksize);
```

图 5.4　代码列表

5.1.3 进程中的变量

Proto C 支持状态变量、临时变量和全局变量三种变量类型。

1. 状态变量

状态变量(State Variable, SV)是在进程模型的同一对象中，被所有的状态所共有的变量类型。状态变量的作用域为进程模型的对象，即进程的一个实例。

状态变量具有连续性(persistent)，即状态变量具有静态的生命期。其变量值不会在阻塞和激活的过程中发生改变(只能通过赋值，才能改变状态变量值)。状态变量通常用来表示进程对象中累计或保留的信息。

对于特定进程对象而言，状态变量具有私有性(private)。尽管同一个处理器模型(或者队列模型)可能拥有多个实例对象，但状态变量对每个对象都是私有的，同一名称的状态变量在不同对象间并不发生冲突。需要注意的是，状态变量的名称尽管具有私有性，但对一个实例对象而言，状态变量的名称却不允许和其他符号(包括临时变量名、函数及其参数名、函数内部临时变量名、结构体名)相同，否则，在编译中将会报错。

状态变量要由进程在首次激活时进行初始值的赋值。在这点上，状态变量与临时变量、全局变量是不同的。后者在定义变量的时候可以设定初始值，而状态变量必须独立地进行初始化。通常情况下，状态变量的初始值在初始状态的初始化操作中被赋予。

状态变量可以通过状态变量编辑框(点击进程域的“SV”工具栏图标进入)定义。状态变量编辑器包含状态变量的名称、类型和变量说明等内容。simple_source 进程模型的状态变量编辑器如图 5.5 所示。

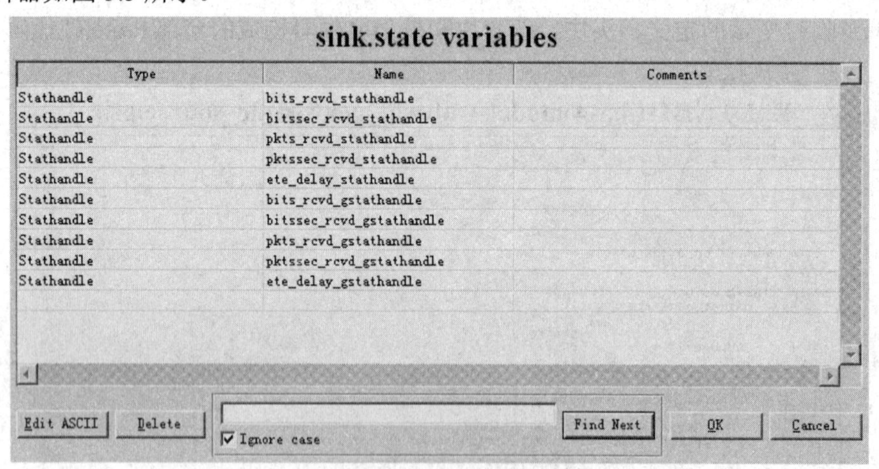

图 5.5　状态变量编辑器

2. 临时变量

在进程的实例化对象中，有时仅需要临时保存(如计算中的临时数据存储)，而不需要始终保存，此时，可应用临时变量(Temporary Variable，TV)。

不同于状态变量，临时变量是动态存储，其变量值在进程阻塞和激活的过程中将不会被保留。相比于状态变量，临时变量不需要分配静态的存储空间(只要进程对象存在，状态变量就必须保持其被分配的存储空间)，开销更小。

临时变量可以通过临时变量编辑框(点击进程域的“TV”工具栏图标进入)定义。临时变量编辑器包含状态变量的名称、类型和变量说明等内容，simple_source 进程模型的临时变量编辑器如图 5.6 所示。

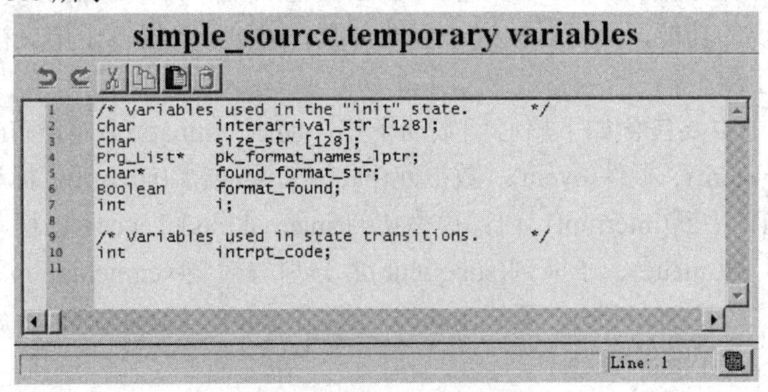

图 5.6　临时变量编辑器

临时变量可以是任何 C 或 OPNET 预先定义的数据类型，也可以是用户定义的数据类型。与状态变量不同，临时变量的初始化可以在定义中进行。

3. 全局变量

全局变量可以为不同的模块、不同类型的多个进程存储共同的信息。全局变量的用法与 C/C++中的全局变量是一致的，只是数据类型做了扩展(可以是 C 预先定义或用户定义的数据类型，也可以是 OPNET 预先定义的数据类型)。

全局变量是通过进程域的头文件声明的。如果其他进程模块也共享这个变量，必须在其头文件中用 extern 关键字进行外部变量的声明。

需要注意的是，**定义全局变量的进程不能对象化为多个实例**，否则，由于每个实例对象的模型是相同的(具有相同的头文件)，将出现重复定义全局变量的错误。然而，在仿真建模中，经常需要将模型对象化为多个实例，对此，一种有效的解决方法是：在进程的外部文件中定义全局变量，而在进程的头文件中用 extern 关键字声明外部变量。

由于全局变量将关联仿真模型中所有的进程对象，一个进程对象中全局变量的改变将影响到模型中的多个进程对象，因此要谨慎使用全局变量，以免发生错误。

三种变量类型之间的比较如表 5.1 所示。

表 5.1　进程域三种变量的比较

变量类型	作用域	生命期	再次激活，变量值是否改变	是否需要独立初始化
状态变量	同一进程同一对象内	静态存储	不改变	需要
临时变量	同一进程同一对象内	动态存储	改变	不需要
全局变量	不同模块的不同进程、同一进程的不同对象	静态存储	不改变	不需要

5.1.4　核心函数

在 OPNET 中，核心函数(Kernel Procedure，KP)是仿真建模的应用编程接口(Application

Program Interface，API)，可被进程模型、收/发信机管道阶段以及 C/C++函数调用。

为了方便调用，可按功能对核心函数进行分类。此时，将每一类函数视为核心函数的一个子集(将全部核心函数视为一个集合)，如数据包子集、分布子集等。子集内的核心函数根据其具体实现的功能，又可以被进一步地分类。例如，数据包子集又被分为包的创建、传输、销毁等子子集。

在 OPNET 中主要包含如下核心函数的子集：动画(animation)、分布(distribution)、外部系统(external system)、事件(event)、数据包(packet)、数据流(stream)、标识(identification)、接口控制信息(ICI)、中断(interrupt)、内部模型访问(internal model access)、程序(programming)、进程(process)、队列(queue)、子队列(subqueue)、分割与封装(segmentation and reassembly)、仿真(simulation)、统计(statistic)、无线(radio)、表格(table)、传输(Transmission data)、拓扑(topology)、数值矢量(value vector)。

在 OPNET 中，核心函数的一般命名形式为：op_函数子集名_函数功能()。以包子集的 op_pk_create()为例，第一字段“op”表示该函数为一个核心函数，第二字段表示该函数属于包子集，第三字段表示该函数的函数功能(对应于子子集)是创建数据包。

本小节将对通信网建模中常用的子集进行概述，使读者对核心函数集有总体的理解。读者在应用不熟悉的核心函数进行编程时，可根据其名称查阅 OPNET 的帮助文档(位于总目录下的“Discrete Event Simulation”部分，按核心函数的子集分类)，去理解该函数的具体用法。

1. 数据包类

在 OPNET 中，数据包是仿真中基本的动态实体，由包 ID、包树 ID(treeID)、包的大小及时间戳等内容构成。包类核心函数以“op_pk”(pk 是 packet 的缩写)作为函数集命名的开始，用于模拟网络中数据包的行为，实现数据包的通信。

包子集包含包的创建、收发、销毁以及包的格式、字段等子子集，以下进行分类介绍。

1) 包的创建和销毁

数据包可分为格式(fomatted)包和无格式(unfomatted)包。格式包是指由协议定义的并通过包编辑器编辑的包。无格式包无固定格式，主要用于表征动态变化的数据。包有其自身的生命周期，包含创建、生存和销毁三个阶段。数据包的创建，可以通过 op_pk_create()、op_pk_create_fmt()和 op_pk_copy()等核心函数实现。op_pk_create()创建无格式包；op_pk_ create_fmt()创建格式包；op_pk_copy()克隆已存在的包。克隆包会复制源包的内容和格式，但与源包在创建时间和标识号上是不同的。使用 op_pk_destroy()可销毁所有类型的包。

可以通过调用 op_pk_type()来确定包的类型；通过调用 op_pk_id()获取包 ID。通过调用 op_pk_tree_id()来获得包树。

调用核心函数 op_pk_creation_time_get()和 op_pk_creation_mod_get()可以分别得到包的原始创建时间和创建模块。调用 op_pk_stamp_time_get()和 op_pk_stamp_mod_get()可分别得到包加戳(Stamp)的时间和模块。调用 op_pk_stamp()可对数据包加戳，加戳时以当前仿真时间为创建时间，以当前模块(以对象标识号 Objid 表征)为创建位置。

2) 包的发送和接收

OPNET 提供了包传输的两种方式，分别是发送(Sending)和传递(Delivering)。发送是通过连接模块与模块间的包流线实现的，而传递不需要实际的物理连接。

包的发送有三种方法：基于调度方式调用 op_pk_send()和 op_pk_send_delay()、基于安静方式调用 op_pk_send_quiet()、基于强制方式调用 op_pk_send_forced()。

与包的发送相对应，包的传递也有三种相似的方法：基于调度方式调用 op_pk_deliver()和 op_pk_deliver_delay()、基于安静方式调用 op_pk_deliver_quiet()、基于强制方式调用 op_pk_deliver_forced()。

包的接收可通过调用 op_pk_get()实现，接收过程可响应流输入引起的中断，将包从队列中取出。

在包的收发中，系统默认的队列策略是 FIFO 方式，也可以通过 op_pk_priority_set()设置包的优先权。

3) 包的格式和字段

包的格式由字段组成。格式包在建立(通过包格式编辑器实现，如图 5.7 所示)时已定义了其格式；无格式包则需要用 op_pk_fd_set()动态地去定义其字段。

格式包的核心函数以 op_pk_nfd 作为前缀(nfd 是 named field 的缩写)，可进行设置和读取等操作。具体操作如下：调用 op_pk_nfd_set()可设置字段；调用 op_pk_nfd_get()可读取字段。调用 op_pk_nfd_type()可获得格式包中字段的数据类型；调用 op_pk_nfd_size()可得到格式包中字段的长度。调用 op_pk_nfd_strip()可将一个字段从格式包中剥离。

无格式包的核心函数以 op_pk_fd 作为前缀(fd 是 field 的缩写)，进行设置和读取等操作的方法为：调用 op_pk_fd_set()设置字段；调用 op_pk_fd_get()读取字段。而调用函数 op_pk_fd_type()可得到无格式包中字段的数据类型；调用 op_pk_fd_size()可得到无格式包中字段的长度。调用 op_pk_fd_strip()可将一个字段从无格式包中剥离。

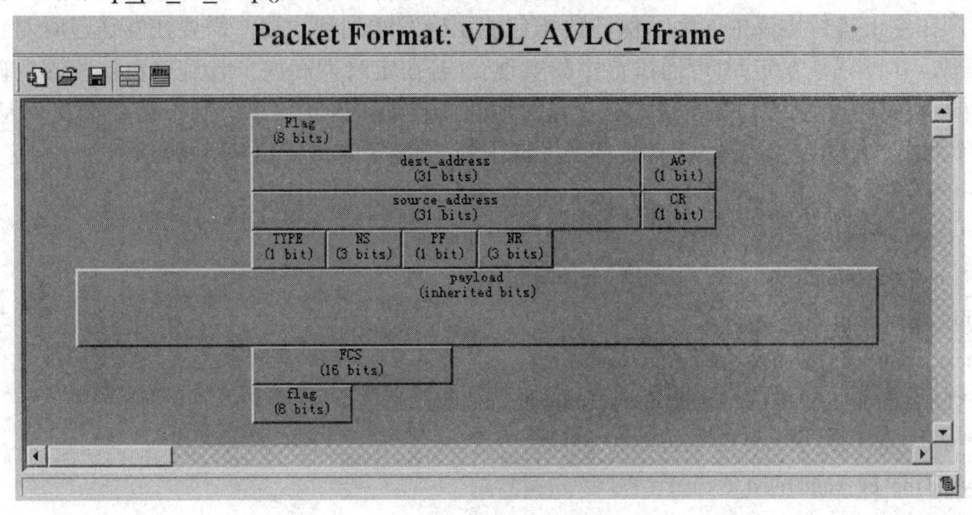

图 5.7　包格式编辑器

任何数据包都可通过调用 op_pk_format()获取格式。对于格式包而言，返回格式名即可，而对于非格式包而言，返回符号常量 NONE。通过调用 op_pk_total_size_get()可获取数据包总的长度。

2. 事件类

事件类核心函数以“op_ev”(ev 是 event 的缩写)作为函数集命名的开始，用于事件操作及事件属性的获取。在事件类核心函数中，使用事件句柄(evhandle)表征事件。

如前所述，事件由仿真内核进行调度，并存储于仿真事件表中。事件类核心函数提供了访问仿真事件表的多种方法，具体表述如下：

(1) 调用 op_ev_current()获取仿真事件表中的当前事件。

(2) 调用 op_ev_next()获取仿真事件表中的下一个事件，该事件的执行模块可能不是当前模块。

(3) 调用 op_ev_seek_time()获取与特定仿真时间(作为函数第一个参数)相关的事件。op_ev_seek_time()包括两个参数：第一个参数为仿真时间；第二个参数表征搜索的时间相关性，用事件搜索字符常量表示，见表 5.2。

表 5.2　事件搜索字符常量

常　量	含　义
OPC_EVSEEK_TIME_POST	搜索在特定仿真时间以后的第一个事件
OPC_EVSEEK_TIME_POSTINC	搜索在特定仿真时间时刻的事件及以后的第一个事件
OPC_EVSEEK_TIME_PRE	搜索在特定仿真时间以前的最后一个事件
OPC_EVSEEK_TIME_PREINC	搜索在特定仿真时间时刻的事件及以前的最后一个事件

(4) 调用 op_ev_next_local()获取以当前模块为执行模块的下一个事件。

事件类核心函数还支持查找将来事件的功能。如果进程要遍历全部的事件，可以调用事件类核心函数 op_ev_count()得到事件的个数或调用 op_ev_count_local()得到当前模块事件的个数；然后以事件个数为循环变量的上限，对每个事件进行循环操作。

在某些情况下，预设的事件可能在执行前便已经失去作用，甚至会产生逻辑上的错误。例如，在停止等待协议中，为了保证数据包能正确发送到接收端，需要在发送包时对包进行复制，并设置重发定时(可通过自中断实现)。若在定时期间内未收到来自接收端的确认信息(表示成功收包)，则重发包；若在定时期间内收到了确认信息，则不需要重发。因此，在得到接收确认的情况下，就需要将引发自中断(实现定时重发)的事件删除。

可采用事件类核心函数 op_ev_cancel()实现对事件的删除操作，代码如下：

```
/* Obtain the currently executing event (it must be at this module,        */
/* since this module woke up.) and the one after it.                       */
this_event = op_ev_current ();
next_event = op_ev_next_local (this_event);
/* Loop through all of the events scheduled for this module                */
/* and cancel any that are retransmission timers.                          */
while (op_ev_valid (next_event))
    {
    if ((op_ev_type (next_event) == OPC_INTRPT_SELF) &&
    (op_ev_code (next_event) == RETRANS_TIMER))
    {
```

```
        retrans_timer = next_event;
        next_event = op_ev_next_local (retrans_timer);
        op_ev_cancel (retrans_timer);
        }
else
        /* Obtain the next event; if there are no more events,          */
        /* op_ev_next_local() will return an invalid event handle      */
        /* and the loop will terminate.                                  */
        next_event = op_ev_next_local (next_event);
}
```

例程中，op_ev_valid()可判断事件是否有效。若为无效事件，则在删除中会产生错误。op_ev_cancel()还经常与 op_ev_pending()(该函数用于判断事件是否还在仿真事件表中等待执行)配合使用，以免发生错误。

事件类核心函数支持事件之间的比较，可通过调用 op_ev_equal()实现。如果事件句柄相同，则认为是同一事件。事件比较可用于“等待某特定事件发生”的代码中，可通过以下思路具体实现：首先，进程得到该特定事件的句柄；然后，每接收一个事件，将其句柄和特定事件句柄相比较，一直等到特定事件的到达。仍以停止等待协议为例，比较操作代码如下：

```
retrans_event = op_intrpt_schedule_self (time, 0)
                    ...        ...
/* if the current event is the retransmit timer,          */
/* then retransmit the packet.                            */
cur_event = op_ev_current ();
if (op_ev_equal (cur_event, retrans_event) == OPC_TRUE)
        {
 op_pk_send (pkptr, 0);
 }
```

调用事件类核心函数还可以获取事件的属性，以便进程处理。调用 op_ev_type()可返回事件的类型(用符号常量表示，参看表 5.3，中断事件表)。由于进程可以调度多个同种类型的事件，仅用类型来区分事件是不够的，还需要事件号(不是系统自动分配的，而是在代码中，通过中断类核心函数设置的)对事件进行进一步描述。调用事件类核心函数 op_ev_code()可获取事件号，该函数仅支持自中断、远程中断和多播中断。

OPNET 提供了十三类引发中断的事件，各类事件的特征如表 5.3 所示。其中符号常量的一般形式为 OPC_INTRPT_中断名，表中省略了“OPC_INTRPT_”符号前缀。

流中断是在包到达输入流端口时触发的，调用 op_ev_strm()可得到包到达的流索引号。状态中断是由于特定模块参数的改变而触发的，调用 op_ev_stat()可得到触发事件的状态线索引号。调用 op_ev_time()，可以返回事件调用的仿真时间。

大多数事件源于某个模块(仿真开始事件、仿真结束事件和常规事件是由仿真核心自动生成的，没有源模块)，例如流中断源于发送包的模块，自中断、远程中断和多播中断源于调度它们的进程模块。产生这些事件的源模块的 ID 号，可以通过调用 op_ev_src_id()来获取。相应地，事件的目的模块的 ID 号可以通过调用 op_ev_dst_id()获得。

表 5.3　中 断 事 件

中断事件	符号常量	说明	支持的中断类型	产生方法
接入中断	ACCESS	进程模块用来获取包流队列中的封包	强制	调用 op_strm_access()
开始中断	BEGSIM	用于仿真开始	调度	在进程模型的“begsim intrpt”属性中设置
仿真中断	ENDSIM	用于仿真结束	调度	在进程模型的“endsim intrpt”属性中设置
故障中断	FAIL	节点或链路失效	强制	在进程模型的“failure intrpts”属性中设置
多播中断	MCAST	可触发多个模块	调度	调用 op_intrpt_schedule_mcast_global()
程序调用中断	PROCEDURE	程序的调用	调度	调用 op_intrpt_schedule_call()
进程调用中断	PROCESS	调用同一节点内的进程	调度	调用 op_intrpt_schedule_process()
恢复中断	RECOVER	节点或链路恢复中断	强制	在进程模型的“recovery intrpts”属性中设置
常规中断	REGULAR	由仿真内核产生的周期性中断	调度	在进程模型的“intrpt interval”属性中设置
远程中断	REMOTE	调用不同节点中的进程	调度、强制	调用 op_intrpt_schedule_remote() 或 op_intrpt_force_remote()
自中断	SELF	进程自身的预设中断	调度	调用 op_intrpt_schedule_self ()
统计中断	STAT	由统计线触发	调度、强制	调用 op_stat_write()
流中断	STRM	由包流触发	调度、强制、安静	调用 op_pk_send...()或 op_pk_deliver...()

3. 中断类

事件是特定时刻发起的某种动作。这种动作可能不加入仿真事件表，如安静型事件，也可能加入仿真事件表，由仿真内核控制执行，如调度型和强制型事件。二者在事件执行方式上存在着本质的区别：前者，事件不引发中断；后者，事件将引发中断。

在 OPNET 仿真中，大多数事件都会引发中断。事件和中断经常是相伴而生的，有时甚至会被视为一个问题的两个方面。OPNET 所支持的中断类型，可参看表 5.3“中断事件”列表。

在处理中断时，首先考虑引起中断的类型。可调用中断类核心函数 op_intrpt_type()判断当前中断的类型。同时，为了区分同一类型的不同中断，可通过调用 op_intrpt_code()获取中断的代码。例如，在一个进程模型中，可能设置多个自中断。为了区分不同的自中断，可在自中断函数 op_intrpt_self()的参数中设定自身的中断代码。在进程中，可通过调用 op_intrpt_code()获取当前中断的代码。

应当注意，函数 op_intrpt_code()仅支持自中断、进程调用中断和远程中断。读者可自行辨析中断类核心函数 op_intrpt_code()与事件类核心函数 op_ev_code()的异同。

调用中断类核心函数 op_intrpt_clear_self()可以取消所有未执行的中断；调用核心函数 op_intrpt_disabled()可以禁止某个中断的执行；而调用 op_intrpt_enabled()可以重新使能某个中断；调用 op_intrpt_enabled_all()可以使能所有的中断；调用 op_intrpt_ priority_set()和 op_intrpt_priority_set_next()可设置中断的优先权；调用 op_intrpt_ priority_get()可根据中断的类型和代码获取中断的优先权。

不同的中断采用的核心函数也是不同的，下面做一介绍。

(1) 自中断允许进程在将来的某个仿真时间调度自身的活动，可应用于定时器、随机业务等场合。核心函数 op_intrpt_schedule_self()可在特定的仿真时间，调度唯一的(以中断代码标识)自中断。

(2) 输入流中包的到达将引起流中断。调用 op_intrpt_strm()可返回引发流中断的包流线目的(dest stream)索引号。

(3) 统计中断是由模块统计值的改变而产生的中断，可以用来提取统计信息，并将信息(作为控制变量)反馈回模型中进行控制。调用 op_intrpt_stat()返回引发统计中断的统计线目的(dest stat)索引号。

(4) 实现进程间的相互访问，可调用中断类核心函数 op_intrpt_schedule_process()实现。该函数的具体应用方法，可参看“动态进程机制”部分。

(5) 远程中断可为两个不相互连接的模块提供进程间的通信。由两个中断类核心函数可产生远程中断：op_intrpt_schedule_remote()可在将来的某个仿真时间调度远程中断；op_intrpt_force_remote()则会立刻触发远程中断。

(6) 多播中断提供以广播方式进行的进程间通信。在仿真过程中，一个进程可以对多个进程触发相同的中断。调用中断类核心函数 op_intrpt_schedule_mcast_global()可对所有的处理器(或队列)预设多播中断。

(7) 对于节点或链路失效与恢复、自中断、远程中断和流中断，调用 op_intrpt_source()可获得当前中断的源模块对象 ID。

4. 进程类

进程类核心函数为处理器或队列模块提供多进程创建和管理的编程支持。所谓多进程，即一个进程能动态地创建多个新进程。其中，创建新进程的进程被称为父进程，而被创建的新进程称为子进程。一个父进程可以产生多个子进程，而一个子进程只能拥有一个父进程。子进程可以再作为父进程，产生新的子进程。

进程可通过进程句柄来表征，通过进程句柄就可以实现对进程的操作。进程类提供了一系列获取进程句柄的函数：调用 op_pro_self()，可以得到正在执行进程的句柄；调用

op_pro_parent()，可以得到一个进程(以该进程的句柄为函数参数)的父进程句柄；而调用 op_pro_root()，可以得到某个进程或队列模块(以该模块的 Objid 为函数参数)的根进程句柄。所谓根进程(root process)，是模块属性中进程模型的实例对象，其由仿真内核自动创建。除了用句柄表征外，进程还可用标识号(id)表征。调用以进程句柄为参数的进程类核心函数 op_pro_id()，可以得到特定进程的唯一标识。进程标识可以进行比较运算，从而弥补进程句柄功能上的不足(句柄不能做比较运算)。

父进程可以调用进程类核心函数 op_pro_create()创建子进程，并返回一个进程句柄(prohandle)。如果一个子进程的使命已经完成(例如某个进程管理一个逻辑信道，随着该信道的关闭，进程已没有存在的必要)，可以通过调用进程类核心函数 op_pro_destroy()将其销毁(以销毁进程的句柄为函数参数)，释放存储进程状态变量的内存空间。

注意：调用 op_pro_destroy()只能销毁句柄参数所对应的进程，而不会销毁其子进程。若要销毁子进程，必须以子进程句柄为参数再次调用该函数。

进程类核心函数 op_pro_destroy_options()与 op_pro_destroy()的用法类似，不同的是，可以选择从仿真事件表中删除所有销毁进程的预设事件。

在同一个进程模块中，一个进程可以通过调用 op_pro_invoke()激活本模块中的其他进程(以被调用的进程句柄为函数参数)，并将仿真控制权转让给被激活进程。被激活进程获得控制权后，将执行自身进程的状态和代码，直到进入阻塞，再将仿真控制权交回激活它的进程。

进程类还提供了多个核心函数，实现基于共享内存的参数传递，具体内容参见“动态进程机制”部分。

5. 队列类

队列类核心函数只针对队列模块，进程模块或无线收发机管道程序不能使用。队列类核心函数为队列模块提供管理队列资源的编程支持。

队列是具有子对象的对象，队列(queue)由多个子队列(subqueue)组成。子队列可以看作是一个包的列表，随着包的到达和离开，队列大小发生动态变化(由头和尾界定)。

对于子队列而言，若其不包含任何包则为空。若一个队列的所有子队列都为空，则它为空。队列类核心函数 op_q_empty()可以判断队列是否为空。有时队列需要清空，例如设备的重新启动，此时可以调用 op_q_flush()函数。

调用队列类核心函数还可以获取数据包进入队列的相关信息。调用 op_q_insert_time()可以获取包插入队列的仿真时间；调用 op_q_wait_time()可以获取包在队列中的等待时间。

调用队列类核心函数 op_q_stat()可以收集系统内建的队列统计量，如包在队列中的滞留时间(OPC_QSTAT_DELAY)、队列中积压包的数量(OPC_QSTAT_PKSIZE)等。

应当指出，队列类核心函数只支持所有子队列的集合——队列。而对子队列的具体操作(例如插入包和访问包)将在子队列类核心函数中论述。

6. 子队列类

子队列类核心函数为队列模块提供管理子队列资源的编程支持。

在 OPNET 中，一个队列模块仅能包含一个队列，而一个队列可以包含多个子队列。为了识别子队列，OPNET 提供两种子队列识别方法：

(1) 根据子队列的索引号来区分。每个子队列都具有唯一的数字索引号。

(2) 根据子队列的特点来区分。例如长度最大的队列用符号常量 OPC_QSEL_MAX_PKSIZE 标识，包含比特数最小的子队列用符号常量 OPC_QSEL_MIN_BITSIZE 标识等。以这些符号常量为函数参数，调用 op_subq_index_map()便可以找到对应的子队列索引号。

对子队列可以进行数据包的插入、访问和删除等操作。调用 op_subq_pk_insert()可以将包插入到子队列的某个指定位置；调用 op_subq_pk_remove()，可以将处于子队列特定位置的数据包删除。而调用 op_subq_pk_access()，可以读取数据包的指针。有时需要对子队列中的两个包进行位置交换，便可通过调用子队列类核心函数 op_subq_swap()实现。

对于每个进入了队列的包，可以通过数据包类核心函数 op_pk_priority_set()为其设置优先级；相应地，通过数据包类核心函数 op_pk_priority_get()便可以获得某个包的优先级。配置好优先级后，子队列可以调用子队列类核心函数 op_subq_sort()为这些数据包按照优先级排序，越靠近队首的包优先级越高。

调用子队列类核心函数 op_subq_empty()可以判断子队列是否为空(返回值为 1，表示空；返回值为 0，表示非空)。调用核心函数 op_subq_flush()可以清空子队列。调用核心函数 op_subq_stat()可以收集系统内建的子队列统计量。

7. 统计量类

统计量类核心函数用于收集用户自定义或者仿真内建的统计量数据，并将数据结果记录到数据文件中。OPNET 提供了矢量(Vector)和标量(Scalar)两种统计量类型；相应地，具有矢量和标量两种数据文件。

矢量统计量是二维数据，以仿真时间为自变量，以统计量数值为因变量。矢量统计量适合收集动态变化的统计量。例如，在 CSMA 建模中，物理层信道的忙闲状态(用一个布尔型变量表示：1 表示信道忙；0 表示信道闲)是一个重要的物理量，其结果将作为 MAC 子层(属于数据链路层)发送数据的先决条件。而信道的忙闲状态是随时间不断变化的，因而适合作为矢量统计量。同时，统计量通信也是以矢量统计量为对象的(统计量通信不能应用于标量统计量)。在 CSMA 模型中，可通过统计量通信从物理层模块向 MAC 模块通知信道忙闲状态的变化。

而标量统计量是一维的，只具有统计量数值，不对应于仿真时间。标量统计量适合收集总体的、非动态的仿真结果。具体来说，对于由多次仿真形成的一个仿真过程而言，每次仿真的结果都会因参数的改变而变化。我们希望将每次仿真的结果和参数绘制成一条曲线，来反映物理量的变化规律(如吞吐量与业务量参数的关系)，此时就适合采用标量统计量的方法。

矢量文件跟踪和记录随时间变化的矢量统计量数据。一个矢量文件只能包含一次仿真的矢量统计量数据，不能将不同仿真的矢量统计量数据加入到一个矢量文件中。与矢量文件相对立，标量文件以数据块的方式组织数据，每次仿真的标量数据都会被写入相应的数据块中。标量统计量可以收集由多个仿真共同产生的结果。

建立进程模块的矢量统计量，首先需要调用统计量类核心函数 op_stat_reg()，完成矢量统计量的注册(Register)。该函数即可注册局部统计量(Local Statistic)，并作用于特定模块；也可注册全局统计量(Global Statistic)，作用于整个仿真网络。统计量类核心函数 op_stat_ obj_reg()的用法与 op_stat_reg()的类似，区别在于：op_stat_obj_reg()可以统计任意对象(包括链路、模块和子模块)的统计量，但仅能注册局部统计量。

调用统计量类核心函数 op_stat_write()可以在当前仿真时刻写入矢量统计量；而调用 op_stat_write_t()可以在指定的仿真时刻写入矢量统计量。调用 op_stat_local_read()可以读取由统计线发送(对应于统计量通信)的矢量统计量。

此外，调用核心函数 op_stat_dim_size_get()和 op_stat_obj_dim_size_get()，可以得到所在进程或其他对象(包括链路、模块和子模块)的统计量维数。调用 op_stat_rename()可以对已存在的矢量统计量重新命名。

标量统计量不需要注册过程，可通过核心函数 op_stat_scalar_write()直接将数值写入标量文件中。

8. 分布类

分布类核心函数按照指定的概率分布产生随机的数值，从而模拟现实中的随机事件。例如，产生指数分布的数据、模拟数据包的生成时间和包长度。

一般地，分布类核心函数通过以下步骤产生特定分布的随机数。

(1) 调用 op_dist_load()定义特定类型的随机分布函数。

op_dist_load()具有三个函数参数：第一个参数为分布名称(参看表 5.4 的名称项)；第二个和第三个参数为分布参数(对于不同的分布，其参数是不同的，参看表 5.4)。通过分布及其参数的设置，可以加载特定类型的随机分布，并返回一个指向被加载分布的指针。

OPNET 对主要的随机分布进行了预建，供开发者调用。表 5.4 列出了通信网建模中常用的 OPNET 预建随机分布。op_dist_load()所加载的分布类型还可以通过 PDF 编辑器(打开路径：File→New→PDF Model)，由用户自行定义。

表 5.4 预建的常用随机分布

分布类型	名称	参数 #0	参数 #1
贝努利分布	bernoulli	均值	无
二项分布	binomial	样本个数	取值概率
常数分布	constant	输出值	无
爱尔兰分布	erlang	尺度因子(scale)	形状因子(shape)
指数分布	exponential	均值	无
伽码分布	gamma	尺度因子(scale)	形状因子(shape)
几何分布	geometric	取值概率	无
泊松分布	poisson	均值	无
瑞利分布	rayleigh	尺度因子	无
三角分布	triangular	最小值	最大值
均匀分布	uniform	最小输出值(包含)	最大输出值(不包含)

当加载的分布不再需要时，可通过 op_dist_unload()卸载该分布，释放内存空间。

(2) 分布的调用。

特定的分布一旦被加载，就可以调用 op_dist_outcome()，产生一个服从该分布的随机数。op_dist_outcome()以 op_dist_load()返回的分布指针为参数，返回一个服从该分布的随机值。

对于使用频率较高的均匀分布和指数分布，分布类提供了专门的核心函数，可直接调用得到所需分布。对均匀分布和指数分布的直接调用方法如下：

(1) 均匀分布(Uniform)。以随机变量的取值上限(是一个非零的实数)为参数，调用 op_dist_uniform()，可以得到一个从 0 到取值上限之间的服从均匀分布的随机数。

(2) 指数分布(Exponential)。以随机变量的均值为函数参数，调用 op_dist_exponent-tial()，可以得到一个具有指定均值的指数分布的随机序列。

9. 传输类

如前所述，链路模型是通过一系列称为管道阶段(Pipeline Stage)的外部函数实现的。这些管道阶段的计算环环相扣，后面阶段的计算会用到前面阶段运算的结果，这就需要一种数据共享机制来满足管道阶段计算的要求。在 OPNET 中，这种共享机制为：以包的收发机管道数据属性(Transceiver Pipeline Data Attribute，TDA)作为信息载体，通过调用传输类核心函数进行 TDA 操作。基于上述共享机制，可实现仿真内核和链路模型中各个管道阶段的数据交互。

调用传输类核心函数 op_td_set_int()、op_td_set_dbl()和 op_td_set_ptr()，可根据数据类型，分别将整型、双精度型和指针型的变量赋予 TDA。与之对应，op_td_get_int()、op_td_get_dbl()和 op_td_get_ptr()可分别取出整型、双精度型和指针型的 TDA 数据。

调用传输类核心函数 op_td_is_set()，可判断某个 TDA 是否设置了参数值。

10. 接口控制类

接口控制信息(Interface Control Information，ICI)可与中断相关联，实现信息传递，常用于分层协议的接口连接、复杂自中断或点到点远程中断的数据关联等场合。

作为信息传递的载体，ICI 拥有自身的数据结构。而该数据结构的格式是通过格式文件定义的。ICI 格式的文件需要通过 ICI 格式编辑器创建，其中包括一个信息列表，每行信息由名称、数据类型及缺省默认值组成。基于指定的 ICI 格式，调用接口控制类 op_ici_create()函数，可创建一个 ICI，并返回一个指向所创建 ICI 的指针。新创建的 ICI 不具有任何信息，调用 op_ici_attr_set()可对信息行进行赋值。

一个进程可以创建多个 ICI 并进行赋值，但仅能与 ICI 进行一次有效的绑定(若多次绑定，仅最后一次有效)。这种绑定是通过调用以 ICI 指针为参数的核心函数 op_ici_install()实现的，该函数使指向的 ICI 自动与进程的预设中断相关联。一旦与进程绑定，ICI 将与该进程中所有预设的中断产生关联。可通过调用以 OPC_NIL 为参数的 op_ici_install()，阻止和 ICI 不必要的中断关联。

当接收进程收到 ICI 后，可通过调用中断类核心函数 op_intrpt_ici()获取 ICI 指针；并以该指针为参数调用接口控制类核心函数 op_ici_attr_get()，获取 ICI 的信息。

ICI 一般只应用一次。当进程接收到中断后，将 ICI 分离并读取出来，随之 ICI 就失去效用。当 ICI 失效后，可以调用核心函数 op_ici_destroy()将其销毁，这通常是由接收中断的进程来完成的。

11. 拓扑类

拓扑类核心函数可确定网络和节点的拓扑结构。网络的拓扑结构描述了节点和链路之间的连接关系，而节点的拓扑结构描述了进程模块和包流或状态线之间的连接关系。

调用拓扑类核心函数 op_topo_object_count()，可返回特定类型对象(包括节点、链路、模块等对象)的个数。以对象的类型和索引号为输入参数调用 op_topo_object()函数，可返回该对象的 Objid。

继承关系是反映网络的拓扑结构的重要形式，而继承关系又经常体现为“父子”关系。子对象是父对象的底层对象，父对象包含子对象。具有继承关系的实例如模块是节点的子对象，而节点又是子网的子对象；又如，子队列是队列的子对象，信道是收、发信机的子对象等。

继承关系可以通过调用拓扑类核心函数得到：

(1) 调用 op_topo_parent()，可返回父对象的 Objid。

(2) 调用 op_topo_child_count()，可返回子对象的个数。以对象个数为循环变量，调用 op_topo_child()，可依次获得子对象的 Objid。

与对象的输入输出端口直接相连的对象分别称之为它的输入输出关联(association)。例如，在有线链路中，进程模块与点对点收信机相连；则进程模块的输入关联为收信机，收信机的输入关联为点对点链路，而链路的输入关联可能是不同节点中的发信机。以对象的关联方向(in/out)和 Objid 为参数，调用拓扑类核心函数 op_topo_assoc_count()，可返回关联对象的个数。而调用 op_topo_assoc()，可返回指定关联对象的 Objid。

一个连接器(connector)对象可以连接两个对象。例如，包流可以连接两个模块，而链路可以连接两个节点，所以包流和链路都是连接器对象。调用 op_topo_connect_count()和 op_topo_connect()，可分别返回两个对象间连接器的个数以及连接器的 Objid。

12. 仿真类

仿真类是支持仿真服务的核心函数的集合。

许多协议和算法需要确定时间值(在仿真中，对应于仿真时间)，以便测量时间差异和预设未来事件。例如，在设定自中断的预设时间时，通常需要计算自中断时间间隔和当前仿真时间的总和。仿真类核心函数提供了获取仿真时间的方法：

(1) 调用仿真类核心函数 op_sim_time()，可返回仿真时钟的当前值。

(2) 调用核心函数 op_sim_base_time_get()，可返回一个网络模型的起始时间。

在 OPNET 中，有多种方法可以终止仿真过程。最常用的方法是自动终止，即当仿真时钟到达指定值(在仿真参数中设定)时停止仿真。也可基于动态条件终止仿真，即当执行进程确认已经达到停止条件时，调用仿真类 op_sim_end()函数可立即终止仿真。

13. 数据流类

数据流类是针对处理器及队列模块的输入和输出包流数据收集的核心函数。

在进程被中断(不仅限于流中断)激活后，输入流可能包含数据包。调用数据流类核心函数 op_strm_empty()，可以判定输入流是否包含数据包：若返回值为 1，则不含数据包；若为 0，则包含数据包。而调用 op_strm_pksize()可以得到包流中的数据包数量(对于静态发包方式而言，包流中可能包含多个数据包)。

队列可能采用被动的处理方式，需要以强制中断的方式发送包至队列。此时，可调用数据流类核心函数 op_strm_access()，在队列中产生接入中断。

当存在多个包流时，调用 op_strm_max_index_in()和 op_strm_max_index_out()，可分别返回输入流和输出流的最大索引值。

14. 无线类

无线类可以动态地改变无线发射信道的接收机组。例如，当某节点超出发射机的频率范围时，调用无线类核心函数可以将该节点的接收信道从仿真中移除。在动态接收机组下，还可以去除无效的接收机(读者可参看默认的接收组模型 dra_rxgroup)。在静态接收机组下，接收机是不能去除的，否则，发信机将不能取消接收机信息。

值得注意的是，改变接收机组只能发生在不同数据包的传输过程中。当在一个数据包传输中进行改变操作时，仿真内核将保持原来的接收机组，从而确保消息的正确取消。而任何后续操作将基于变更后的接收机组进行。对于在一个数据包传输中进行的改变接收机组的操作，OPNET 调试器将在发送信道中同时显示原始的和变更的接收机组。

调用无线类核心函数 op_radio_txch_rxch_add()和 op_radio_txch_rxch_remove()，可以在接收机组中添加或去除接收机；而调用 op_radio_txch_rxgroup_set()函数，可以向发送机信道指派一个完整的接收机组；调用 op_radio_txch_rxgroup_get()，可以获取当前发送信道的接收机组列表；调用核心函数 op_radio_txch_rxgroup_compute()，可以计算并更新发射信道的接收机组。此外，无线类核心函数还可获取天线信息。调用 op_radio_antenna_ point_info_get()，可以获得天线的方向角。

应当注意，使用无线类的功能时必须要获得 OPNET 的许可权(license)。

15. 内部模型访问类

内部模块访问(Internal Model Access，IMA)类核心函数提供了访问仿真属性、对象属性和状态变量等实体的方法。

仿真属性和整个仿真过程密切相关。可通过内部模型访问类核心函数 op_ima_sim_attr_exists()来判断某个仿真属性是否存在。若仿真属性存在，可调用 op_ima_sim_attr_get()函数，访问该仿真属性。

对象属性隶属于特定的仿真对象。与访问仿真属性类似，可通过内部模型访问类核心函数 op_ima_obj_attr_exists()来判断某个对象属性是否存在。若对象属性存在，可调用核心函数 op_ima_obj_attr_get()，访问该对象属性。

内部模型访问类还可以获取对象的位置信息。调用核心函数 op_ima_obj_pos_get()或 op_ima_obj_pos_get_time()，可获得当前或将来某一时刻的对象位置。对于移动节点而言，节点对象的位置不断改变。为了使进程(或队列)能够及时更新位置信息，可调用内部模型访问类 op_ima_obj_pos_notification_register()函数，进行位置变更注册。在注册之后，节点位置的改变将引发一次以调用进程为目标的远程中断预设。

16. 标识类

许多核心函数是以对象 ID(Objid)为函数参数的，标识类核心函数提供了获取对象 Objid 的方法。

仿真核心为每个对象分配唯一的 Objid。即使是不同种类的对象，Objid 也不能相同。例如，Objid 为 5 的对象只可能有一个，不管该对象是进程对象、节点对象或其他对象。此外，OPNET 还提供了系统 ID(system ID)和用户 ID(user ID)：

- 系统 ID：同一类对象的集合，每个对象在集合中有唯一的标识。
- 用户 ID：在对象的界面属性中由用户设置，允许不唯一。

请读者自行分析三种 ID 的区别。

调用标识类核心函数 op_id_from_name()，可以将对象名称映射为 Objid；而调用核心函数 op_id_from_userid()，可以将用户 ID 映射为 Objid(注意，OPNET 不提供反向的操作)。

以 Objid 为参数，调用标识类 op_id_to_type()核心函数可以获得对象的类型。OPNET 中的常见对象类型如表 5.5 所示。

表 5.5　常见对象类型

标识常量	仿真对象
OPC_OBJTYPE_ANT	天线(需要无线模块支持)
OPC_OBJTYPE_BURX	总线链路接收机
OPC_OBJTYPE_BURXCH	总线链路接收信道(子对象)
OPC_OBJTYPE_BUTX	总线链路发送机
OPC_OBJTYPE_BUTXCH	总线链路发送信道(子对象)
OPC_OBJTYPE_LKBUS	总线链路
OPC_OBJTYPE_LKDUP	双工点对点链路
OPC_OBJTYPE_LKSIMP	单工点对点链路
OPC_OBJTYPE_LKTAP	总线链路接头
OPC_OBJTYPE_NODE_FIX	固定节点
OPC_OBJTYPE_NODE_MOB	移动节点(需要无线模块支持)
OPC_OBJTYPE_NODE_SAT	卫星节点(需要无线模块支持)
OPC_OBJTYPE_PROC	处理机
OPC_OBJTYPE_PTRX	点对点链路接收机
OPC_OBJTYPE_PTTX	点对点链路发送机
OPC_OBJTYPE_QUEUE	队列
OPC_OBJTYPE_RARX	无线链路接收机(需要无线模块支持)
OPC_OBJTYPE_RARXCH	无线链路接收信道(子对象，需要无线模块支持)
OPC_OBJTYPE_RATX	无线链路发送机(需要无线模块支持)
OPC_OBJTYPE_RATXCH	无线链路发送信道(子对象，需要无线模块支持)
OPC_OBJTYPE_STATWIRE	统计线
OPC_OBJTYPE_STRM	包流线
OPC_OBJTYPE_SUBNET_FIX	固定子网
OPC_OBJTYPE_SUBNET_MOB	移动子网(需要无线模块支持)
OPC_OBJTYPE_SUBNET_SAT	卫星子网(需要无线模块支持)
OPC_OBJTYPE_SUBQ	子队列(子对象)

17. 表格类

表(Table，TBL)类核心函数主要应用于天线模型和调制模型的数据读取。而天线模型和调制模型应用于无线管道阶段：前者用于计算天线增益，后者用于计算误比特率(BER)。运行天线模型和调制模型需要处理较大的数据量；OPNET 是通过表的方法对这些数据进行组织的。

以天线的 Objid 为参数，调用表类核心函数 op_tbl_pattern_get()可以得到天线图样句柄(patternhandle)。根据天线图样句柄，调用核心函数 op_tbl_pat_gain()，可以得到特定方向角下的天线增益。

以调制曲线表的名字为输入参数，调用表类 op_tbl_modulation_get()函数可以得到调制句柄(modulationhandle)。根据调制句柄，调用核心函数 op_tbl_mod_ber()可以得到特定信噪比(SNR)下的误比特率。

18. 编程类

编程(Programming, Prg)类核心函数由相互独立的多个部分组成，可为编程提供支持。

1) 通用数据文件子类

通用数据文件是以*.gdf 为后缀的 ASCII 码文件，可以用来存储用户自定义的路由表、地址映射表以及进程模型配置表等。该子类的核心函数 op_prg_pdf_read()支持对通用数据文件的列表(列表数据结构参见列表子类部分)进行访问。

2) 列表子类

列表是 OPNET 中的一种基本数据结构(如图 5.8 所示)，其具有如下属性：

(1) 列表数据元素可以是任意类型(从常用的整型或双精度型到复杂的自定义的数据结构)；列表可以包含不同种类的数据元素。

(2) 列表大小没有限制，可以按照需求任意添加新的元素。

(3) 元素的位置由索引号来标识，0 表示表首，后面元素依次增 1，表尾索引号为最大。

(4) 列表指针保存在 List*型变量中，元素通过该指针相互联系。

(5) 列表的两端分别称为表首和表尾，二者以指针形式封装于列表数据结构(List*)中。

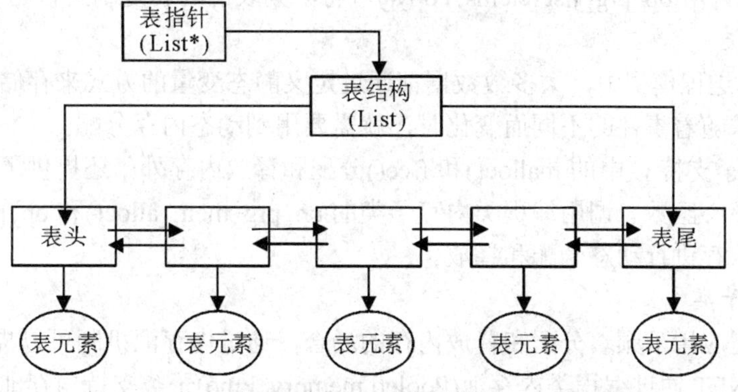

图 5.8　列表的数据结构

分配列表内存有动态分配和静态分配两种；与之相应，列表有动态分配列表和静态分配列表两种建立方法：

(1) 动态分配列表是通过编程类列表子类 op_prg_list_create()函数创建的。使用完列表后，可以通过编程类内存子类的 op_prg_mem_free()函数对列表进行销毁。

(2) 对于静态分配列表，首先要定义一个 List 类型的列表变量，然后调用编程类内存子类函数 op_prg_mem_alloc()分配内存。之后，必须再调用 op_prg_list_init()进行列表初始化，才能完成静态列表的建立。

请读者注意：op_prg_list_init()不能对由 op_prg_list_create()生成的列表进行初始化。

列表一旦建立，用户就可以对其中的元素进行排序、插入、访问、删除等操作。具体方法如下：

(1) 排序。一个列表可以是排序(sorted)的，也可以是非排序(unsorted)的。调用列表子类核心函数 op_prg_list_insert_sort()，可以根据用户定义的排序规则(定义于比较程序中，程序名作为函数的 compare_proc 参数)，对列表进行排序。

(2) 插入。元素的位置由索引号来标识，0 表示表首，在中间元素中插入元素是列表的一种基本操作。依据是否排序，列表元素的插入方法也是不同的，可以采用如下两种方式：

① 插入排序列表。调用编程类列表子类的核心函数 op_prg_list_insert_sorted()，可将新的元素依据排序规则插入到合适的位置，该函数仅可用于排序列表；也可调用核心函数 op_prg_list_insert()，在列表的指定位置插入元素。但是，调用该函数后，列表将从排序列表转变为非排序列表，若要恢复为排序列表，需重新调用函数 op_prg_list_ insert_sort()。

② 插入非排序列表。调用编程类列表子类的 op_prg_list_insert()函数，可在列表的指定位置插入元素。

(3) 访问。调用编程类列表子类的 op_prg_list_size()函数，可以得到列表中元素的个数；调用核心函数 op_prg_list_access()，可以得到元素的指针，但不删除该元素。在进程域编程中，两个函数经常配合使用，以 op_prg_list_size()返回的元素个数作为循环变量，通过 op_prg_list_access()遍历访问列表中的所有元素。

(4) 删除。调用 op_prg_list_remove()可从列表中移除某个元素，并可通过函数所返回的指向该元素的指针访问该元素。

(5) 复制。调用 op_prg_list_elems_copy()可将源列表的内容复制到目的列表中。

3) 内存子类

在 OPNET 进程模型中，大多数数据都通过定义静态变量的方式来存储。然而，当变量对内存的需求随着事件的不同而变化时，就需要用到动态内存分配。

OPNET 除了支持 C 中的 malloc()和 free()分配和释放内存外，还提供了具有调试功能的分配和释放核心函数。调用编程类内存子类的 op_prg_mem_alloc()和 op_prg_mem_free()函数，可以对内存进行动态分配和释放。

4) 内存池子类

内存池典型应用于频繁分配和释放内存的场合，通过内存池机制可以提高动态分配内存的效率。OPNET 通过编程类内存池(Pooled memory, Pmo)子类支持内存池机制。

通过编程类内存池子类的 op_prg_pmo_define()函数，可以将内存块定义为内存池，并返回一个指向内存池的句柄(pmohandle)。此时，被定义的内存块就成为了内存池对象。以返回的 pmohandle 为参数，调用核心函数 op_prg_pmo_alloc()可以使用该内存池。

内存池的定义和分配代码实例如下：

```
Excerpt from: example model (std/x25); external file x25_funcs.ex.c; function x25_dp_create()
/* Pooled memory is used to allocate data packets since they are frequently        */
/* created and destroyed. If the pooled memory object had not yet been defined,*/
/* do so now, prior to allocation.                                                  */
if (dp_defined == OPC_FALSE)
	{
	dp_pmh = op_prg_pmo_define ("X25 buffer data packet",
		sizeof (X25T_Data_Packet), 32);

	/* Prevent redundant definition.                                             */
	dp_defined = OPC_TRUE;
	}

/* Allocate a new structure to buffer a data packet.                             */
dp_ptr = (X25T_Data_Packet*) op_prg_pmo_alloc (dp_pmh);

/* Initialize the data structure                                                 */
dp_ptr->packet = pkptr;
dp_ptr->frag_size = log_size;
dp_ptr->format = format;
```

代码中，函数 op_prg_pmo_define()的三个参数依次分别为：

参数 1：所建立的内存池名称。

参数 2：所建立的内存池大小。

参数 3：可获取内存池对象的个数。这个值越大，Pmo 内存分配器的执行速度越快，但同时会降低系统内存的使用效率；当系统内存资源不足时，该值不能设置得过大。该参数的通常取值范围为 25～100。

5) 字符串子类

字符串子类(String，Str)仅有一个核心函数 op_prg_str_decomp()。该函数一般和函数 op_prg_pdf_read()配合使用，由 op_prg_pdf_read()获得通用数据文件(GDF)的句柄，由 op_prg_str_decomp()将 GDF 句柄所指向文件中的字符串解析为列表域。

解析字符串的代码实例如下：

```
/* open and read in an address/stream translation table file          */
table_list_ptr = op_prg_gdf_read ("addr_to_strm");

/* determine how many rows the table contains                          */
num_rows = op_prg_list_size (table_list_ptr);

/* loop through the table's rows                                       */
for (i = 0; i < num_rows; i++)
 {
 /* obtain a list of the columnar fields in each row                   */
```

```
    field_list_ptr = op_prg_str_decomp (op_prg_list_access (table_list_ptr, i), ":");

    /* extract values of the two fields and insert into the table matrix */
    trans_tab [i].address = atoi (op_prg_list_access (field_list_ptr, 0));
    trans_tab [i].stream   = atoi (op_prg_list_access (field_list_ptr, 1));

    /* deallocate the field list contents and list                    */
    op_prg_list_free (field_list_ptr); op_prg_mem_free (field_list_ptr);
    }

/* deallocate the table list contents and list                    */
op_prg_list_free (table_list_ptr); op_prg_mem_free (table_list_ptr);
```

6) 调试子类

OPNET 仿真调试器(OPNET Simulation Debugger，ODB)为控制和监控仿真行为提供了一个交互式的仿真环境。在配置调试环境参数(debug environment attribute)后，用户可以基于交互式环境通过命令编辑器运行仿真。ODB 支持断点，并可以跟踪调试信息。

编程类调试子类可实现进程模型和 ODB 命令之间的交互，从而增强了 ODB 的可操作性。调用编程类调试子类 op_prg_odb_bkpt()函数，可在进程模型中设置断点(该断点以字符串标签(label)作为标识)。以标签为参数，通过 ODB 命令 lstop 或 mlstop 可将断点激活。激活后，当代码运行至 op_prg_odb_bkpt()函数处，仿真将进行断点调试。

ODB 支持多种跟踪和显示信息的命令(参见程序调试方法)。与之相对应，编程类调试子类提供了支持不同跟踪命令的核心函数：

(1) op_prg_odb_trace_active()函数支持 fulltrace 和 mtrace 命令，判断全部的跟踪或者针对模块的跟踪是否被激活；

(2) op_prg_odb_pktrace_active()函数支持 pktrace 和 pttrace 命令，判断针对数据包的跟踪是否被激活；

(3) op_prg_odb_ltrace_active()函数支持 ltrace 和 mltrace 命令，判断针对标签的跟踪是否被激活。

OPNET 支持调用 C 函数 printf()显示 ODB 跟踪信息。同时，OPNET 还提供了编程类调试子类的 op_prg_odb_print_major()和 op_prg_odb_print_minor()函数，用于显示 ODB 的跟踪信息。

5.1.5 程序调试方法

在 OPNET 中，程序调试主要是通过仿真调试器进行的。仿真调试器(ODB)是仿真核心固有的一个组成部分，可为用户提供分析程序运行的环境。用户可以通过 ODB 交互地控制仿真，并获取事件和对象的信息。

要生成 ODB 调试信息，首先要进行 DES 环境下的调试启动设置。以 OPNET 14.5 为例，设置过程如下：

(1) 在 DES 界面(通过网络域的工具栏 DES 图标或菜单项 DES→run DES 打开)下，选择 common 选项。设置 Simulation Kernel 为 Development，如图 5.9 所示。

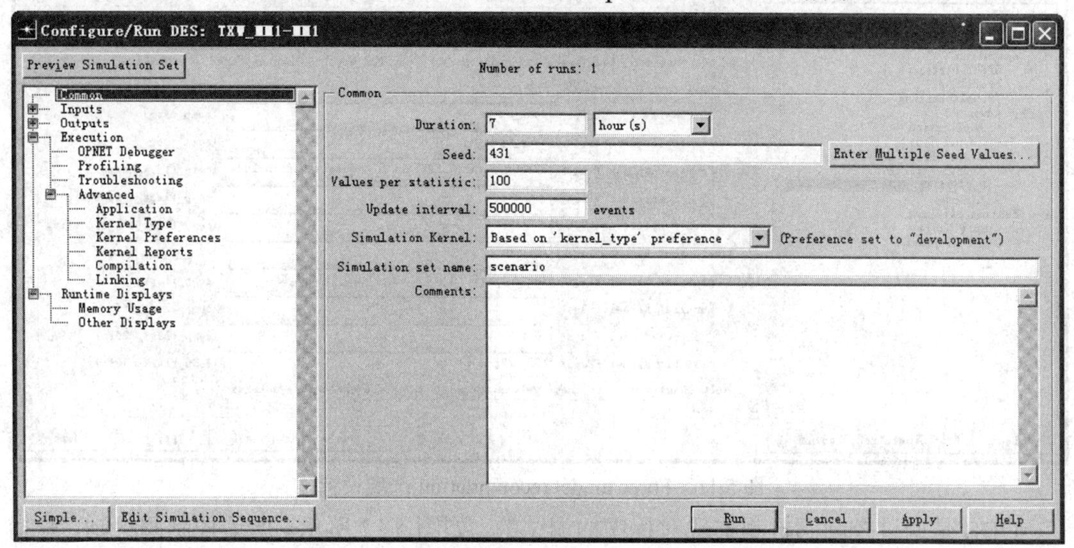

图 5.9　启动 ODB 的 Simulation Kernel 设置

也可设置为 Based on“kernel type”preference，然后在 Execution→Advanced→kernel type 子项下设置为 Development。

注意：若设置 Simulation Kernel 为 Optimized，将不能进行 ODB 调试。

(2) 在 Execution→OPNET Debugger 界面下，勾选 ODB 选项，如图 5.10 所示。

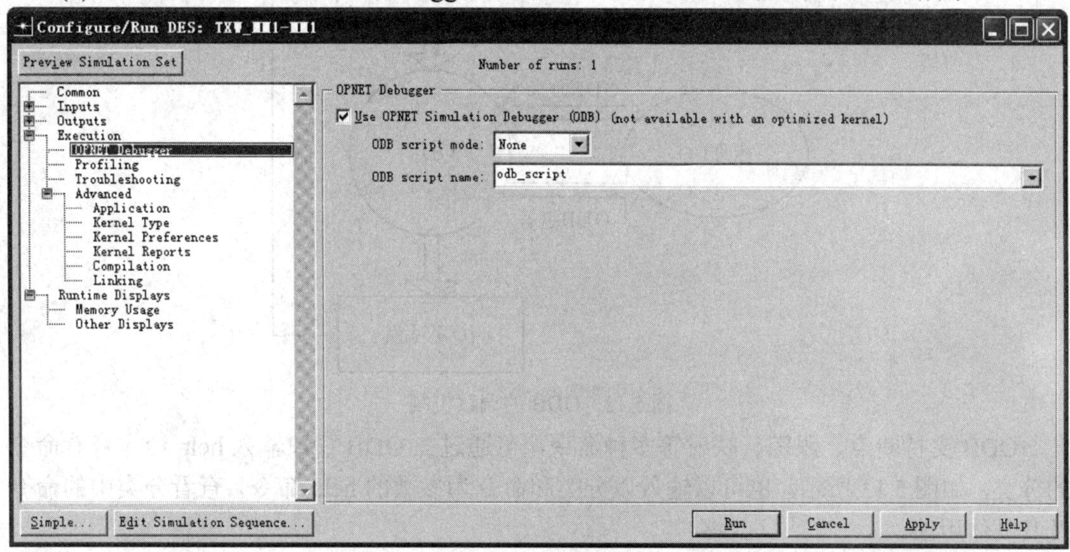

图 5.10　使能 ODB 设置方法

(3) 由于在调试中经常要对模型及代码进行修改，需要重新编译。可在 Execution→Compilation 界面下勾选 Force model recompilation 选项，如图 5.11 所示。

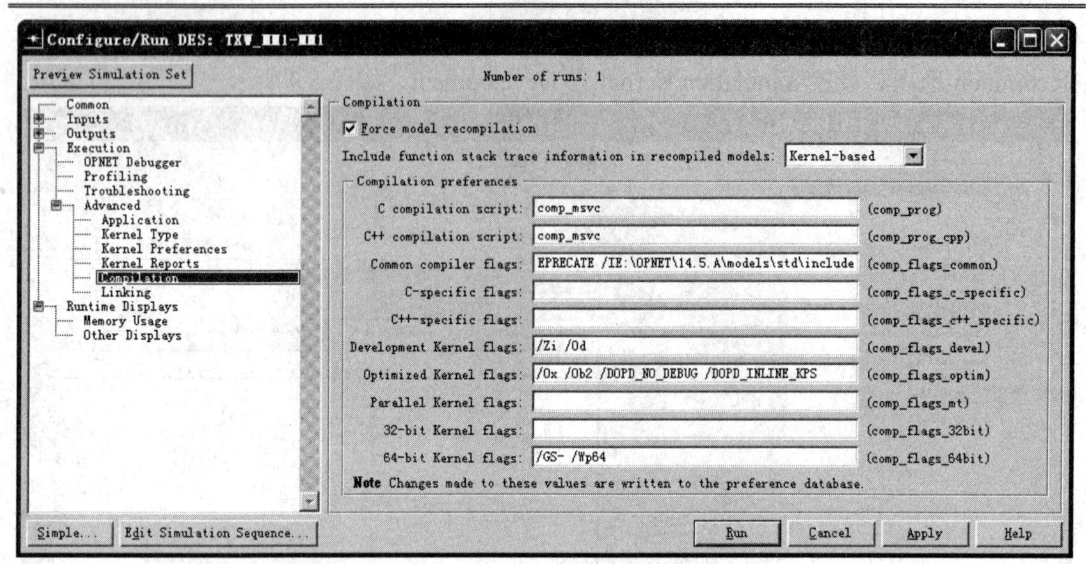

图 5.11　Force model recompilation 选项设置

ODB 是通过控制阀机制实现对程序的调试的，如图 5.12 所示。所谓控制阀机制，是指 ODB 像控制阀一样通过开通、闭合控制仿真事件。在开通状态，ODB 允许事件按照仿真事件表的顺序正常执行；在闭合状态，ODB 停止事件的执行，等待用户命令，在接受命令后进行相应处理及命令应答。

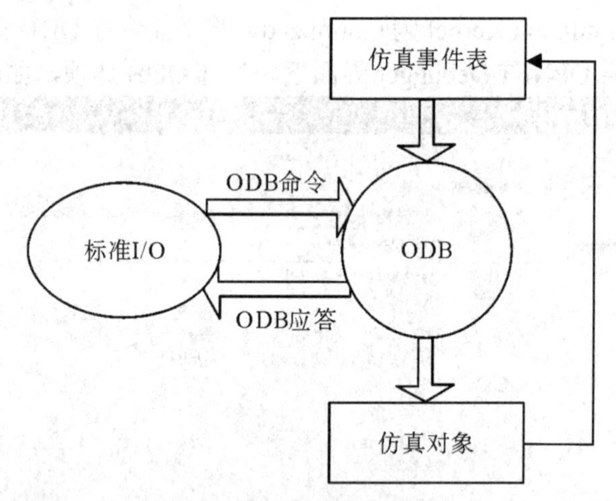

图 5.12　ODB 的调试机制

ODB 支持断点、跟踪、映射等多种命令，可通过在 ODB 窗口输入 help 命令查看命令的分类，如图 5.13 所示。也可以输入以分类和命令为参数的 help 命令，查看分类中的命令及其具体用法。

常用的 ODB 命令有 basic、event、object、packet、process、stop、trace 等(各类命令有重合，如 basic 和 stop 中都有 evstop 命令)。其中，basic 类命令用于 ODB 的基本操作；event 类命令用于事件操作；object 类命令用于对象(如节点、信道等)的操作；packet 类命令用于处理与包有关的操作；process 类命令用于处理与进程有关的操作；stop 和 trace 类命令分别用于断点和跟踪操作。

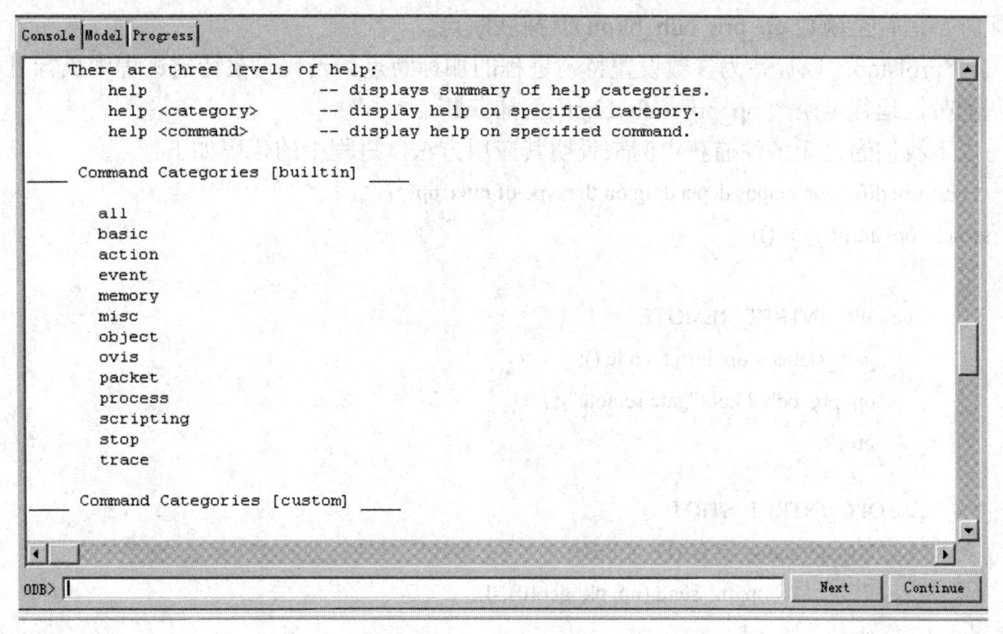

图 5.13　ODB 命令帮助

在 ODB 调试过程中，最有效的调试手段是断点(stop)和跟踪(trace)，下面主要对这两种方法进行解说。其他各类命令的具体应用可参看 OPNET help 菜单下的产品文档(product document)。

1. 断点

ODB 执行期间有“开通”和“闭合”两个状态，如图 5.12 所示。“开通”即是仿真正常运行；“闭合”意味着暂时停止仿真，进行 ODB 命令交互。而状态的闭合就是由断点引发的，通过设置断点而实现。

在 ODB 中，可以基于事件、时间、进程等多种条件设置断点：

- evstop：为特定的未决事件设置断点，在执行事件前立即捕获断点；
- mstop：为传递到特定模块的所有中断设置断点，在传递中断前立即捕获断点；
- pkstop：为特定包设置断点，在每个处理该包的事件前捕获断点；
- prostop：为传递到特定进程的所有中断设置断点，在调用进程前立即捕获断点；
- tstop：为特定时间设置断点，在给定时刻的事件执行前立即捕获断点；

在上述命令下，断点的捕获是无条件的，这种捕获断点的方法称为无条件捕获。还有一种断点，可通过进程代码在基于标签(label)的断点命令下捕获断点；这种捕获断点的方法是有条件的，称为条件捕获。

条件捕获是进程和 ODB 命令共同作用的结果，作用的双方通过标签进行沟通。在进程中，条件捕获是通过调用 op_prg_odb_bkpt()函数实现的，该函数以标签作为参数。为了支持无条件捕获，ODB 提供了如下加标断点命令：

- lstop：以标签为参数设置加标断点。当标签匹配时，运行至 op_prg_odb_bkpt()函数就捕获断点。
- mlstop：以标签为参数设置特定模块的加标断点。当代码在特定模块中执行且标签匹配时，运行至函数 op_prg_odb_bkpt()就捕获断点。

- prolstop：以标签为参数设置特定进程的加标断点。当代码在特定进程中执行且标签匹配时，运行至函数 op_prg_odb_bkpt()就捕获断点。

以下我们通过无条件捕获实例来说明其应用方法，进程中的代码如下：

```
/* perform different actions depending on the type of interrupt */
switch (op_intrpt_type ())
	{
	case OPC_INTRPT_REMOTE:
		gate_status = op_intrpt_code ();
		op_prg_odb_bkpt ("gate.remote");
		break;

	case OPC_INTRPT_STRM:
		if (gate_status == GATE_OPEN)
				op_pk_send (op_pk_get (0), 0);
		else{
			op_prg_odb_bkpt ("gate.closed");
			op_pk_destroy (op_pk_get (0));
			}
		break;

	case OPC_INTRPT_STAT:
		remote_status = (int) op_stat_local_read (REMOTE_STAT);
		break;
	}
```

在上述进程模型的代码中，有两个 op_prg_odb_bkpt()函数，标签分别为 gate.remote 和 gate.closed。如果需要条件捕获某个断点，仅需在 ODB 中设定具有对应标签的加标断点命令。以捕获 gate.closed 为例，可通过 lstop 命令实现，该命令写作：

ODB>　　lstop gate.closed

在设定该命令后，当程序运行至 op_prg_odb_bkpt (“gate.closed”)处时，将立即捕获该断点；仿真过程将暂时停止，并等待用户的命令交互。

断点具有多种状态：可以是活动的，也可以是挂起的。当活动断点满足触发条件时，就捕获断点并暂停仿真；而挂起断点已暂时停止活动，即使满足触发条件也不会捕获断点。断点的活动与挂起可通过激活、挂起命令实现：

- actstop：激活特定的挂起断点；
- suspstop：挂起特定的激活断点。

此外，通过 status 命令可显示未决的断点(Breakpoints)、跟踪(Traces)和行动(Actions)等状态信息；通过 delstop 命令可删除未决的断点。

2. 跟踪

跟踪反映仿真内核对事件调用的过程，体现仿真中进程执行的逻辑关系。

跟踪可提供仿真运行中的信息，为程序调试提供线索和依据。具体来讲，跟踪能提供核心函数、自定义函数和进程等三类仿真信息：

(1) 跟踪可提供核心函数的名称、参量类型、参量值和返回值。

(2) 如果自定义函数包括了 FIN/FOUT/FRET 宏(macro)，跟踪可提供自定义函数的信息。

(3) 如果跟踪设置在特定模块上，还可提供模块中调用所有进程的信息。当进程包含子进程时，跟踪也将提供嵌套的调用和返回信息。

ODB 支持多种跟踪的命令，如下：

- fulltrace 适用于所有事件调用的程序；
- mtrace 针对某个指定模块，显示调用该模块所执行的程序；
- pktrace 只针对某个包，显示包参与执行的所有程序；
- pttrace 针对一个包树，显示包树参与执行的所有程序；
- ltrace 显示标签界定的程序段所生成的诊断信息；
- mltrace 显示特定模块中标签界定的程序段所生成的诊断信息。

在进程中调用 op_prg_odb_trace_active()核心函数、op_prg_odb_pktrace_active()核心函数和 op_prg_odb_ltrace_active()核心函数，可判断相应的跟踪命令(参看本书 5.1.4 中的编程类 ODB 子类相关内容)是否处于激活状态。上述函数经常用于条件显示跟踪信息的场合：以函数返回值为条件，若返回值为 1(跟踪处于激活状态)，显示跟踪信息；若返回值为 0(跟踪不处于激活状态)，则不显示跟踪信息。

以 op_prg_odb_trace_active()函数为例，代码例程如下：

```
/* check if this module is being traced                                  */
if (op_prg_odb_trace_active ())
    {
    /* print local banner (time / module not necessary)                  */
    op_prg_odb_print_major ("List of in-stream contents:", OPC_NIL);

    /* loop through all the input streams, determining the number        */
    /* of packets being queued there (assumes consecutive connections) */
    num_in_strms = op_strm_max_index_in () + 1;
    for (i = 0; i < num_in_strms; i++)
        {
        sprintf (out_string, "in-stream [%d] contains %d packets\n", i,
            op_strm_pksize ());
        op_prg_odb_print_minor (out_string, OPC_NIL);
```

如果需要显示相关信息，可在 ODB 中应用 fulltrace 或 mtrace 命令，写作：

```
ODB>    fulltrace
```

在设定该命令后，当程序运行至条件语句时，op_prg_odb_trace_active()将返回 1，从而条件语句判决为真并执行显示程序。

加标跟踪通常和加标断点配合使用，二者可以使用相同的标签。当加标断点执行后，仿真暂停，ODB 命令窗口将变为有效；此时可输入 ltrace 命令，从而使进程代码中的核心函数 op_prg_odb_ltrace_active()返回真值。加标跟踪的进程代码和 ODB 命令实例如下所示，其中 status 命令用于显示断点、跟踪等状态信息。

```
if (op_prg_odb_ltrace_active ("pk_created"))
 printf ("\nPk Created: objid (%d), time (%g)\n", op_id_self (), op_sim_time ());
--------------------------------------------------------------------------------
ODB> ltrace pk_created
Added trace #0: "trace on label (pk_created)"

ODB> status

Breakpoints :
    None
Traces :
    Full trace is disabled
    Encapsulation trace is enabled
    Execution trace is disabled
    Trace format: intented
     0)  trace on label (pk_created)
Actions :
    None
Miscellaneous :
    Memory tagging is disabled

ODB> cont

___________________________ (ODB 12.0.A: Event) ___________________________
   * Time    : 0.296739496946 sec, [296ms 739us 496ns 946ps]
   * Event   : execution ID (11), schedule ID (#19), type (stream intrpt)
   * Source  : execution ID (10), top.pksw2.node1.src (processor)
   * Data    : instrm (1), packet ID (0)
   > Module : top.pksw2.node1.proc [Objid=23] (processor) [process id: 94]

Pk Created: objid (130), time (0.296739)
```

与断点类似，跟踪也支持激活(acttrace)、挂起(susptrace)、删除(deltrace)等命令，此处不再赘述。

应当指出，断点和跟踪主要是针对函数、进程等仿真总体逻辑的；而在调试过程中往往需要深入到变量的微观层面去发现和解决问题。OPNET 提供了诊断块(DB)和 OPNET\VC 联调两种观察变量的方法，其中：前者只能用于状态变量的观察；而后者可应用于所有的变量类型。下面将结合实例，对两种变量观察方法分别进行论述。

1. 诊断块

诊断块(Diagnostic Block，DB)是进程域的一个组件，其由 C 语言构成并通过 ODB 命令激活。诊断块可以由 ODB 命令直接调用，其典型应用于显示状态变量等调试信息的场合。

支持诊断块调用的命令有两种：

(1) prodiag：不加标调用特定进程的诊断块，其参数为<process_id>；

(2) proldiag：加标调用特定进程的诊断块；有两个参数，依次为<process_id><label>。

在 ODB 中输入 prodiag 命令，可以直接进行诊断块的不加标调用，下面以实例说明，加标调诊断块的方法。

在 DB 中使用 op_prg_odb_ltrace_active()函数，代码如下：

```
/* check to see if a queue dump trace is enabled                          */
if (op_prg_odb_ltrace_active ("queue_dump") == OPC_TRUE)
 {
 /* a trace is enabled, so scan through the queue's contents              */
 queue_size = op_subq_stat (0, OPC_QSTAT_PKSIZE);
 for (pos = 0; pos < queue_size; pos++)
        {
        /* obtain each packet from the subqueue                           */
        pkptr = op_subq_pk_access (0, i);

        /* extract each packet's source and destination addresses */
        op_pk_nfd_get (pkptr, "src_addr", &src_addr);
        op_pk_nfd_get (pkptr, "dst_addr", &dst_addr);

        /* print out the information                                      */
        printf ("packet [%d]: src_addr [%d] / dst_addr [%d]\n", pos,
                src_addr, dst_addr);
        }
 }
```

在 ODB 中以代码进程 id 和标签为参数，输入 proldiag 命令，该命令写作：

ODB>　　proldiag　pro_id　queue_dump

在输入该命令并使之生效(单击 Enter 键)后，ODB 立即调用诊断块并执行 DB 代码。当运行至 op_prg_odb_trace_active()函数时，该函数将返回 1(由于标签一致)，从而使条件语句判决为真，继续执行条件语句下的诊断程序。

2. OPNET 与 VC 的联合调试

调用诊断块可以跟踪仿真中状态变量(SV)的变化，而对于临时变量(TV)、全局变量等其他变量类型就无能为力了。为了解决上述问题，OPNET 提供了 VC 和 OPNET 的联合调试(联调)方法。在配置联调环境后，可以利用 VC 的断点工具，对包括状态变量在内的所有变量类型进行跟踪。

对 OPNET 与 VC 联调的环境配置可以在软件安装中完成，这也是最直接、最简单的配置方式。在正确的安装步骤下，操作系统和 OPNET 可自动配置好联调环境；具体步骤如下：

(1) 先安装 VC 程序(如 VC6.0)。

注意：在安装过程中一定要选择注册环境变量，即勾选注册环境变量选项。

(2) 再按正确顺序安装 OPNET 组件，以 OPNET 14.5 为例，安装顺序为：modeler→models→modeler_doc→License。

如果未按上述步骤安装，也可通过注册环境变量和配置 OPNET 参数实现联调环境的配置，具体方法如下：

1) 环境变量的设置

(1) 以 Windows XP 为例，右键单击我的电脑→点击属性→高级→环境变量，打开环境变量编辑器，如图 5.14 所示。

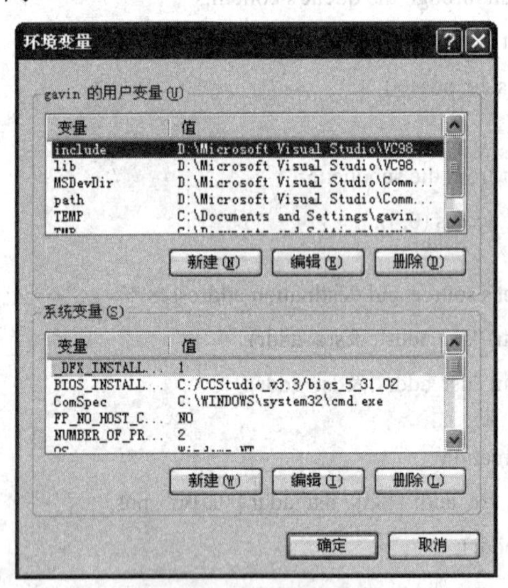

图 5.14　环境变量编辑器

(2) 在环境变量编辑器中，对变量 include、lib、MSDevDir、path 作如下配置(以 VC 6.0 和 OPNET 14.5 为例)：

- include：

<VC_dir>\Microsoft Visual Studio\VC98\atl\include;

<VC_dir>\Microsoft Visual Studio\VC98\mfc\include;

<VC_dir>\Microsoft Visual Studio\VC98\include;

<OPNET_dir>\OPNET\14.5A\sys\include;

<OPNET_dir>\OPNET\14.5A\models\std\include

· lib：

<VC_dir>\Microsoft Visual Studio\VC98\mfc\lib;

<VC_dir>\Microsoft Visual Studio\VC98\lib;

<OPNET_dir>\OPNET\14.5A\sys\lib;

<OPNET_dir>\OPNET\14.5A\sys\pc_intel_win32\lib

· MSDevDir：

<VC_dir>\Microsoft Visual Studio\Common\MSDev98

· Path：

<VC_dir>\Microsoft Visual Studio\Common\Tools\WinNT;

<VC_dir>\Microsoft Visual Studio\Common\MSDev98\Bin;

<VC_dir>\Microsoft Visual Studio\Common\Tools;

<VC_dir>\Microsoft Visual Studio\VC98\bin;

<OPNET_dir>\OPNET\14.5A\sys\pc_intel_win32\bin

2) 配置 OPNET 参数

(1) 在 OPNET 窗口中，单击 Edit 菜单→Preference，打开 OPNET 参数编辑器。OPNET 参数编辑器如图 5.15 所示。

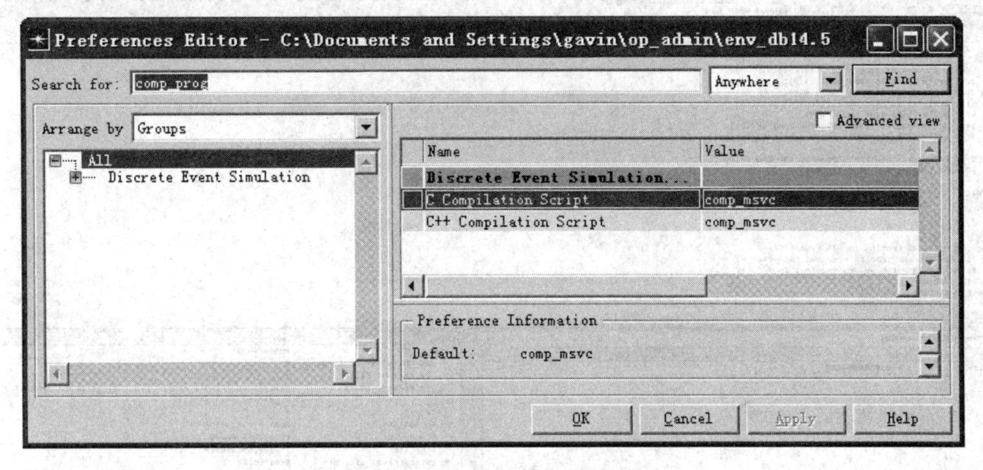

图 5.15 OPNET 参数编辑器

(2) 在参数编辑器中，查找并编辑如下参数：

· comp_prog(C 编辑器)：设定为 comp_msvc。

· comp_prog_cpp(C++编辑器)：设定为 comp_msvc。

· bind_static_prog(静态连接器)：设定为 bind_msvc。

· bind_shobj_prog(动态连接器)：设定为 bind_so_msvc。

· bind_static_flag(静态连接器标志)：设定为/LIBPATH:
<OPNET_dir>\OPNET\14.5A\sys\pc_intel_win32\lib/DEBUG。

· bind_ shobj_flag(动态连接器标志)：设定为/LIBPATH:
<OPNET_dir>\OPNET\14.5A\sys\pc_intel_win32\lib/DEBUG。

· comp_flags_devel(调试模式下的编译器标志)：/Zi /Od，该参数配置的作用是在编译时产生调试信息，并且在调试时关闭编译器的优化功能。

在配置好联调环境后，可通过以下步骤进行联调：

(1) 在 DES 中，勾选 Use OPNET Simulation Debugger 和 Force model recompilation 选项，使能 ODB 和强制模型编译功能(参见启动 ODB 部分)。

(2) 运行仿真，从而启动 op_runsim 程序，进入 ODB 界面。

(3) 打开任务管理器，在进程列表中找到 op_runsim_dev.exe 进程。右键单击该进程，选择调试。此时，VC 将启动并附着于 OPNET 仿真进程。

(4) 在 VC 中打开需要跟踪的进程文件。

(5) 用 VC 调试方法在进程代码中设置断点。

(6) 通过 ODB 运行 OPNET 仿真，程序将在断点处暂停并返回 VC。

(7) 在 VC 中观察各类变量。

如上所述，OPNET 与 VC 的联合调试可对仿真中所有变量类型进行观察，但是不同类型的变量在观察方法上还是有所不同的。具体来讲，状态变量以外的变量(如全局变量、状态代码定义的局部变量、函数块(FB)内自建函数中定义的局部变量、临时变量等)一般都可以通过变量名直接进行观察，而状态变量不支持变量名方式，只能通过指向状态变量的指针变量 op_sv_ptr 间接地进行观察，如图 5.16 所示。

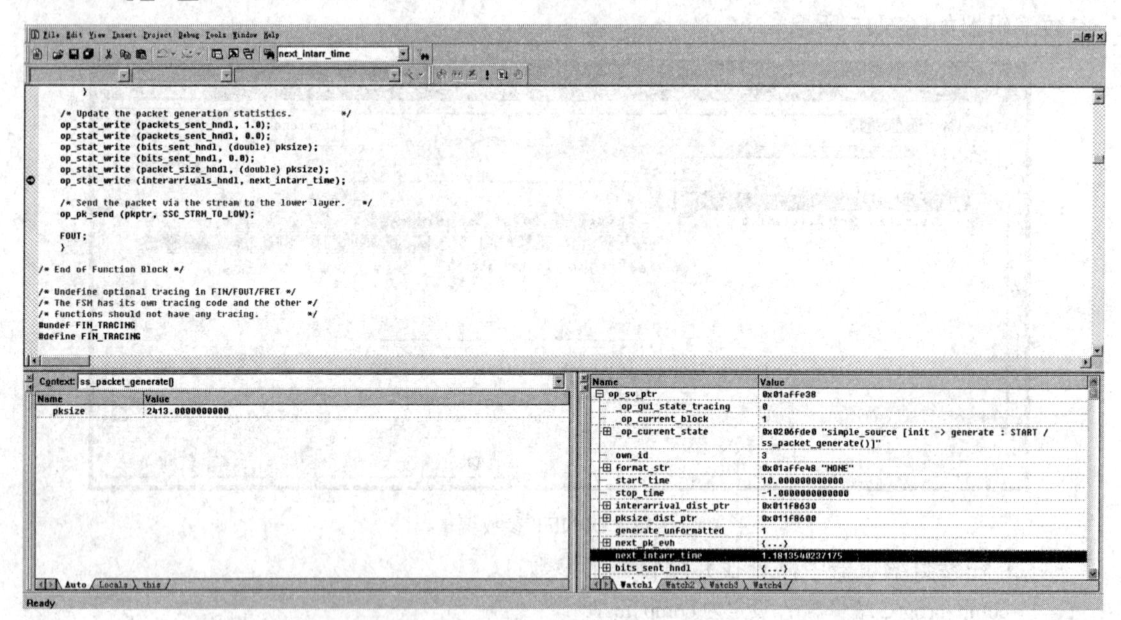

图 5.16　在 OPNET 与 VC 的联合调试下观察 SV

应当指出，由于用户编程是在进程域中进行的，因而调试工作主要是针对进程开展的，这是 OPNET 调试的重点。但 OPNET 的调试绝不仅局限于代码调试，还涉及节点域、网络域的逻辑关系和拓扑结构等方面；事实上，上述方面的调试都可通过 ODB 以及变量观察等调试方法的综合应用而实现。

5.2 多进程与多队列

OPNET 支持多进程机制和多队列机制。前者可应用于进程和队列模块中，由用户创建和管理；而后者仅能应用于队列模块中，其中队列对象是由系统内建的，而子队列可由用户设置和操作。

5.2.1 动态进程机制

在仿真中，进程经常被设计为执行一系列的复杂任务，如分多阶段处理信息、管理多个队列、同时与多个终端通信等。如果采用单一进程结构，该进程就会变得十分复杂。为了提高设计的模块化，减小复杂性，有必要采用动态进程方法。

动态进程是可以在仿真过程中动态创建、销毁的进程。不同于根进程(由仿真核心创建，不能动态销毁)，动态进程由用户在父进程中创建，并可在模块中动态销毁。

每个模块都有一个唯一的根进程，由根进程创建的进程称为第一代进程；如果第一代进程再创建新的进程，这些新进程则称为第二代进程……，依此类推，构成进程树，如图5.17 所示。因为进程可以动态地创建和销毁，所以进程树也会动态地生长和萎缩。

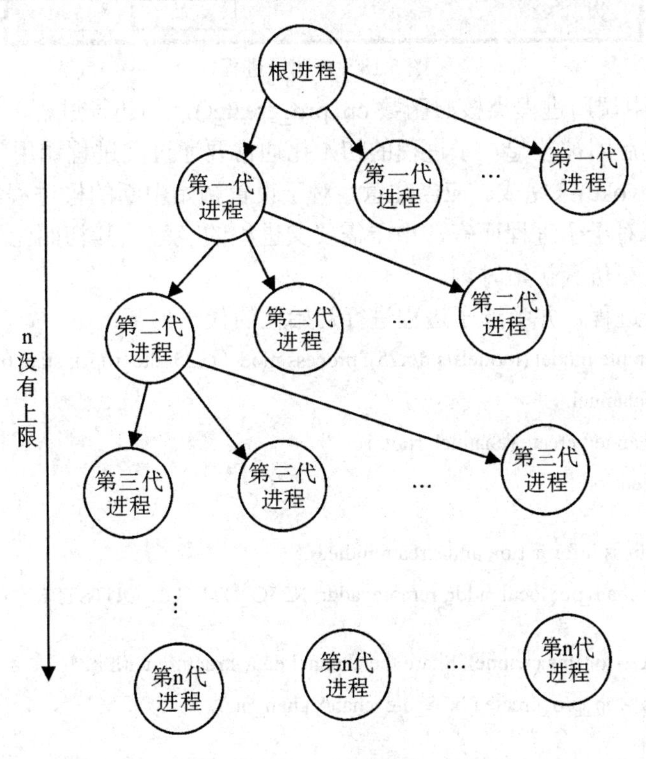

图 5.17 进程树

注意根进程与父进程是不同的两个概念。根进程可以作为父进程产生新的进程(即子进程)；而父进程不一定是根进程，其可能是根进程产生的进程(第一代进程)，也可能是再次产生的进程(第二代进程、第三代进程……)。

子进程是由用户在父进程中创建的，步骤如下：

(1) 建立子进程模型。

(2) 在父进程中声明子进程。方法为在父进程(进程域)的 file 菜单下，打开 Declared Child Process Model 子菜单，在子进程声明界面中勾选子进程模型。子进程声明界面如图 5.18 所示。

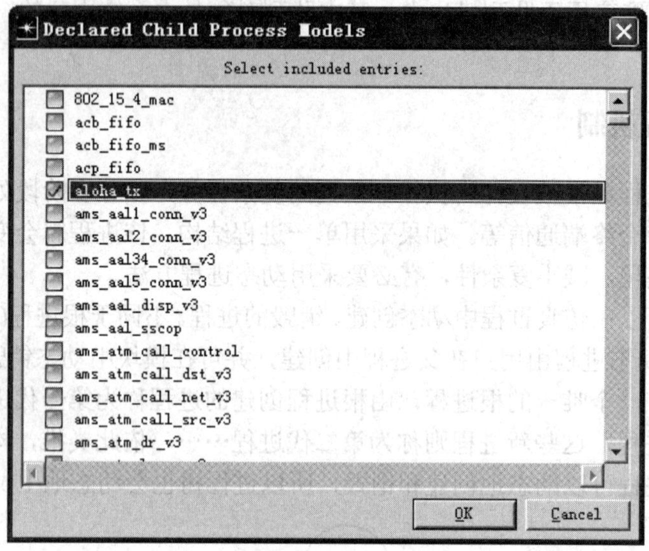

图 5.18　声明子进程

(3) 在父进程中调用进程类核心函数 op_pro_create()，创建子进程。

子进程被创建后即被挂起。子进程的初始化通常要通过父进程调用 op_pro_invoke()函数，并对其唤醒(invoke)来完成。应当注意，对于设置初始中断的根进程，其初始化发生在仿真初始时刻；而对于子进程而言，由于需要父进程的唤醒，其初始化一般发生在仿真的过程中，而不发生在仿真初始时刻。

父进程生成子进程，并唤醒子进程进行初始化的代码如下：

```
Excerpt from: example model (models/std/x25); process model (x25_dte_root); state (r1); exit execs.
/* Create the new channel.                                                    */
chan_ptr = x25_channel_create (channel_root, i);
chan_ptr->permanent = 0;

/* Initialize its address information and stream indices.                     */
x25_channel_init (chan_ptr, local_addr, remote_addr, X25C_DTE_DL_OUTSTRM, pk_strm);

/* Create the process for this channel. Share the channel data structure with it. */
chan_ptr->process = op_pro_create ("x25_dte_chan", chan_ptr);

/* Invoke the channel process so that it can initialize itself.               */
/* No arguments are needed for the initialization.                             */
op_pro_invoke (chan_ptr->process, OPC_NIL);
```

子进程初始化后，可通过进程导向(Process Steering)机制对其进行操作。其中，又伴随着子进程的内存共享问题。以下将针对这两个问题分别进行论述。

1. 内存共享机制

多进程间的协同工作需要在进程间传递参数。参数传递具有状态变量和共享内存两种方式。调用进程类核心函数 op_pro_svar_get()，可以获取指向特定进程中状态变量的指针，从而实现基于状态变量的参数传递。而基于共享内存的参数传递可通过模块、父子、参数三种方法实现，现介绍如下：

1) 模块内存(Module Memory)

该模块用于调用进程类核心函数 op_pro_modmem_install()，将内存地址和当前模块绑定。隶属于该模块的进程可以通过调用 op_pro_modmem_access()获取该模块内存的地址。绑定模块内存的方法可参考如下代码：

```
/* Allocate module-wide variable block.                                          */
tp_mv_ptr = (Tp_Proc_Var*) op_prg_mem_alloc (sizeof (Tp_Proc_Var));

/* If the allocation was successful, initialize the variable block.              */
if (tp_mv_ptr != OPC_NIL)
        {
        /* Clear out counters and statistics.                                    */
        tp_mv_ptr->num_sess_active = 0;
        tp_mv_ptr->total_pkts = 0;
        tp_mv_ptr->total_bytes = 0;
        tp_mv_ptr->accum_pk_delay = 0.0;
        tp_mv_ptr->num_discards = 0;

        /* Set module-wide timers.                                               */
        tp_global_timers_init (tp_mv_ptr);

        /* Install the module-wide variable block for all dynamic process to access.    */
        op_pro_modmem_install (tp_mv_ptr);
        }
```

获取模块内存的方法可参考如下代码：

```
/* Get the pointer to the module wide variables installed by the root process. */
mod_vars = (Tp_Proc_Var*) op_pro_modmem_access ();
```

在模块内存共享方式下，多个进程会对模块内存的数据结构进行操作。因此，通常将模块内存的数据结构定义在头文件中，并将头文件包含到模块的各个进程中。

2) 父子内存(parent_to_child memory)

父进程在通过 op_pro_create()创建子进程时，可以设定父子内存的地址(通过第二个参数设定：若建立父子内存，则设定为内存地址；若不建立父子内存，则设定为 OPC_NIL)，将要传递参数的内存与该子进程绑定(注意：父子内存只能在进程创建时绑定一次)。父子内存地址可以调用 op_prg_mem_alloc()自动分配，该核心函数属于编程类，其仅具有内存尺寸(size)一个参数。建立父子内存的过程可参见如下代码：

```
/* Select a port number for a new session being initiated.           */
port_num = tp_port_select ();

/* Create a session-status data structure to allow                   */
/* communication between this (root) process and the                         */
/* session process about to be created.                                      */
ss_ptr = op_prg_mem_alloc (sizeof (Tp_Session_Status));

/* Set up information needed by the session process.                         */
ss_ptr->dest_host = dest_host;
ss_ptr->dest_port = dest_port;

/* Create a new process to manage the session and retain                     */
/* its handle in the session process table.                                  */
tp_sess_proc_table [port_num] = op_pro_create ("tp_session", ss_ptr);

/* Invoke the process for its initialization (op_pro_create()                */
/* does not automatically invoke the child process)                          */
op_pro_invoke (tp_sess_proc_table [port_num], OPC_NIL);
```

子进程可以通过调用进程类核心函数 op_prg_parmem_access()，读写父子内存中的参数：

```
/* Get the pointer to the channel block for this channel. */
chan_vars = (Tp_Session_Status*) op_pro_parmem_access ();
```

类似于模块内存，父子内存通常将模块内存的数据结构定义于头文件中，并将头文件包含到父、子进程中。

3) 参数内存(Argument Memory)

调用 op_pro_invoke()激活本模块中的其他进程时，可以配置参数内存(通过第二个参数设定：若传递参数内存，则设定为内存指针；若不传递参数内存，则设定为 OPC_NIL)。其建立方法可参看下列代码：

```
Excerpt from: example model (models/std/x25); process model (x25_dte_root); state (r1); exit execs.
/* Create the new channel.                                                   */
chan_ptr = x25_channel_create (channel_root, i);
chan_ptr->permanent = 0;

/* Initialize its address information and stream indices.                   */
x25_channel_init (chan_ptr, local_addr, remote_addr, X25C_DTE_DL_OUTSTRM, pk_strm);

/* Create the process for this channel. Share the channel data structure with it. */
chan_ptr->process = op_pro_create ("x25_dte_chan", chan_ptr);
```

```
/* Invoke the channel process so that it can initialize itself.                    */
/* No arguments are needed for the initialization.                                  */
op_pro_invoke (chan_ptr->process, OPC_NIL);

/* Invoke the channel process again so it can actually handle the call indication.*/
/* Include the call's first packet as an argument.                                  */
op_pro_invoke (chan_ptr, pkptr);
```

被调用的进程可以通过 op_pro_argmem_access()访问绑定的参数内存，其代码如下：

```
/* Obtain the address of the argument memory passed by calling process.          */
arg_mem_ptr = op_pro_argmem_access ();

/* If there are arguments present, examine them to                               */
/* determine the reason for invocation.                                          */
if (arg_mem_ptr != OPC_NIL)
    {
    /* Cast the argument memory into specific data-structure form.               */
    pkt_hndlr_ptr = (Pkt_Hndlr_Req_Args*) arg_mem_ptr;
    /* Process the request according to its type.                                */
    switch (pkt_hndlr_ptr->type)
        {
        case PHR_REQ_INBOUND:
            phr_pkt_inbound (pkt_hndlr_ptr->pkptr, pkt_hndlr_ptr->source);
            break;
        case CHR_REQ_CALL_REMOVE:
            phr_pkt_outbound (pkt_hndlr_ptr->pkptr, pkt_hndlr_ptr->dest);
            break;
        }
```

应当指出，上述三种共享内存的作用范围是不同的。模块内存的作用范围最大，在全模块的所有进程中有效；父子内存的作用范围小于模块内存，仅在父子进程中有效；参数内存的作用范围最小，其仅在访问子进程的过程中有效。

2. 进程导向机制

在动态进程机制中，仿真核心提供了四种进程导向的模式，分别是手动导向(Manual Steering)、常规导向(Normal Steering)、中断类型注册导向(Type-based Steering)和流端口注册导向(Port-based Steering)。

1) 手动导向

在手动导向下，获取仿真核心控制权的父进程，**通过调用 op_pro_invoke()访问同一模块内的子进程**。此时，暂将控制权交给子进程，而将自身挂起，等待子进程将控制权交回。

通常，子进程运行到非强制状态时阻塞后，自动释放仿真控制权，并将控制权转给父进程。父进程将重新获得控制权，并从挂起的代码继续执行。

在手动导向下，父进程通过 op_pro_invoke()访问子进程的方法，类似于 C 语言的函数调用。此时，可将被访问的子进程视为被调用函数，父进程通过 op_pro_invoke()调用该函数。类似于函数调用，手动导向具有如下特点：

(1) 立即调用。调用不存在仿真时间的时延，也不能设置时延。

(2) 一个中断内多层嵌套。在一次中断中，父进程可以调用子进程，子进程可以进一步调用其自身的子进程(孙进程)。在被调用子进程激活后，调用进程仍处于激活状态。

(3) 父进程挂起。父进程通过 op_pro_invoke()函数调用子进程后，其代码将在 op_pro_invoke()后挂起(suspend)，同时将仿真控制权转移给子进程。当子进程进入阻塞状态后，将把控制权再次返回给父进程；父进程将从挂起处，按照上下文(context)继续执行。

从表面上看，手动导向和强制事件具有很大的相似性，如立即调用进程和父进程挂起。但是，二者也存在着很大的区别，如在调用子进程的过程中父进程始终处于激活状态(子进程不能用手动导向方式调用父进程，因为父进程处于活动状态；否则将对 op_pro_invoke()报错：Process handle is for active process)。又如手动导向下的多层调用对应于第一次调用进程的中断，子进程(任意层次)中的 op_event_type()仅会返回激活进程(对应于第一次调用进程)的中断类型。因此，**从本质上讲，手动导向不会引发中断**。

如前所述，中断是调用进程中最常用的方式，我们同样可以采用中断进行动态进程的调用。基于中断的动态进程调用包括常规导向、中断类型注册导向和流端口注册导向三种方式。

2) 常规导向

常规导向通过调用中断类核心函数 op_intrpt_schedule_process()，预设一个进程中断，实现对动态进程的调用。函数 op_intrpt_schedule_process()的用法如下：

- 函数原型：op_intrpt_schedule_process (pro_handle, time, code)。
- 参数：第一个参数为被调用进程的句柄；第二个参数为调用的仿真时间；第三个参数为用户自定义的中断码。
- 返回值：evhandle(所预设的进程中断的事件句柄)。
- **实例：**Excerpt from: example model (models/std/x25); process model (x25_dce_chan); state (p6):

```
else
        {
        /* We came here normally because of a CLEAR REQUEST packet.          */
        /* Reset the channel.                                                */
        x25_dce_channel_reset ();
        /* Send a confirmation packet to the DTE.                            */
        x25_pk_send_local (chan_vars->data_link, chan_vars->number, x25_GFI_ BASE,
             X25C_PT_CLEAR_CONFIRM);
        /* Send a CLEAR INDICATION to the remote end.                        */
        x25_dce_pk_send_remote (OSIC_N_DISCONNECT_INDICATION, pkptr);
```

```
/* Notify our root process that we can be deleted. The deletion will take    */
/* place after the current invocation of this process completes.             */
op_intrpt_schedule_process (op_pro_parent (op_pro_self ()), op_sim_time(), chan_vars->number);
```

应该指出，常规导向和手动导向本质上是两种不同的调用方式。前者是由进程中断产生的，调用的进程在调用过程中被阻塞(不处于激活状态，无上下文关系)，事件加入仿真事件表的队列；后者不是由中断产生的，调用的进程在调用过程中被挂起(处于激活状态，有上下文关系)，事件不加入仿真事件表。

此外，二者还存在如下的不同点：

(1) 常规导向允许设置时延，而手动导向必须立即执行。

(2) 手动导向只能调用本模块内的进程，且仅应用于父进程调用子进程(因为在子进程被调用的过程中，父进程仍处于激活状态，无法进行子进程对父进程的调用)；而常规导向可以调用不同模块的进程，且在一个模块内(结合中断类型注册导向或流端口注册导向)可完成子进程对父进程的调用。

(3) 手动导向允许多层嵌套，而常规导向不能嵌套。

(4) 手动导向可共享参数内存，而常规导向不能共享参数内存。

3) 中断类型注册导向

模块可以接收多种类型的中断。为了降低导向的复杂性，可以通过注册让特定类型的中断由特定子进程专门处理。当特定类型的中断到达仿真事件表表首时，由仿真内核根据注册直接转向特定的子进程。上述调用动态进程的方式称为中断类型注册导向。

中断类型注册导向通过调用中断类核心函数 op_intrpt_type_register()实现，该函数的语法和用法实例如下：

- 函数原型：op_intrpt_type_register (intrpt_type, pro_handle)。
- 参数：第一个参数为注册的中断类型；第二个参数为响应该中断类型的进程句柄。
- 返回值：void。
- **实例：**

```
/* Set up handler processes for special events in order to          */
/* avoid having checks for these conditions throughout the          */
/* process model.                                                   */

/* Create and register a handler to receive the end-simulation interrupt.    *./
pro_handle = op_pro_create ("hndlr_end_sim", OPC_NIL);
op_intrpt_type_register (OPC_INTRPT_ENDSIM, pro_handle);

/* Create and register a handler to receive node failure and recovery intrpts. *./
pro_handle = op_pro_create ("hndlr_cond", OPC_NIL);
op_intrpt_type_register (OPC_INTRPT_FAIL, pro_handle);
op_intrpt_type_register (OPC_INTRPT_RECOVER, pro_handle);
```

4) 流端口注册导向

包是 OPNET 建模中最为常用的通信载体，让不同类型的流中断直接导向不同的进程可以大大简化动态进程的导向过程。由于每个流中断都来自于某个特定的输入流端口，可以根据端口号注册流中断。如果一个进程模块与多个输入包流相连，可以建立多个子进程并注册为分别处理来自不同输入流的包。此时，流中断将根据端口号被直接转移给注册的子进程。上述调用动态进程的方式称为流端口注册导向。

流端口注册导向除了适用于流中断外，对状态中断也适用。此时，可视为将一比特的信息从一个进程模块“流”到另一个进程模块。

流端口注册通过调用中断类核心函数 op_intrpt_port_register()实现，该函数的语法和用法实例如下：

- 函数原型：op_intrpt_port_register (port_type, port_index, pro_handle)。
- 参数：第一个参数为中断类型(OPC_PORT_TYPE_STRM 或 OPC_PORT_TYPE_STAT)；第二个参数为注册端口的端口号；第三个参数为响应该端口的进程句柄。
- 返回值：void。
- **实例：**

```
/* Set up separate handling process for each                    */
/* supported input stream, since each stream                    */
/* will support one remote connection.                          */
for (i = 0; i < num_sup_streams; i++)
    {
    /* Create a packet handler process.                         */
    handler_pro = op_pro_create ("pkt_handler", OPC_NIL);

    /* Request that the kernel notify this new process directly */
    /* (i.e., without notifying the root process) when packets  */
    /* arrive on its stream. */
    op_intrpt_port_register (OPC_PORT_TYPE_STRM, i, handler_pro);
    }
```

子进程获取仿真核心控制权有直接(用字符常量 OPC_PROINV_DIRECT 标识)和间接(用字符常量 OPC_PROINV_INDIRECT 标识)两种方式。在常规管理模式、中断类型注册管理模式和流端口注册管理模式下，子进程直接获取控制权；而在手动管理模式下，子进程是间接获取控制权。

直接方式是仿真内核产生的控制权转让，调用 op_event_type()和 op_event_code()可得到激活进程的中断类型、代码。而间接方式是由父进程调用的，其发生在引发父进程中断的事件中，调用 op_event_type()和 op_event_code()只能得到激活父进程的中断类型、代码。若为流中断：直接方式可通过 op_pk_get (op_intrpt_strm ())获取流中断所传送的数据包；间接方式只能通过访问共享内存获得(因为流中断是激活其父进程的中断)。参看如下代码例程：

```
/* Make sure that we have arrived here as a result of a stream interrupt.                    */
if (op_intrpt_type () == OPC_INTRPT_STRM)
    {
    /* Determine if this process is the first to be invoked to handle the current interrupt.  */
    invoker_ph = op_pro_invoker (op_pro_self (), &inv_mode);

    /* If the process is the first, then acquire the arriving packet.                        */
    if (inv_mode == OPC_PROINV_DIRECT)
        pkptr = op_pk_get (op_intrpt_strm ());

    /* Otherwise, get the packet from the arguments passed by the invoking process.          */
    else
    {
    pkptr = (Packet*) op_pro_argmem_access ();

    /* Schedule a interrupt for the invoking process in HOLD_TIME sec.                       */
    /* (this is the time at which the packet's delay has elapsed.                            */
    op_intrpt_schedule_process (invoker_ph, op_sim_time () + HOLD_TIME, PK_ELAPSED);
    }
```

5.2.2　子队列机制

队列仅能应用于队列模块中，一个队列模块至少拥有且仅能拥有一个队列对象，该对象是系统的内建对象。一个队列对象至少拥有一个(可拥有多个)子队列对象，子队列是队列对象的子对象。对数据包的具体操作(如插入、访问、删除等)通常是通过子队列实现的，而队列可看做是子队列的集合。队列和子队列的逻辑关系如图 5.19 所示。

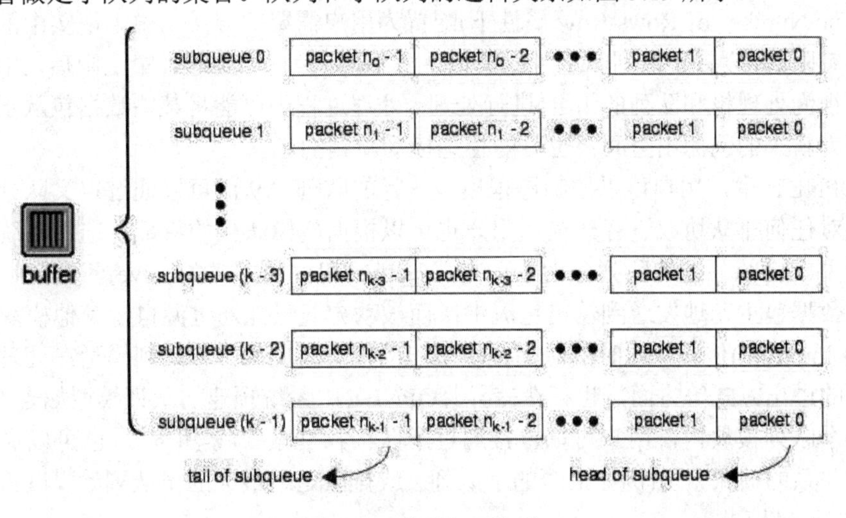

图 5.19　队列与子队列

一个队列模块可由用户通过子队列属性配置多个子队列，生成过程如图 5.20 所示。右键单击队列模块，选择“Edit Attribute”菜单子项，进入队列属性窗口。在属性“subqueue”的“Number of Rows”子项中更改默认值(默认值为 1)，即可配置用户所需要的子队列数；此时，“Number of Rows”下的行数(Row)也相应地发生增减。单击“Number of Rows”左侧的问号图标，可获得该属性的数据类型、取值范围、默认值和注释说明等信息。

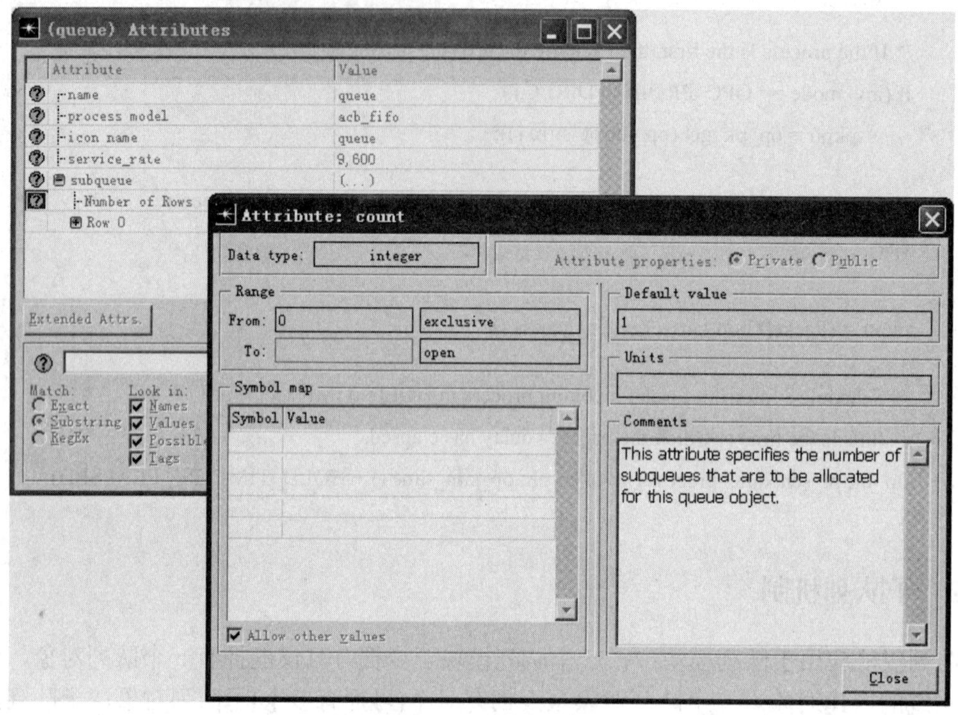

图 5.20　子队列数的设置

每个子队列的数据量默认是无上限的，但可以通过“bit capacity”或“pk capacity”(位于 subqueue\Number of Rows\Row 属性下)配置为用户需要的容量。由于现实中的队列一般都是容量有限的，设置子队列容量可以模拟现实中的队列。当到达容量上限后，由处理机(队列模块可视为处理机和队列的组合)进行处理。处理过程中可能将某些数据包从子队列中移除，从而为新来的包挪出空间；也可能拒绝接受新到的包。

在 OPNET 中，用户可以控制进程模型执行的队列，从而可以通过定义队列的访问和管理方式对任何排队协议进行建模。用户也可以根据建模队列的特征，选择系统预先建立的队列模型。系统预建的队列分为主动方式(active)和被动方式(passive)两大类，其中：主动方式将数据包主动地发送到输出包流中；而被动方式只能通过源自于其他模块的接入中断(Access Interrupt)传包，此时的队列模块是被动模块。此外，各队列模型在处理的数据单位、排队的进出方式等方面，也存在差异。OPNET 中系统预建的队列模型如表 5.6 所示。

在一个队列模块内，用户可以直接通过子队列物理索引(索引号)，也可以通过表明数据包相对关系的抽象索引(例如最短的子队列、或排队延迟最大的子队列等，以符号常量表征)，来选择子队列。

表5.6　系统预建的队列模型

模　型	特　征
acb_fifo	主动方式、基于比特、先入先出
acb_fifo_ms	主动方式、基于比特、先入先出、多服务器
acp_fifo	主动方式、基于数据包、先入先出
pc_fifo	被动方式、先入先出
pc_lifo	被动方式、先入后出
pc_prio	被动方式、优先级
pf_fifo	被动方式、先入先出
prq_fifo	被动方式、先入先出

下　篇

应用实践

第六章 M/M/1 队列建模

排队论是通信网的一个基本理论，而 M/M/1 是排队论的基础模型。本章将对 M/M/1 仿真模型进行结构性分析，并给出仿真实验方法。

6.1 关键模块建模

6.1.1 数据流的生成方法

在通信网建模中，通常需要考虑如何模拟通信的业务量。因而，业务量建模是通信网建模中的一项重要内容。

对于通信队列而言，其业务量可以通过数据流模拟，而数据流是由随机产生的数据包构成的。基于上述特点，可选择 OPNET 提供的 simple_source 进程模型，来实现队列输入数据流的生成。simple_source 进程模型位于 OPNET/14.5A/models/std/traf_gen 目录下，如图 6.1 所示。

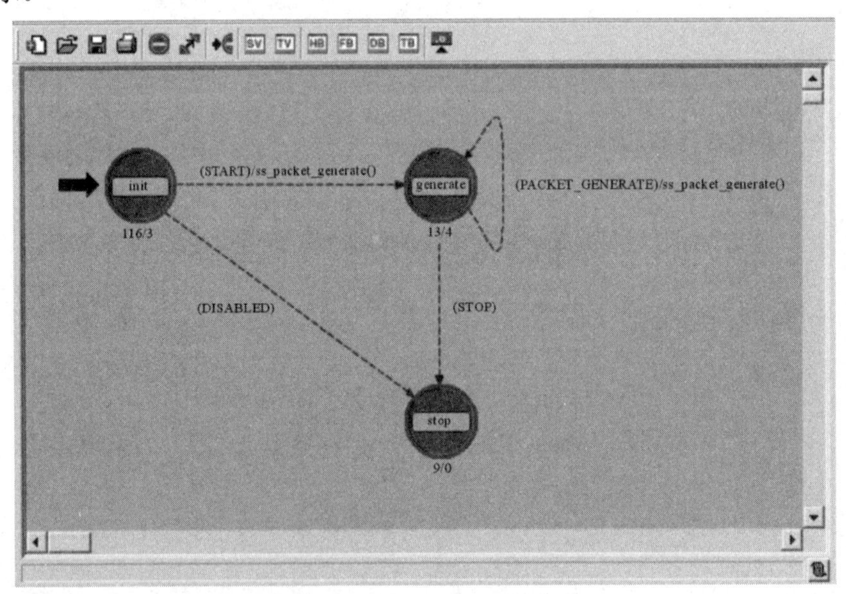

图 6.1 simple_source 进程模型

1. 状态功能分析

simple_source 进程由 init、generate 和 stop 三个非强制状态组成。init 是初始状态，完成进程的初始化任务；generate 实现数据包的产生；stop 负责在终止仿真时停止产生数据包。

1) 状态 init

状态 init 的入口程序首先获得 simple_source 进程所在模块 src 的对象 ID(进程只有进程 ID，无对象 ID；并且，进程 ID 和对象 ID 是可重复使用的)，代码如下：

```
/* Obtain the object id of the surrounding module.                    */
own_id = op_id_self ();
```

然后，将 src 模块对象的属性值读取到临时变量或状态变量中，代码如下：

```
/* Read the values of the packet generation parameters, i.e. the          */
/* attribute values of the surrounding module.                            */
op_ima_obj_attr_get (own_id, "Packet Interarrival Time",     interarrival_str);
op_ima_obj_attr_get (own_id, "Packet Size",                  size_str);
op_ima_obj_attr_get (own_id, "Packet Format",                format_str);
op_ima_obj_attr_get (own_id, "Start Time",                   &start_time);
op_ima_obj_attr_get (own_id, "Stop Time",                    &stop_time);
```

在以上代码中，函数 op_ima_obj_attr_get()的第二个参数为属性名；其相应的属性值是在 simple_source 进程的 Model Attribute 编辑框(打开路径为：Interface 菜单→Model Attribute 子菜单)中设定的，如图 6.2 所示。

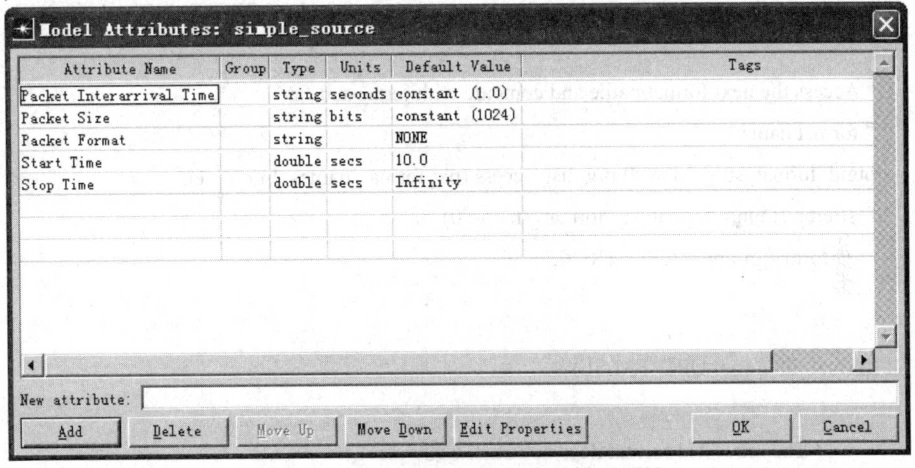

图 6.2　simple_source 进程中的模型属性

然后，通过调用 OMS(OPNET Model Support，OMS)函数集(OPNET 在支持核心函数集的同时，也支持 OMS、PRG 等函数集，参看帮助文件)的分布加载函数，获取指向包发送间隔和包长度随机分布的指针，代码如下：

```
/* Load the PDFs that will be used in computing the packet                */
/* interarrival times and packet sizes.                                   */
interarrival_dist_ptr = oms_dist_load_from_string (interarrival_str);
pksize_dist_ptr = oms_dist_load_from_string (size_str);
```

之后，通过 format_str 变量值(已赋值为 Packet Format 属性值)判断是否为格式包。若为格式包，则在格式列表中选择对应的包格式。该部分的相应代码如下：

```
/* Verify the existence of the packet format to be used for          */
/* generated packets.                                                 */
if (strcmp (format_str, "NONE") == 0)
        {
        /* We will generate unformatted packets. Set the flag.        */
        generate_unformatted = OPC_TRUE;
        }
else
        {
        /* We will generate formatted packets. Turn off the flag.     */
        generate_unformatted = OPC_FALSE;

        /* Get the list of all available packet formats.              */
        pk_format_names_lptr = prg_tfile_name_list_get (PrgC_Tfile_Type_Packet_ Format);

        /* Search the list for the requested packet format.           */
        format_found = OPC_FALSE;
        for (i = prg_list_size (pk_format_names_lptr); ((format_found == OPC_FALSE)     && (i > 0)); i--)
        {
        /* Access the next format name and compare with requested     */
        /* format name.                                               */
        found_format_str = (char *) prg_list_access (pk_format_names_lptr, i - 1);
        if (strcmp (found_format_str, format_str) == 0)
                format_found = OPC_TRUE;
        }

    if (format_found == OPC_FALSE)
            {
            /* The requested format does not exist. Generate          */
            /* unformatted packets.                                   */
            generate_unformatted = OPC_TRUE;

            /* Display an appropriate warning.                        */
            op_prg_odb_print_major ("Warning from simple packet generator model     (simple_source):",
            "The specified packet format", format_str,
            "is not found. Generating unformatted packets instead.", OPC_NIL);
            }

    /* Destroy the list and its elements since we don't need it       */
    /* anymore.                                                       */
```

```
prg_list_free (pk_format_names_lptr);
prg_mem_free (pk_format_names_lptr);
}
```

之后，首先做一个错误处理，为预设自中断事件做好准备：对停止时间(stop_time)在开始时间(start_time)之前进行错误逻辑仿真，将 start_time 赋值为 SSC_INFINITE_TIME。SSC_INFINITE_TIME 是本进程 HB 中所定义的宏：#define SSC_INFINITE_TIME -1.0。stop_time 的默认值(default value)为 Infinity，与 SSC_INFINITE_TIME 的值同为-1.0，参看图 6.3(在 Model Attribute 中选中 Infinity→点击 Edit Properties 进入)。

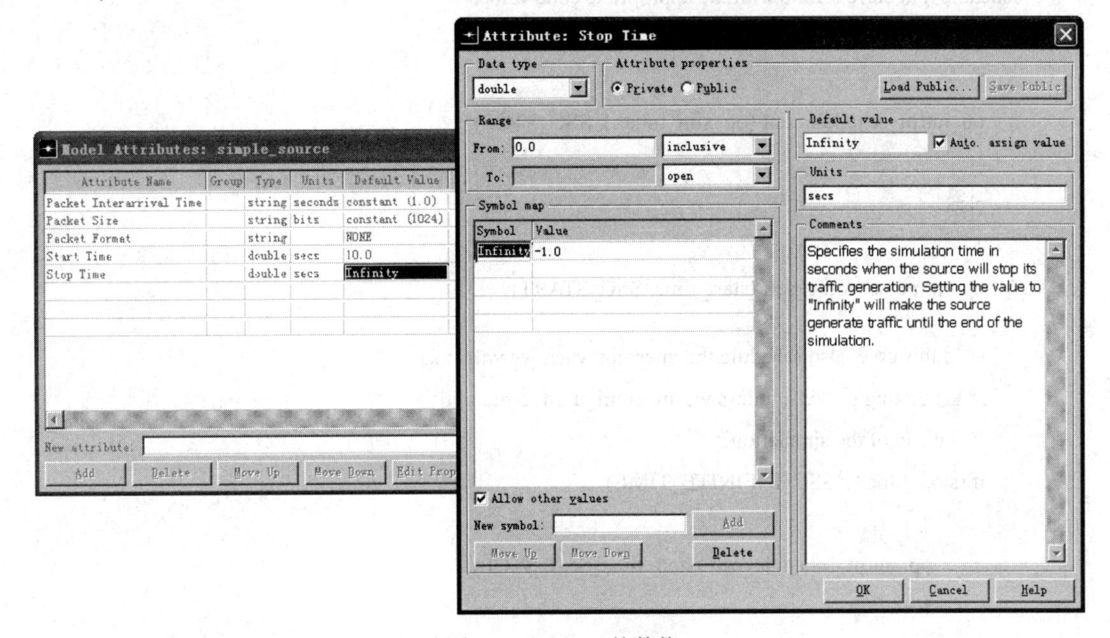

图 6.3　Infinity 的数值

错误处理的代码如下：

```
/* Make sure we have valid start and stop times, i.e. stop time is */
/* not earlier than start time.                                     */
if ((stop_time <= start_time) && (stop_time != SSC_INFINITE_TIME))
  {
  /* Stop time is earlier than start time. Disable the source.     */
  start_time = SSC_INFINITE_TIME;

  /* Display an appropriate warning.                                */
  op_prg_odb_print_major ("Warning from simple packet generator model         (simple_source):",
                "Although the generator is not disabled (start time is set to a finite value),",
                "a stop time that is not later than the start time is specified.",
                "Disabling the generator.", OPC_NIL);

  }
```

以上代码中的错误处理条件 stop_time!=SSC_INFINITE_TIME 是为了防止 stop_time 为无限大(默认值，以-1.0 表示)时，出现 stop_time<=start_time 的误判。

在错误处理之后，为激活 generate 状态预设自中断：对逻辑错误的仿真，以当前仿真时间预设自中断；对无逻辑错误的仿真，以 start_time 为仿真时间预设自中断。同时，还预设了发生在 stop_time 时刻的仿真终止自中断，并调用 oms_dist_outcome()(OMS 函数集的分布生成函数)对发包间隔(next_intarr_time)进行初始化。相关代码如下：

```
/* Schedule a self interrupt that will indicate our start time for      */
/* packet generation activities. If the source is disabled,             */
/* schedule it at current time with the appropriate code value.         */
if (start_time == SSC_INFINITE_TIME)
    {
    op_intrpt_schedule_self (op_sim_time (), SSC_STOP);
    }
    else
    {
    op_intrpt_schedule_self (start_time, SSC_START);

    /* In this case, also schedule the interrupt when we will stop      */
    /* generating packets, unless we are configured to run until        */
    /* the end of the simulation.                                       */
    if (stop_time != SSC_INFINITE_TIME)
        {
        op_intrpt_schedule_self (stop_time, SSC_STOP);
        }

    next_intarr_time = oms_dist_outcome (interarrival_dist_ptr);

    /* Make sure that interarrival time is not negative. In that case it */
    /* will be set to 0.                                                  */
    if (next_intarr_time <0)
    {
    next_intarr_time = 0.0;
    }
}
```

最后，初始化状态入口程序并对统计量进行注册，代码如下：

```
/* Register the statistics that will be maintained by this model.   */
bits_sent_hndl          = op_stat_reg ("Generator.Traffic Sent (bits/sec)",
        OPC_STAT_INDEX_NONE, OPC_STAT_LOCAL);
packets_sent_hndl       = op_stat_reg ("Generator.Traffic Sent (packets/sec)",
        OPC_STAT_INDEX_NONE, OPC_STAT_LOCAL);
```

```
packet_size_hndl       = op_stat_reg ("Generator.Packet Size (bits)", OPC_STAT_INDEX_NONE,
        OPC_STAT_LOCAL);
interarrivals_hndl   = op_stat_reg ("Generator.Packet Interarrival Time (secs)", OPC_STAT_INDEX_NONE,
OPC_STAT_LOCAL);
```

状态 init 的出口代码如下，用以判断当前的中断类型。

```
/* Determine the code of the interrupt, which is used in evaluating     */
/* state transition conditions.                                          */
intrpt_code = op_intrpt_code ();
```

请读者思考：若将此处的出口代码搬移至入口代码结尾处，可否？

2) 状态 generate

入口代码调用 oms_dist_outcome()函数，生成满足特定随机分布的发包间隔，并赋给状态变量 next_intarr_time。以 next_intarr_time 为间隔，预设下一次发包的自中断。代码如下：

```
/* At the enter execs of the "generate" state we schedule the           */
/* arrival of the next packet.                                           */
next_intarr_time = oms_dist_outcome (interarrival_dist_ptr);

/* Make sure that interarrival time is not negative. In that case it    */
/* will be set to 0.                                                     */
if (next_intarr_time <0)
        {
        next_intarr_time = 0;
        }
next_pk_evh = op_intrpt_schedule_self (op_sim_time () + next_intarr_time, SSC_GENERATE);
```

由于时间间隔 next_intarr_time 是随机产生的，可能出现负值，不满足物理意义，代码中做了如下处理：当小于 0 时，重新设置为 0。

状态 generate 的出口代码与 init 的出口代码类似，均用于判断当前的中断类型。

3) 状态 stop

当仿真终止时，通过删除产生包的自中断事件，停止数据流，代码如下：

```
if (op_ev_valid (next_pk_evh) == OPC_TRUE)
 {
 op_ev_cancel (next_pk_evh);
 }
```

2. 状态转移逻辑

在状态转移图中，状态之间是通过状态转移线连接的。在满足状态转移条件下，起点状态将首先执行转移函数(如果存在)，然后转移到目标状态。状态转移图正是通过状态之间的逐次转移实现各种复杂的逻辑功能的。以下将通过 simple_source 中各个状态之间的转移，分析该进程的逻辑关系。

1) init 到 generate 的状态转移

状态 init 到状态 generate 的转移条件是 START，是定义于 HB 中的宏，可写作：

```
#define    START    (intrpt_code == SSC_START)
```

在上述宏定义中，intrpt_code 是定义于 TV 的临时变量；SSC_START 是以“#define SSC_START 0”定义于 HB 中的宏，宏 SSC_START 作为 init 中自中断函数 op_intrpt_schedule_self (start_time, SSC_START)的中断代码。该自中断函数以仿真开始时间 start_time 预设自中断，并加入到仿真事件表中。其中，状态变量 start_time 中的获取方式如下：

```
op_ima_obj_attr_get (own_id, "Start Time", &start_time);
```

由于 init 为非强制状态，当执行完入口代码后将被阻塞，并转移仿真控制权给仿真内核。当 init 预设的自中断事件(代码为 SSC_START、仿真时间为 start_time)成为表首事件后，simple_source 进程将重新获得控制权，并运行 init 的出口代码：

```
intrpt_code = op_intrpt_code ();
```

由于当前中断为代码为 SSC_START 的自中断，op_intrpt_code()将返回 SSC_START 并对 intrpt_code 赋值。

执行完 init 出口代码之后，将判决转移条件；此时，START 为真，因而继续运行执行函数 ss_packet_generate()，该函数的代码定义于 FB 中，代码如下：

```
static void
ss_packet_generate (void)
    {
    Packet*                 pkptr;
    double                  pksize;

    /** This function creates a packet based on the packet generation        **/
    /** specifications of the source model and sends it to the lower layer.  **/
    FIN (ss_packet_generate ());

    /* Generate a packet size outcome.                                        */
    pksize = (double) ceil (oms_dist_outcome (pksize_dist_ptr));

    /* Create a packet of specified format and size.                          */
    if (generate_unformatted == OPC_TRUE)
        {
        /* We produce unformatted packets. Create one.                        */
        pkptr = op_pk_create (pksize);
        }
    else
        {
    /* Create a packet with the specified format.                             */
    pkptr = op_pk_create_fmt (format_str);
    op_pk_total_size_set (pkptr, pksize);
    }
```

```
/* Update the packet generation statistics.                    */
op_stat_write (packets_sent_hndl, 1.0);
op_stat_write (packets_sent_hndl, 0.0);
op_stat_write (bits_sent_hndl, (double) pksize);
op_stat_write (bits_sent_hndl, 0.0);
op_stat_write (packet_size_hndl, (double) pksize);
op_stat_write (interarrivals_hndl, next_intarr_time);

/* Send the packet via the stream to the lower layer.          */
op_pk_send (pkptr, SSC_STRM_TO_LOW);

FOUT;
}
```

函数 ss_packet_generate()会产生一个随机长度为 pksize 的数据包，并将其发送到网络协议栈的下层(因为业务量在网络协议的上层产生和处理。对于协议栈而言，在发送时自上而下，在接收时自下而上)。同时，也完成对已注册统计量的写入工作。

2) generate 状态的自转移

状态 generate 到 stop 的转移条件是 PACKET_GENERATE，在 HB 中的定义为: #define SSC_GENERATE 1。该宏是 generate 中下一发包到时的自中断函数中断代码，如下所示：

```
next_pk_evh = op_intrpt_schedule_self (op_sim_time () + next_intarr_time, SSC_GENER
-ATE);
```

当满足 PACKET_GENERATE 条件时，将首先执行 ss_packet_generate()函数，产生并发送一个数据包。generate 状态一直进行自转移，并不断在随机的发包间隔后生成和发送下一个数据包，直到到达仿真停止时刻为止。

3) 转向 stop 的转移过程

当到达仿真终止时刻后，无论是 init 还是 generate，都将转移至状态 stop，执行删除生成包事件的操作。二者的转移条件是相同的，代码如下：

```
#define        DISABLED              (intrpt_code == SSC_STOP)
#define        STOP                  (intrpt_code == SSC_STOP)
```

simple_source 进程模型中 HB 的完整代码如下：

```
/* Include files.          */
#include    <oms_dist_support.h>

/* Special attribute values.          */
#define        SSC_INFINITE_TIME          -1.0

/* Interrupt code values.          */
#define        SSC_START              0
#define        SSC_GENERATE           1
#define        SSC_STOP               2
```

```
/* Node configuration constants.    */
#define         SSC_STRM_TO_LOW              0

/* Macro definitions for state      */
/* transitions.                     */
#define         START                   (intrpt_code == SSC_START)
#define         DISABLED                (intrpt_code == SSC_STOP)
#define         STOP                    (intrpt_code == SSC_STOP)
#define         PACKET_GENERATE         (intrpt_code == SSC_GENERATE)

/* Function prototypes.             */
static void             ss_packet_generate (void);
```

6.1.2 队列的处理方法

队列处理是 M/M/1 模型的核心内容，其利用了 OPNET 的队列与子队列机制，实现于 queue 队列模块中。模块 queue 的队列模型是 acb_fifo(位于 OPNET/14.5A/models/std/base 目录下)，该模型的状态转移图如图 6.4 所示。

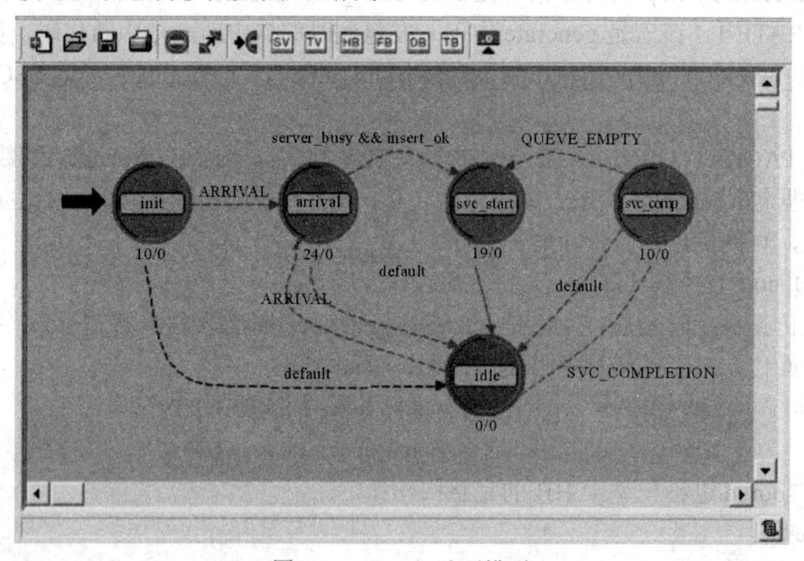

图 6.4 acb_fifo 队列模型

先分析队列模型 acb_fifo 的状态和转移关系。

1. 状态分析

1) 状态 init

该状态为初始状态，用非强制状态实现，主要完成初始服务状态设置(将状态变量 server_busy 赋初值为 0)和获取服务速率等初始化工作。代码如下：

```
/* initially the server is idle                              */
server_busy = 0;
```

```
/* get queue module's own object id                                  */
own_id = op_id_self ();

/* get assigned value of server processing rate                      */
op_ima_obj_attr_get (own_id, "service_rate", &service_rate);
```

2) 状态 arrival

该强制状态尝试将接收的数据包加入到子队列 0 的队尾，并对加入队列标志 insert_ok 进行设置。若队列已满，则销毁已接收的数据包。代码如下：

```
/* acquire the arriving packet.                                      */
/* multiple arriving streams are supported.                          */
pkptr = op_pk_get (op_intrpt_strm ());

/* attempt to enqueue the packet at tail of subqueue 0.              */
if (op_subq_pk_insert (0, pkptr, OPC_QPOS_TAIL) != OPC_QINS_OK)
    {
    /* the inserton failed (due to a full queue) deallocate the packet. */
    op_pk_destroy (pkptr);

    /* set flag indicating insertion fail.                           */
    /* this flag is used to determine transition out of this state. */
    insert_ok = 0;
    }
else{
    /* insertion was successful                                      */
    insert_ok = 1;
    }
```

3) 状态 svc_start

状态 svc_start 为强制状态，进行开始队列服务的相关处理。该状态访问(不从队列中移除)接收的数据包，获取数据包长度并以服务速率计算服务时间；之后，以服务时间为间隔预设服务终止的自中断，并将服务状态置为忙。代码如下：

```
/* get a handle on packet at head of subqueue 0 */
/* (this does not remove the packet)                                 */
pkptr = op_subq_pk_access (0, OPC_QPOS_HEAD);

/* determine the packets length (in bits)                            */
pk_len = op_pk_total_size_get (pkptr);

/* determine the time required to complete service of the packet */
pk_svc_time = (double) pk_len / service_rate;
```

```
/* schedule an interrupt for this process                    */
/* at the time where service ends.                           */
op_intrpt_schedule_self (op_sim_time () + pk_svc_time, 0);

/* the server is now busy.                                   */
server_busy = 1;
```

4) 状态 svc_compl

状态 svc_compl 为强制状态，处理与结束队列服务相关的工作。该状态将已处理的数据包从队列中移除，并强制发给包流线指向的模块。此时，对一个数据包的处理已经结束，因而将服务状态重置为闲，准备下一次队列服务。相应的代码如下：

```
/* extract packet at head of queue; this                     */
/* is the packet just finishing service                      */
pkptr = op_subq_pk_remove (0, OPC_QPOS_HEAD);

/* forward the packet on stream 0, causing                   */
/* an immediate interrupt at destination.                    */
op_pk_send_forced (pkptr, 0);

/* server is idle again.                                     */
server_busy = 0;
```

5) 状态 idle

此状态为非强制状态，无入口和出口代码，用于阻塞进程和实现状态的转移。

2. 状态转移分析

进程在执行完初始状态(为强制性状态)后，若满足转移条件 ARRIVAL，则立即转移到下一个强制性状态 arrival (请读者注意：此时初始状态的执行是由流中断引起的(参看宏 ARRIVAL 的定义))；若不满足，则转向 idle。转移条件 ARRIVAL 定义于 acb_fifo 队列模型的 HB 中，表征流中断，代码如下：

```
#define    ARRIVAL      op_intrpt_type () == OPC_INTRPT_STRM)
```

由于 idle 为非强制性状态，将在执行完入口代码后发生阻塞。若有新包到达队列模块，则流中断将激活 idle，并执行出口代码。之后，进程将判断转移条件。由于此时的中断类型为流中断(满足 ARRIVAL 转移条件)，因而 idle 转移的下个一状态为 arrival。请读者思考：转向 arrival 的两种条件的含义区别。

若转入 arrival，该状态将把新到达的数据包加入到子队列中，并立即进行状态转移(arrival 为强制状态)。若队列闲并且包成功插入子队列(!server_busy && insert_ok)，则转入 svc_start 开始执行数据包的队列处理；反之，转向 idle，等待触发事件。

若 arrival 转向 svc_start，则 svc_start(为强制状态)将预设服务终止自中断，并立即无条件转移至非强制状态 idle。当到达服务终止时间，终止自中断激活 idle 后，idle 将转移至下一个状态 svc_compl，转移条件为 SVC_COMPLETION，代码为：

```
#define SVC_COMPLETION    op_intrpt_type () == OPC_INTRPT_SELF
```

注意：服务终止自中断是 acb_fifo 队列模型中唯一的自中断，因而不需要辨识自定义代码；否则，将可能产生歧义。

进入 svc_compl 状态后，将进行结束队列处理并发送数据包，并立即进行状态转移：若满足 QUEUE_EMPTY(#define QUEUE_EMPTY　(op_q_empty ()))，则转移至 svc_start，继续开始下一个包的队列处理；否则，队列中已无包，将转到 idle，等待来包触发。

请读者自行绘制 acb_fifo 队列的流程图，并分析 FSM 是否涵盖了所有可能情况，以及有无重复处理的情况。

6.2　M/M/1 队列模型整体分析

排队论是通信网的基础理论之一，传统的分析方法是基于随机理论进行数学模型的建模和求解。近年来，随着网络仿真技术的发展，形成了以模拟队列的个体行为为特征的网络仿真方法；本节所介绍的 M/M/1 队列模型及实验就是采用了网络仿真的分析方法。

排队论仿真是针对一个或多个队列展开的，因而仅需要一个节点，并且可以在逻辑场景中实现。本例中 M/M/1 队列模型是在逻辑场景 MM1 下的单节点 mm1_node 中实现的，参看图 6.5。

图 6.5　M/M/1 队列的网络域建模

节点 mm1_node 由三个模块通过包流线串联而成，如图 6.6 所示。

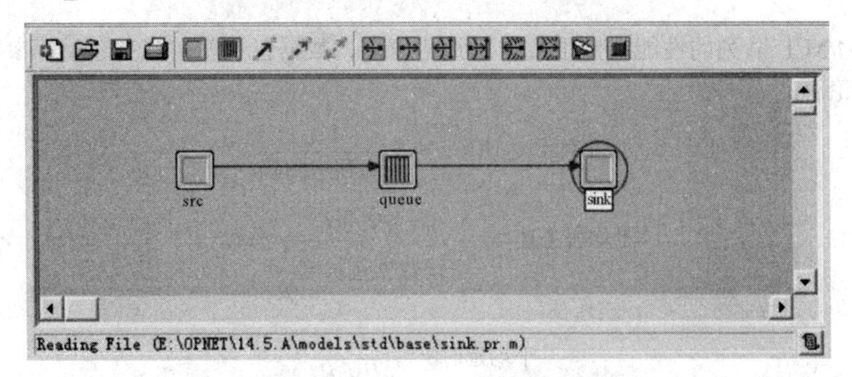

图 6.6　mm1_node 的节点域建模

其中，模块 src 和 queue 已经在前面作了介绍，分别用于数据源和队列处理。sink 模块的作用较为简单，仅对接收的数据包进行销毁，并收集统计量。模块 sink 的关键代码如下：

```
/* Obtain the incoming packet.              */
pkptr = op_pk_get (op_intrpt_strm ());

/* Caclulate metrics to be updated.         */
pk_size = (double) op_pk_total_size_get (pkptr);
ete_delay = op_sim_time () - op_pk_creation_time_get (pkptr);

/* Update local statistics.                 */
⋮

/* Destroy the received packet.             */
op_pk_destroy (pkptr);
```

综合上述分析，我们可以看到队列模型的整体逻辑：首先由 src 随机地产生数据包，并由包流发送至 queue；然后，由队列模块 queue 进行队列处理，并发送至 sink；最后由 sink 销毁包，并释放存储空间。

6.3 M/M/1 队列实验

6.3.1 目的和原理

1. 实验目的

(1) 学习队列建模的方法，特别是数据产生和队列处理的方法。

(2) 通过仿真，分析 M/M/1 队列的延时特性与队列长度的关系。

2. 实验原理

(1) M/M/1 队列由先进先出(FIFO)缓冲形成，数据包的到达和数据包的发送都服从于泊松分布。

(2) M/M/1 队列的性能决定于数据包到达速率、数据包长度、服务容量等参数。根据排队论理论有：

$$\text{平均到达速率}\lambda=\frac{1}{\text{平均到达间隔}}$$

$$\text{平均服务速率}=\frac{\text{服务容量}C}{\text{平均数据包长度}\dfrac{1}{\mu}}=\mu C$$

$$\text{平均延时}\overline{W}=\frac{1}{\mu C-\lambda}$$

$$平均队列长度\bar{L}=\frac{\lambda}{\mu C-\lambda}$$

如果数据包到达速率和数据包长度的乘积超过了服务容量，系统将不再稳定。不稳定的队列在实际设计中是应当规避的，只有稳定的队列才能实现正常的通信。

6.3.2 实验的过程

1. 创建队列节点

新建工程名为 TXW_MM1，场景名为 MM1(使用工程向导，建立空的逻辑场景)的工程。在项目编辑器窗口中，建立一个 Node Model 模型，命名为 mm1。

1) 数据源模块

(1) 单击工具栏中“Create Processor”，放置一个处理器模块于工作区。

(2) 右击处理器模块选择“Edit Attributes”，设置“name”为 src、“process model”为 simple source。

(3) 单击“Packet Interval Time”→value，“Distribution name”设置为 exponential，“Mean Outcome”设置为 1.0。

(4) 设置 Packet Size 属性：分布类型设置为均值为 9000 b/p 的指数型分布。

(5) 设置完的节点属性如图 6.7 所示，单击“OK”完成设置。

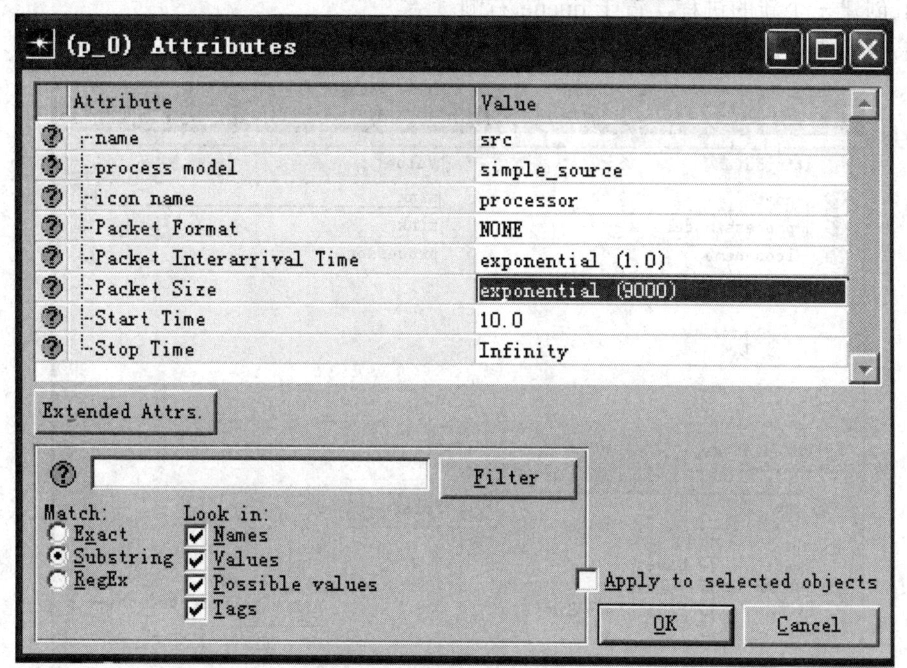

图 6.7　模块 src 的属性设置

2) 队列模块

(1) 单击“Create Queue”，放置一个队列模块到 src 右侧。

(2) 设置属性，如图 6.8 所示。

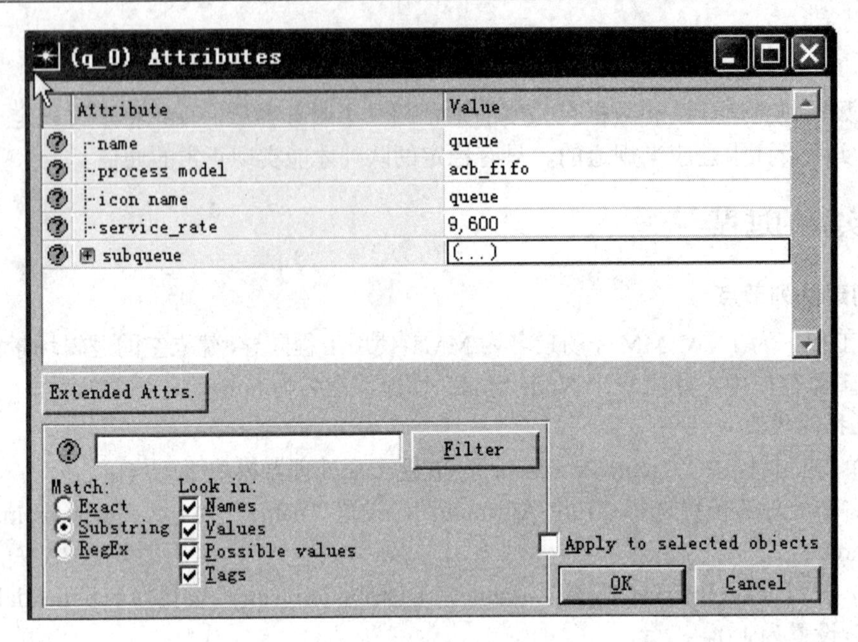

图 6.8　模块 queue 的属性设置

3) 数据池-内存管理

(1) 创建一个新的进程，置于 queue 右侧。

(2) 设置模块属性，如图 6.9 所示。

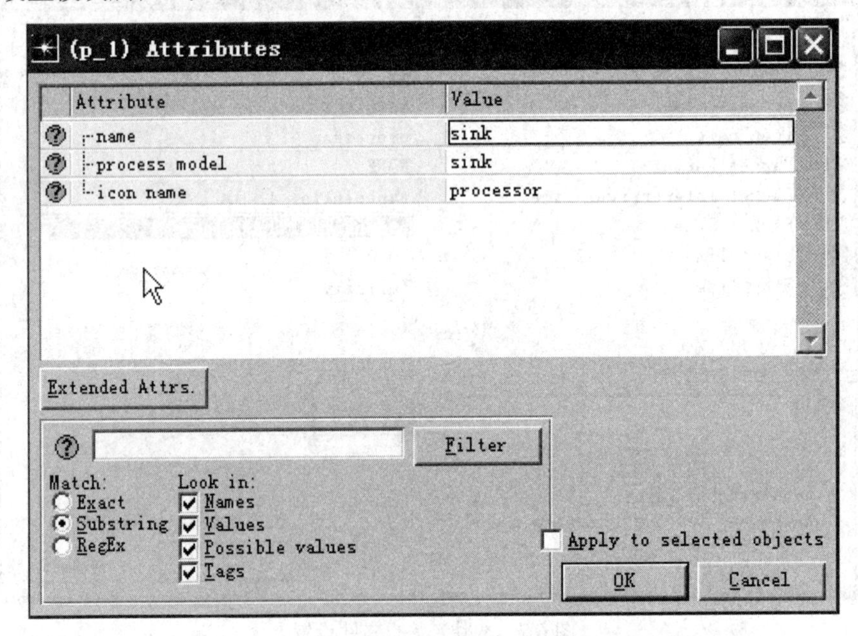

图 6.9　模块 sink 的设置

4) 数据包流

(1) 单击工具栏“Create Packet Stream”，单击 src 和 queue，建立包流连接。

(2) 建立 queue 和 sink 之间的包流连接，如图 6.10 所示。

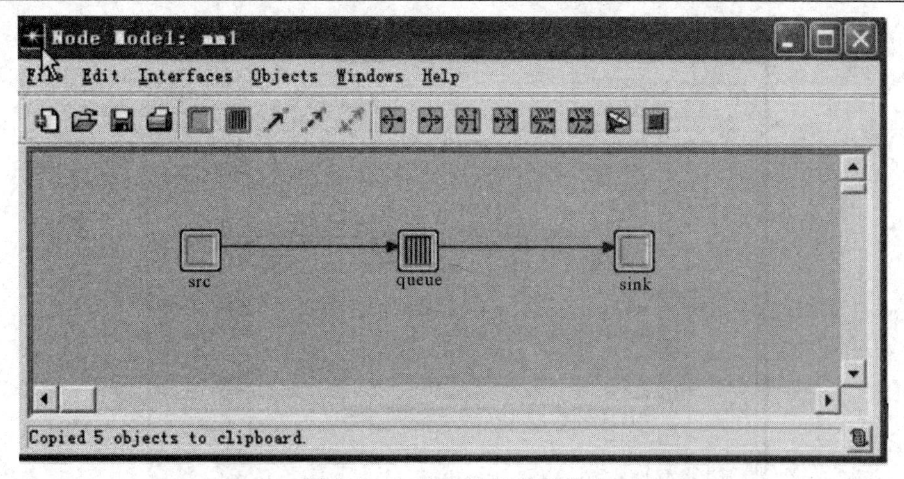

图 6.10　M/M/1 队列节点模块

5) 节点类型

(1) 执行 interface→node interface 命令，打开 node interface 编辑器。

(2) 将网络设置为仅支持固定网络，如图 6.11 所示。

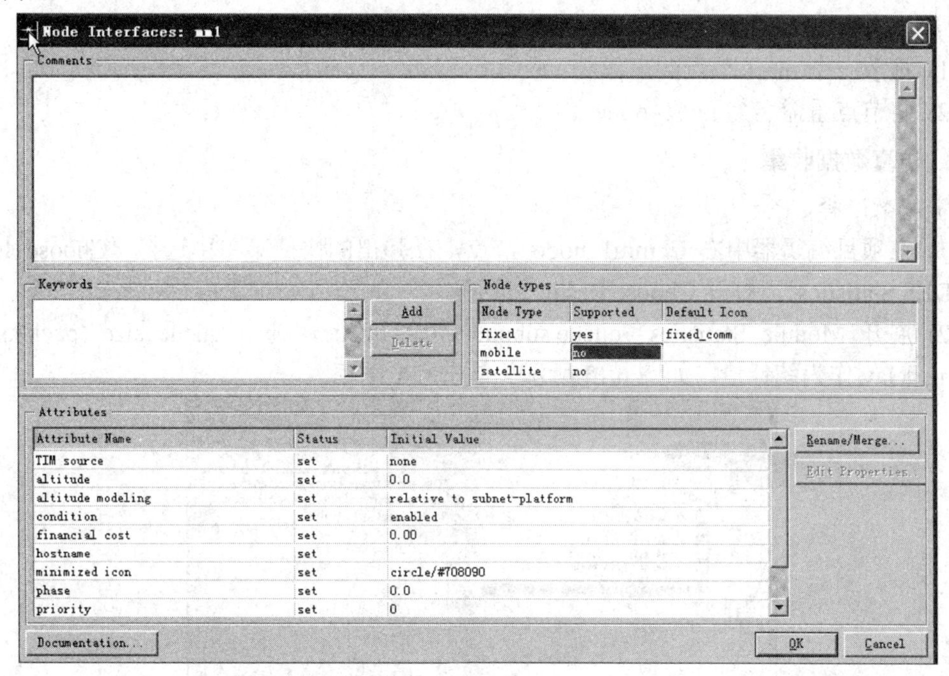

图 6.11　固定节点设置

通过上述步骤，节点模型已经建立完成，保存节点为 mm1，退出。

2. 创建网络

1) 创建自定义对象模板

(1) 在项目编辑器下单击“open object palette”工具，打开对象模块对话框。

(2) 搜索并选中 mm1 节点模型，如图 6.12 所示。

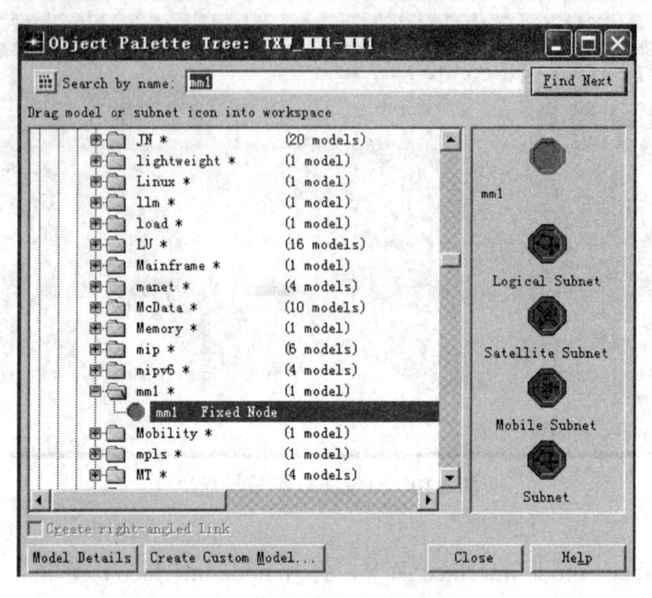

图 6.12　对象模块对话框

2) 网络模型

(1) 拖放一个 mm1 节点到工作区。

(2) 将节点重命名为 mm1_node。

3. 仿真数据收集

1) 参数选择

(1) 在项目编辑器中右击 mm1_node 节点，在弹出的快捷菜单中选择“Choose Individual DES Statistics”，打开 Choose Result 对话框。

(2) 展开 Module Statistics→queue.subqueue[0]→queue，选中 queue size (packets) 和 queuing delay 作为统计量，如图 6.13 所示。单击 OK 结束。

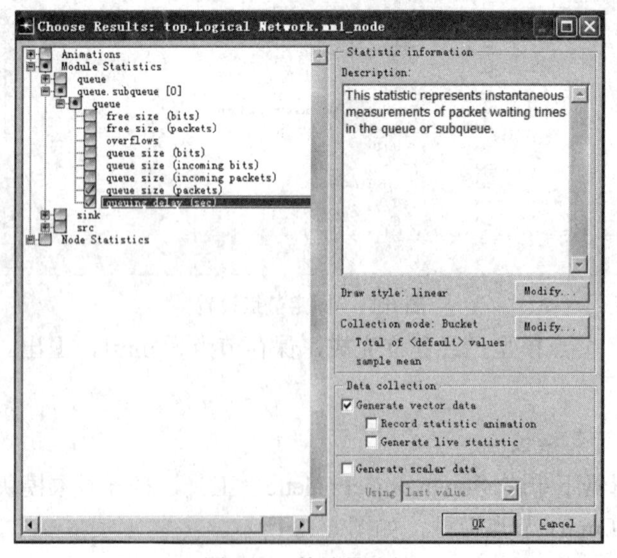

图 6.13　统计量选择

2) 运行仿真

(1) 在项目编辑器中单击“Create/Run Discrete Event Simulation”按钮，打开 Configure/Run DES 对话框。

(2) 如图 6.14 所示设置仿真参数。

(3) 单击“Run”运行仿真。

(4) 仿真结束后，关闭 Simulation Progress 对话框。

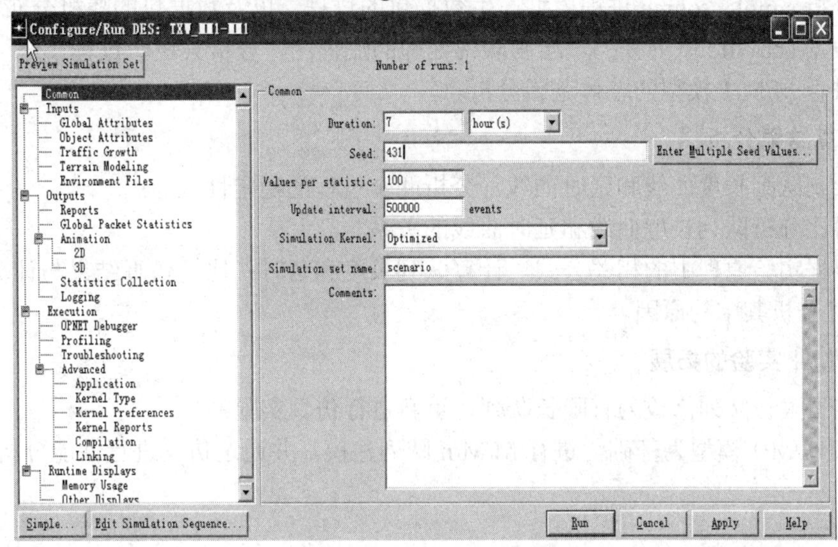

图 6.14　仿真参数的设置

3) 查看仿真结果

(1) 单击 View Result 工具，打开 Result Browser 窗口。

(2) 如图 6.15 设置 Result Browser 选项，生成平均延时仿真图形。

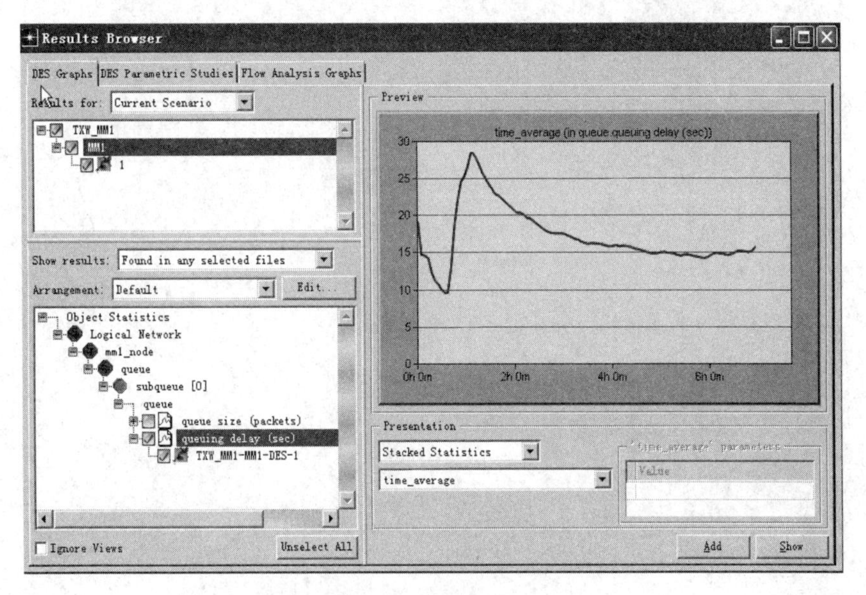

图 6.15　延时特性仿真

(3) 单击 show 按钮，生成图形窗口，并选择 hide 关闭该窗口。

(4) 同理，生成 queue size(packets)曲线。

6.3.3 关于实验的思考

1. 仿真模型的结构分析

(1) 分析 simple_source 进程模型产生数据包的过程，以及数据包的随机分布特点。

(2) 根据 acb_fifo 队列模型，绘制队列处理的流程图，分析其逻辑过程。

(3) 进行 M/M/1 模型的整体逻辑分析。

2. 仿真结果分析

(1) 绘制队列长度曲线和延时曲线，分析两个过程的稳定性。

(2) 对比分析队列长度曲线和延时曲线的关系。

(3) 根据实验原理中的相关公式，计算队列长度和延时；比较仿真结果与计算结果是否一致，并分析其中的原因。

3. M/M/1 实验的拓展

(1) 将无限长队列修改为有限长队列，重新进行仿真实验。

(2) 以 M/M/1 模型为基础，进行 M/M/n 队列建模，并通过仿真进行性能分析。

第七章　CSMA和ALOHA的性能对比仿真

本章将以以太网为例论述总线型网络的建模方法，重点对数据链路层的MAC关键技术进行建模分析。并以此为基础，开展CSMA和ALOHA的网络性能对比实验。

7.1　以太网建模

以太网是一种重要的计算机局域网组网方式，采用了总线型的网络建模方法，节点通过总线进行信息的发送和接收。

7.1.1　总线收发模型

总线模型是通过收、发节点对象和总线对象共同构建的；其中，总线对象又分为总线(Bus)和总线接头(Tap)两种对象。发送节点通过总线发送机，将数据包传至总线接头；再由总线接头将包发送至总线中，在总线中进行数据传输与共享。接收机通过接头接收来自总线的数据包，然后在接收节点中进行数据处理。总线收发的逻辑如图7.1所示，其中：接收机模块、发送机模块可分别构建接收节点和发送节点；接收机和发送机一起可构建同时具有接收和发送功能的收发节点。

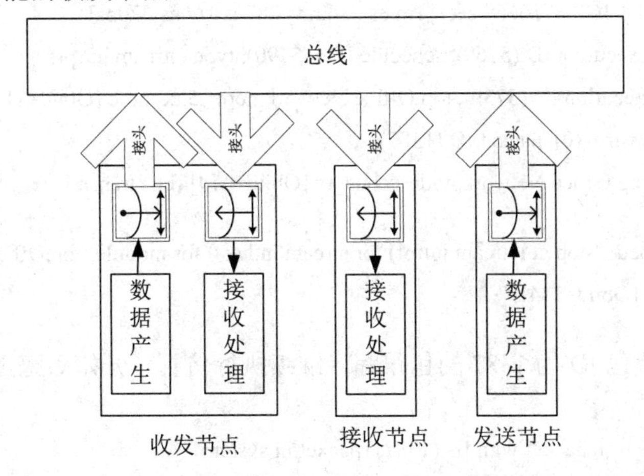

图7.1　总线收发逻辑

如上文所述，总线中的数据传输过程实质上是总线的各个管道阶段依次处理的过程，如图7.2所示。

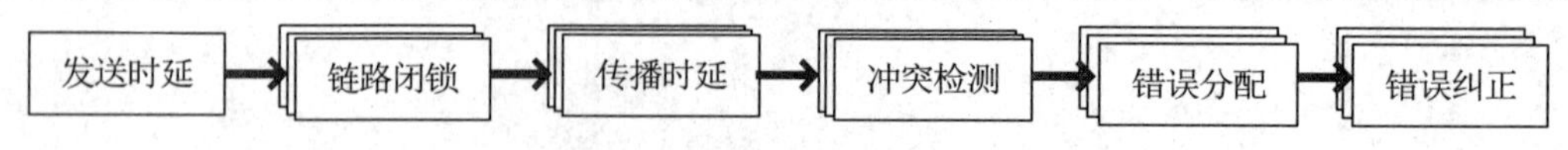

图 7.2　总线管道阶段

如图 7.2 所示，对于一个发送包的传输而言，发送时延仅需计算一次；而对于其他管道阶段，则需要根据接收机的数量进行多次的计算和处理。

7.1.2　总线管道阶段的跟踪

本小结以 CSMA 媒介访问方式(MAC)下的以太网为例(参看实验部分)，跟踪 node_5 节点发送的两个数据包(packet ID 分别为 1387 和 1533，发包间隔符合 exponential(20)分布)；从中分析数据包的传输和处理过程，重点考察总线管道阶段的工作过程。

1. 数据包碰撞实例

1) 设置断点跟踪的过程

(1) 首先，可对 node_5 中连接发送机模块 bus_tx(参看实验)的包流对象设置任意事件断点，ODB 调试信息如下：

```
ODB> intstop 114 stream 0
Added breakpoint #1: stop at (stream intrpt) for stream index 0 for module (top.Office Network.node_5.bus_tx [Objid=114])
```

(2) 继续执行，直到到达 ID 为 1387 的包流事件：

```
ODB> continue

___________________________(ODB 14.5.A: Event) ___________________________

  * Time    :  68.36288716667 sec, [1m 8s . 362ms 887us 166ns 670ps]
  * Event   :  execution ID (5769), schedule ID (#5790), type (stream intrpt)
  * Source  :  execution ID (5739), top.Office Network.node_5.tx_proc [Objid=113] (processor)
  * Data    :  instrm (0), packet ID (1387)
  > Module  :  top.Office Network.node_5.bus_tx [Objid=114] (bus transmitter)

breakpoint #1 trapped: "stop at (stream intrpt) for stream index 0 for module (top.Office Network.node_5.bus_tx [Objid=114])"
```

(3) 然后，设置包 ID 为 1387 的包跟踪，继续执行仿真，开始跟踪过程。

```
ODB> pktrace 1387
Added trace #0: trace on packet with ID (1387) (packet in system)

ODB> continue
```

2) 包跟踪信息分析

在数据包传输开始时，内核首先执行总线发送机，其对象 ID、信道号和包 ID 如下：

```
Kernel Action: Bus Transmitter object
          Beginning transmission of packet(s)
          module              (114)
          channel             (0)
          packet ID           (1387)
```

继而，进入总线的第一个管道阶段——发送延时(txdel)。在本模型的总线中，发送延时以 dbu_txdel 总线管道函数为模型。

函数 dbu_txdel 位于\OPNET\14.5.A\models\std\links 目录下，代码如下：

```
void
dbu_txdel_mt (OP_SIM_CONTEXT_ARG_OPT_COMMA Packet * pkptr)
        {
        OpT_Packet_Size        pklen;
        Objid                  tx_ch_obid;
        double                         tx_drate, tx_delay;

        /** Compute the transmission delay associated with                    **/
        /** a packet transmission on a bus link.                              **/
        FIN_MT (dbu_txdel (pkptr));

        /* Obtain object id of transmitter channel forwarding transmission.  */
        tx_ch_obid = op_td_get_int (pkptr, OPC_TDA_BU_TX_CH_OBJID);

        /* Obtain the transmission rate of the channel.                       */
        if (op_ima_obj_attr_get (tx_ch_obid, "data rate", &tx_drate) ==
        OPC_COMPCODE_FAILURE)
                op_sim_end ("Error in bus transmission delay pipeline stage        (dbu_txdel):",
                        "Unable to get transmission rate from channel attribute.", OPC_NIL, OPC_NIL);

        /* Obtain length of packet.                                           */
        pklen = op_pk_total_size_get (pkptr);

        /* Compute time required to complete transmission of packet.          */
        tx_delay = pklen / tx_drate;

        /* Place transmission delay in packet transmission data.              */
        op_td_set_dbl (pkptr, OPC_TDA_BU_TX_DELAY, tx_delay);

        FOUT
        }
```

管道函数 dbu_txdel 首先获取发送信道的对象 ID，然后读取当前数据包(packet ID 为 1387)的包长度。最后，由包长度和数据传输速率之比设置发送延时。在此例中，包长度为 1024 bit，数据传输速率为 1024 bps，故发送延时为 1 秒。

与 dbu_txdel 执行过程相对应，发送延时管道阶段的调试信息如下：

```
Kernel Action: Bus pipeline
        Calling (txdel) pipeline stage
        module              (114)
        packet ID           (1387)

          +- op_td_get_int (pkptr, tda_index)
          |        packet ID        (1387)
          |        TDA attribute        (OPC_TDA_BU_TX_CH_OBJID)
          |        TDA value        (116)
          +-------

          +- op_pk_total_size_get (pkptr)
          |        packet ID            (1387)
          |        total size            (1,024)
          +-------

          +- op_td_set_dbl (pkptr, tda_index, value)
          |        packet ID            (1387)
          |        TDA attribute        (OPC_TDA_BU_TX_DELAY)
          |        TDA value            (1.0 sec. [1s])
          +-------
```

在执行发送延时之后，仿真内核将首先预设终止传输的自中断(中断标识号为 5792)，相关设置如下：

```
Kernel Action: Scheduling end of packet transmission
    packet ID               (1387)
    end transmission ID (5792)
```

然后，进入链路闭锁阶段，对所有接收机进行链路匹配的判决：若匹配，则复制要传输的数据包(传输包本身也可发送至接收机，此时不需要复制)，准备向接收机发送；否则，不向接收机发送数据包。以对象 ID 为 53 的接收机(该接收机信道 0 的对象 ID 为 55)为例，其链路闭锁阶段的管道调试信息如下：

```
          +- Evaluating receiver channel ID (55)
          |
          |  Kernel Action: Bus pipeline
          |        Calling (closure) pipeline stage
          |        module              (114)
          |        packet ID           (1387)
```

```
    |
    |+- op_td_set_int (pkptr, tda_index, value)
    ||          packet ID               (1387)
    ||          TDA attribute           (OPC_TDA_BU_CLOSURE)
    ||          TDA value               (OPC_TRUE)
    |+-------
    |
    |  Kernel Action: Copying packet
    |         original packet      (1387)
    |         copy packet          (1388)
    +-------
```

而对象 ID 为 287 的接收机(该接收机信道 0 的对象 ID 为 289)则不需要复制包，其将接收 1387 数据包本身，相关管道信息如下：

```
+- Evaluating receiver channel ID (289)
    |
    |  Kernel Action: Bus pipeline
    |         Calling (closure) pipeline stage
    |         module                 (114)
    |         packet ID              (1387)
    |
    |+- op_td_set_int (pkptr, tda_index, value)
    ||          packet ID               (1387)
    ||          TDA attribute           (OPC_TDA_BU_CLOSURE)
    ||          TDA value               (OPC_TRUE)
    |+-------
```

在执行链路闭锁之后，仿真内核将执行传播时延阶段。该阶段将获取收发机之间的距离和单位距离时延，并计算传播时延。该阶段实现于 dbu_propdel.ps.c 管道函数中，相关代码如下：

```
/* Determine ID of bus supporting the transmission.                       */
bus_obid = op_td_get_int (pkptr, OPC_TDA_BU_LINK_OBJID);

/* Determine the propagation delay per unit distance assigned to this bus . */
if (op_ima_obj_attr_get (bus_obid, "delay", &unit_delay) ==
    OPC_COMPCODE_FAILURE)
    op_sim_end ("Error in bus propagation delay pipeline stage (dbu_propdel):", "Unable to get
propagation delay from bus attribute.", OPC_NIL, OPC_NIL);

/* Get the distance between transmitter and receiver.                     */
prop_distance = op_td_get_dbl (pkptr, OPC_TDA_BU_DISTANCE);
```

```
/* Compute the propagation delay for the reception of the packet.                */
prop_delay = unit_delay * prop_distance;

/* Place propagation delay in packet transmission data attribute.                */
op_td_set_dbl (pkptr, OPC_TDA_BU_PROP_DELAY, prop_delay);
```

以下为传播时延阶段的管道调试信息(接收机 Objid 为 287)：

```
| Kernel Action: Bus pipeline
|         Calling (propdel) pipeline stage
|         module                (114)
|         packet ID             (1387)
|
|+- op_td_get_int (pkptr, tda_index)
||          packet ID             (1387)
||          TDA attribute         (OPC_TDA_BU_LINK_OBJID)
||          TDA value             (25)
|+-------
|
|+- op_td_get_dbl (pkptr, tda_index)
||          packet ID             (1387)
||          TDA attribute         (OPC_TDA_BU_DISTANCE)
||          TDA value             (325.0 m)
|+-------
|
|+- op_td_set_dbl (pkptr, tda_index, value)
||          packet ID             (1387)
||          TDA attribute         (OPC_TDA_BU_PROP_DELAY)
||          TDA value             (0.0 sec. [0s])
|+-------
```

在传播时延之后，仿真内核将预设以接收机为目标的接收开始和接收终止远程中断。

```
| Kernel Action: Scheduling packet reception
|         packet ID             (1387)
|         start reception ID    (5833)
|         end reception ID      (5834)
+-------
```

当接收开始中断(schedule ID (#5833))到来时，接收机将开始接收数据包的过程相关信息如下：

```
___________________________ (ODB 14.5.A: Event) ___________________________

   * Time   :   68.36288716667 sec, [1m 8s . 362ms 887us 166ns 670ps]
```

```
* Event   :  execution ID (5791), schedule ID (#5833), type (remote (start reception))
* Source  :  execution ID (5769), top.Office Network.node_5.bus_tx [Objid=114] (bus transmitter)
* Data    :  channel (0), packet ID (1387)
> Module  :  top.Office Network.node_18.bus_rx [Objid=287] (bus receiver)

    Kernel Action: Bus Receiver object
        Beginning reception of packet
        module          (287)
        channel         (0)
        packet ID       (1387)
```

在接收 1387 包的过程中，该接收机(Objid=287)又接收到了 pk id 为 1386 的数据包(前者来自 node_5，后者来自 node_12)。因而，在冲突检测阶段，将 1386 包和 1387 包判断为冲突包，并将冲突数加 1。相关的调试信息如下：

```
_____________________________ (ODB 14.5.A: Event) _____________________________

* Time    :  68.36288716667 sec, [1m 8s . 362ms 887us 166ns 670ps]
* Event   :  execution ID (5812), schedule ID (#5876), type (remote (start reception))
* Source  :  execution ID (5770), top.Office Network.node_12.bus_tx [Objid=205] (bus transmitter)
* Data    :  channel (0), packet ID (1386)
> Module  :  top.Office Network.node_18.bus_rx [Objid=287] (bus receiver)

  * Kernel Action: Bus pipeline
        Calling (collision) pipeline stage
        arriving pk id    (1386)
        previous pk id    (1387)

  +- op_td_get_dbl (pkptr, tda_index)
  |       packet ID          (1387)
  |       TDA attribute      (OPC_TDA_BU_END_RX)
  |       TDA value          (69.36288716667 sec. [1m 9s . 362ms 887us 166ns 670ps])
  +-------

  +- op_td_get_int (pkptr, tda_index)
  |       packet ID          (1387)
  |       TDA attribute      (OPC_TDA_BU_NUM_COLLS)
  |       TDA value          (0)
  +-------

  +- op_td_set_int (pkptr, tda_index, value)
  |       packet ID          (1387)
  |       TDA attribute      (OPC_TDA_BU_NUM_COLLS)
```

```
        |       TDA value              (1)
        +-------
```

之后，数据源节点 node_5 执行终止传输自中断(schedule ID (#5792))，相关信息如下：

```
________________________ (ODB 14.5.A: Event) ________________________

   * Time    :  69.36288716667 sec, [1m 9s . 362ms 887us 166ns 670ps]
   * Event   :  execution ID (5855), schedule ID (#5792), type (self (end transmission))
   * Source  :  execution ID (5769), top.Office Network.node_5.bus_tx [Objid=114] (bus transmitter)
   * Data    :  channel (0)
   > Module  :  top.Office Network.node_5.bus_tx [Objid=114] (bus transmitter)

        Kernel Action: Bus Transmitter object
              Completing transmission of packet(s)
              module            (114)
              channel           (0)
              packet ID         (1387)
```

数据宿节点 node_18 执行终止接收自中断，并进行错误分配和错误纠正的处理。错误分配根据包长度和误码率计算误码比特数。而错误纠正根据是否包碰撞和是否实际误码率达到门限要求，决定是否接收数据包(以传输数据属性 OPC_TDA_BU_PK_ACCEPT 表征)。

错误纠正实现于 dbu_ecc.ps.c 管道函数中，关键代码如下：

```
/* A packet will be rejected outright under one of two conditions:       */
/* 1. If the packet was affected by any collisions.                       */
/* 2. If the receiving node was disabled during reception.                */
if ((op_td_get_int (pkptr, OPC_TDA_BU_NUM_COLLS) != 0) ||
    (op_td_is_set (pkptr, OPC_TDA_BU_ND_FAIL)))
    {
    accept = OPC_FALSE;
    }
else
    {
    /* Obtain object id of receiver accepting transmission.             */
    rx_obid = op_td_get_int (pkptr, OPC_TDA_BU_RX_OBJID);

    /* Obtain the error correction threshold of the receiver.           */
    if (op_ima_obj_attr_get (rx_obid, "ecc threshold", &ecc_thresh)
        == OPC_COMPCODE_FAILURE)
        {
        op_sim_end ("Error in bus error correction pipeline stage (dbu_ecc):",
            "Unable to get error correction threshold from receiver attribute.",
            OPC_NIL, OPC_NIL);
```

```
        }

    /* Obtain length of packet.                                  */
    pklen = op_pk_total_size_get (pkptr);

    /* Obtain number of errors in packet.                        */
    num_errs = op_td_get_int (pkptr, OPC_TDA_BU_NUM_ERRORS);

    /* Test if bit errors exceed threshold.                      */
    if (pklen == 0)
        accept = OPC_TRUE;
    else
        accept = ((((double) num_errs) / pklen) <= ecc_thresh) ? OPC_TRUE : OPC_FALSE;
    }

/* Place flag indicating accept/reject in transmission data block.     */
op_td_set_int (pkptr, OPC_TDA_BU_PK_ACCEPT, accept);
```

执行终止接收远程中断，进行错误分配和错误纠正的调试信息如下：

```
____________________________ (ODB 14.5.A: Event) ____________________________

   * Time   :  69.36288716667 sec, [1m 9s . 362ms 887us 166ns 670ps]
   * Event  :  execution ID (5876), schedule ID (#5834), type (remote (end reception))
   * Source :  execution ID (5769), top.Office Network.node_5.bus_tx [Objid=114] (bus transmitter)
   * Data   :  channel (0), packet ID (1387)
   > Module :  top.Office Network.node_18.bus_rx [Objid=287] (bus receiver)

       Kernel Action: Bus Receiver object
           Completing reception of packet
           module              (287)
           channel             (0)
           packet ID           (1387)

       Kernel Action: Bus pipeline
           Calling (error) pipeline stage
           module              (287)
           packet ID           (1387)

      +- op_td_get_int (pkptr, tda_index)
      |     packet ID          (1387)
      |     TDA attribute      (OPC_TDA_BU_LINK_OBJID)
      |     TDA value          (25)
      +-------
```

```
+- op_pk_total_size_get (pkptr)
|        packet ID            (1387)
|        total size           (1,024)
+-------

+- op_td_set_int (pkptr, tda_index, value)
|        packet ID            (1387)
|        TDA attribute        (OPC_TDA_BU_NUM_ERRORS)
|        TDA value            (0 bit errs)
+-------

 Kernel Action: Bus pipeline
        Calling (ecc) pipeline stage
        module               (287)
        packet ID            (1387)

+- op_td_get_int (pkptr, tda_index)
|        packet ID            (1387)
|        TDA attribute        (OPC_TDA_BU_NUM_COLLS)
|        TDA value            (1)
+-------

+- op_td_set_int (pkptr, tda_index, value)
|        packet ID            (1387)
|        TDA attribute        (OPC_TDA_BU_PK_ACCEPT)
|        TDA value            (OPC_FALSE)
+-------
```

在经过上述总线管道处理之后，传输数据包(pk id = 1387)被拒绝接收，并由仿真内核销毁，相关信息如下：

```
 Kernel Action: Bus Receiver object
        Dropping packet
        Packet rejected by (ecc) pipeline stage
        module               (287)
        channel              (0)
        packet ID            (1387)

* Kernel Action: Destroying Packet
        packet ID            (1387)
```

2. 数据包成功传输的实例

应用上述包断点跟踪的方法，跟踪 1533 数据包，其经历了类似于 1387 包的总线管道过程。不同之处在于：接收机在接收 1533 包的过程中未收到其他的数据包。因而，冲突检测的结果为接收数据包。仍以 Objid 为 287 的接收机为例，在经历了各个管道阶段后，调试信息显示接收成功，如下所示：

```
Kernel Action: Bus Receiver object
                    Packet successfully received
                    module              (287)
                    channel             (0)
                    packet ID           (1533)
```

在接收机成功接收数据包后，接收处理模块(参看“收发模块建模”部分的接收模块 rx_proc)将获取该数据包并进行处理。处理结束后，该包已无存在意义，将被接收进程所销毁。相关的调试信息如下：

```
__________________________ (ODB 14.5.A: Event) __________________________

    * Time    :  77.004809695933 sec, [1m 17s . 004ms 809us 695ns 933ps]
    * Event   :  execution ID (6495), schedule ID (#6516), type (stream intrpt)
    * Source  :  execution ID (6455), top.Office Network.node_18.bus_rx [Objid=287] (bus receiver)
    * Data    :  instrm (0), packet ID (1533)
    > Module  :  top.Office Network.node_18.sink [Objid=286] (processor)

        +- op_pk_get (instrm_index)
        |         strm. index         (0)
        |         packet ID           (1533)
        +-------

        +- op_pk_total_size_get (pkptr)
        |         packet ID           (1533)
        |         total size          (1,024)
        +-------

        +- op_pk_creation_time_get (pkptr)
        |         packet ID           (1533)
        |         create time         (76.004809695933 sec. [1m 16s . 004ms 809us 695ns 933ps])
        +-------

        +- op_pk_destroy (pkptr)
        |         packet ID           (1533)
        |
        | * Kernel Action: Destroying Packet
```

```
|          packet ID          (1533)
+-------
```

7.2　收发节点的建模

发送和接收节点用来进行信号的发收(实现通信的信源和信宿功能)，是进行媒介竞争访问的终端。

7.2.1　发送节点的建模

CSMA 和 ALOHA 协议都是在发送节点中实现的。ALOHA 在发送过程中不侦听信道，不需要接收信号；而 CSMA 需要侦听信道后发送信号，因而既需要发送机也需要接收机。CSMA 和 ALOHA 的发送机模型如图 7.3 所示，CSMA 发送机可以看作是 ALOHA 发送机的扩展。

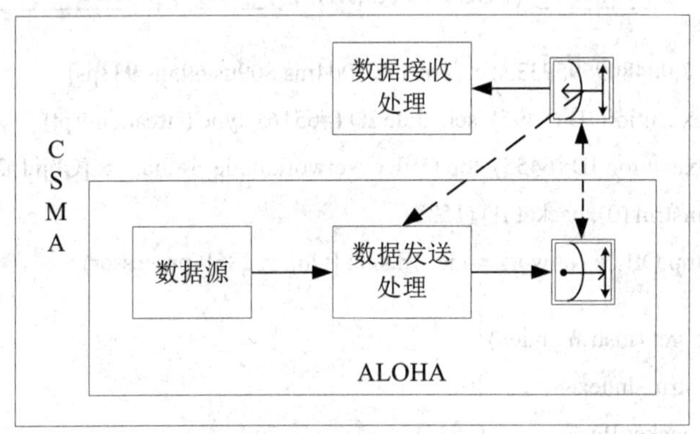

图 7.3　发送节点模型

图 7.3 中，单箭头实线表示包流线，在发送端从数据源经数据发送处理，将发送数据包传送至发送机；在接收端，将接收机收到的包传送至接收模块。而单箭头实线表示状态线，将接收机的信道忙(或闲)通知数据发送模块，实现信道侦听功能。双箭头虚线为逻辑线，关联收、发信机。

数据源模块负责随机产生数据包，可以通过我们前面介绍过的 simple_source 进程模型实现；数据接收处理只需将接收包销毁并释放内存即可，可以通过前面介绍的 sink 进程模型实现。以下重点分析一下数据发送处理的实现过程，其是实现 CSMA 和 ALOHA 算法的核心部分。

1. 基于 ALOHA 的发送处理

ALOHA 发送处理的有限状态机 aloha_tx 如图 7.4 所示。

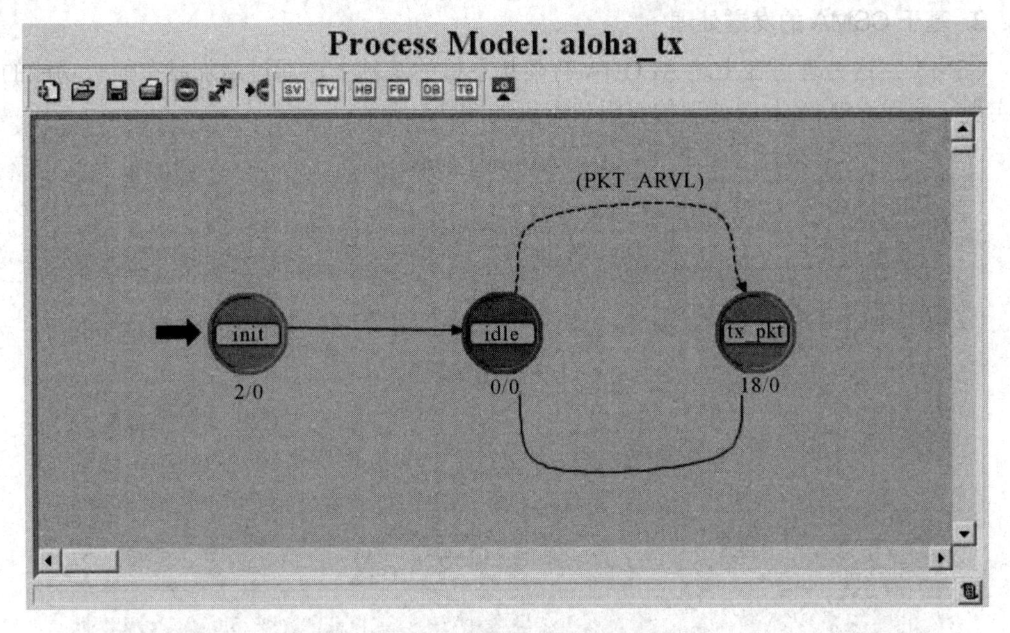

图 7.4 基于 ALOHA 的数据发送处理

如图 7.4 所示，首先在强制状态 init 进行初始化，读入仿真最大包数，代码如下：

```
op_ima_sim_attr_get_int32("max packet count", &max_packet_count);
```

之后，立即进入非强制状态 idle，等待来包；当满足包到达条件时，即转移到下一个 tx_pkt 状态。包到达条件为流中断，相应的宏定义如下：

```
#define PKT_ARVL   (op_intrpt_type()==OPC_INTRPT_STRM)
```

强制状态 tx_pkt 从输入包流中获取数据包，并将包发送至输出包流(传至发送机，进行发送)。同时，将总发包数 subm_pkts 增 1。需要注意，网络有多个节点，每个节点的发送包都要计入总发包数中；因而采用了全局变量定义方法，将变量加 extern 关键字定义于头文件中(代码为：extern int subm_pkts;)。执行上述功能的 tx_pkt 相关代码如下：

```
/* A packet has arrived for transmission. Acquire the packet from the input stream, send the packet and
update the global submitted packet counter. */
out_pkt=op_pk_get(IN_STRM);

op_pk_send (out_pkt,OUT_STRM);

++subm_pkts;
```

最后，tx_pkt 将判断仿真是否满足结束条件：一旦到达最大发包数，将停止仿真，否则继续执行仿真。相关代码如下：

```
/* simulation end decision */
if(subm_pkts==max_packet_count)
{
op_sim_end("max packet count reached.","","","");
}
```

2. 基于 CSMA 的发送处理

CSMA 发送处理可在上述 ALOHA 有限状态机的基础上，通过增加具有侦听功能的状态实现。实现 CSMA 发送处理的有限状态机如图 7.5 所示。

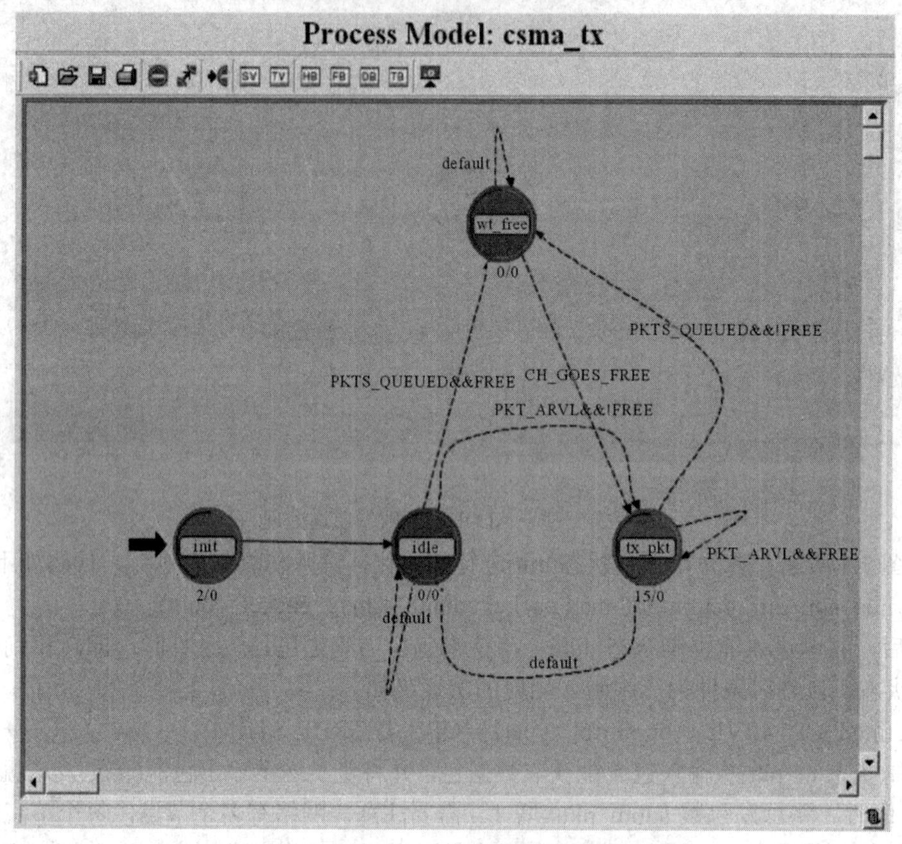

图 7.5　基于 CSMA 的数据发送处理

在图 7.5 中，新增状态 wt_free 为一个无代码的非强制状态；其任务是通过侦听等待信道由繁忙变为空闲，并实现状态的转移。CSMA 发送处理的主要状态转移关系如下：

(1) 当有包到达且信道空闲(PKT_ARVL&&FREE)时，由 idle 转向 tx_pkt 进行发送(与 ALOHA 情况类似，多了信道判决)；

(2) 当有包到达且信道繁忙(PKT_ARVL&&!FREE)时，由 idle 转向 wt_free，等待信道变为空闲；

(3) 当信道由繁忙变为空闲(CH_GOES_FREE)时，由 wt_free 转向 tx_pkt 进行包发送；

(4) 当有包未发且信道繁忙(PKTS_QUEUED&&!FREE)时，由 tx_pkt 转向 wt_free，等待信道变为空闲；

(5) 当有包未发且信道空闲(PKTS_QUEUED&&FREE)时，状态 tx_pkt 进行自转移，继续处理输入流中的数据包。

相关的宏定义如下：

```
#define FREE (op_stat_local_read(CH_BUSY_STAT)==0.0)
#define PKTS_QUEUED (!op_strm_empty(IN_STRM))
#define CH_GOES_FREE (op_intrpt_type()==OPC_INTRPT_STAT)
```

7.2.2　接收节点的建模

在接收节点中，由接收机从总线接收数据，然后通过包流线将接收包传到数据处理模块，接收节点模型如图 7.6 所示。

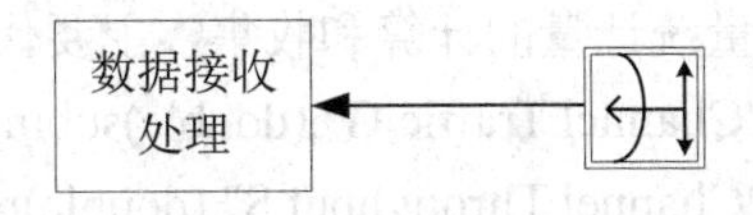

图 7.6　接收节点模型

接收处理模块主要完成统计量的统计和数据包的销毁，其进程模型如图 7.7 所示：

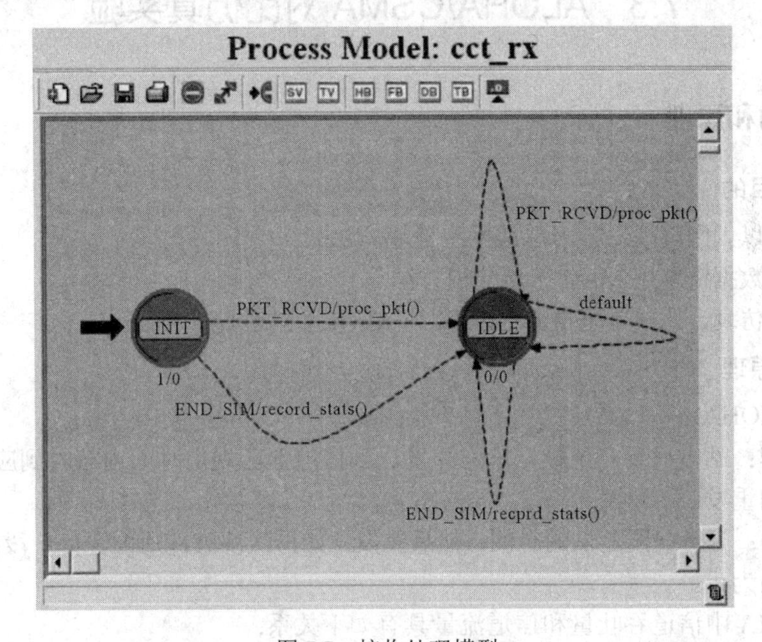

图 7.7　接收处理模型

在图 7.7 中，初始状态 INIT(强制状态)将状态变量 rcvd_pkts(表征接收到的包数量)初始化为 0 后，转向非强制状态 IDLE。实施状态转移的途径如下：

(1) 当接收到新包(PKT_RCVD)时，执行 proc_pkt()函数后，转向 IDLE；

(2) 当仿真结束(END_SIM)时，执行 record_stats()函数后，转向 IDLE。

PKT_RCVD 和 END_SIM 分别表征流中断和仿真结束中断，宏定义如下：

```
#define PKT_RCVD (op_ intrpt_type()==OPC_INTRPT_STRM)
#define END_SIM (op_intrpt_type()==OPC_INTRPT_ENDSIM)
```

状态 IDLE 本身不进行任何处理(无代码)，仅完成控制权转渡和运行执行代码的功能。IDLE 仅发生自转移，在仿真进行中的转移条件与从 INIT 转向 IDLE 的条件相同。

函数 proc_pkt()完成获取、计算和销毁数据包，主要代码如下：

```
/* get packet from bus receiver input stream */
in_pkt=op_pk_get(IN_STRM);

/* destroy the received packet. */
```

```
op_pk_destroy(in_pkt);

/*increnment the count of received packet*/
++rcvd_pkts;
```

函数 record_stats()完成标量统计量的计算和收集，主要代码如下：

```
op_stat_scalar_write("Channel Traffic G",(double)subm_pkts/cur_time);
op_stat_scalar_write("Channel Throughput S",(double)rcvd_pkts/cur_time);
```

7.3 ALOHA/CSMA 对比仿真实验

7.3.1 目的和原理

1. 实验目的

(1) 通过以太网建模，学习总线网络建模方法。

(2) 学习数据链路层 MAC 子层建模方法。

(3) 通过仿真，比较 1 坚持 CSMA 和纯 ALOHA 的性能。

2. 实验原理

1) 纯 ALOHA

工作原理：站点只要产生帧，就立即发送到信道上；规定时间内若收到应答，表示发送成功，否则重发。

重发策略：等待一段随机的时间，然后重发；如再次冲突，则再等待一段随机的时间，直到重发成功为止。

纯 ALOHA 中信道吞吐量和信道流量具有如下关系：

$$S = G\mathrm{e}^{-2G}$$

并可推知：

$$S_{\max} = \frac{1}{2\mathrm{e}} \approx 0.18$$

2) 1 坚持 CSMA

工作原理：发送节点在发送信息帧之前，必须侦听媒体是否处于空闲状态。当信道忙或发生冲突时，要发送帧的站点，不断持续侦听，一有空闲，便可发送。若收到应答，表示发送成功，否则重发。

重发策略：不断持续侦听，一有空闲，便可发送，直到重发成功为止。

1 坚持 CSMA 中信道吞吐量和信道流量具有如下关系：

$$S = \frac{G(1+G)\mathrm{e}^{-G}}{G+\mathrm{e}^{-G}}$$

并且有：

$$S_{\max}\Big|_{G=1.0}=0.5$$

7.3.2　实验过程

1. 创建进程

1) ALOHA 发信机的数据处理机进程

(1) 在 OPNET 主程序窗口，新建一个名为 aloha_tx 的进程(Process Model)。

(2) 在进程编辑器工具栏中，单击“Create State”，放置 3 个进程对象，如图 7.8 所示更改进程名和状态强制类型(图中深色 idle 为非强制状态，浅色 init 和 tx_pkt 为强制状态)。

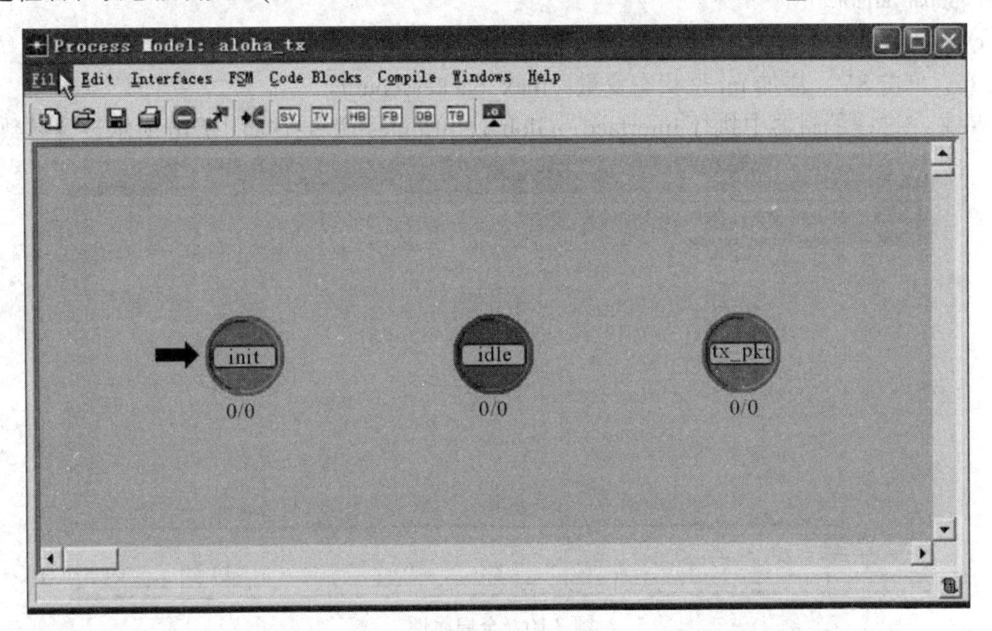

图 7.8　处理机进程

(3) 单击工具栏 “Create Transition”，如图 7.9 所示设置状态转移。

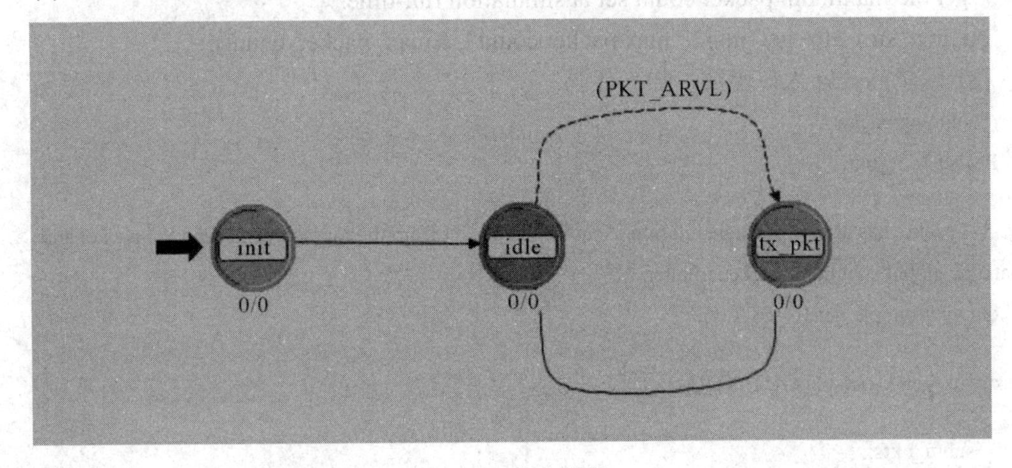

图 7.9　状态转移

(4) 在工具栏 HB 中加入头块代码，代码如下：

```
/* input stream from generator module.*/
#define IN_STRM 0

/* output stream to bus transmitter module.*/
#define OUT_STRM 0

/*condition macros*/
#define PKT_ARVL   (op_intrpt_type()==OPC_INTRPT_STRM)

/*global variables*/
extern int subm_pkts;
```

(5) 单击 SV，添加 int 型状态变量：max_packet_count。

(6) 在进程编辑器中执行 Interface→Global Attributes 命令；按图 7.10 所示设置参数。

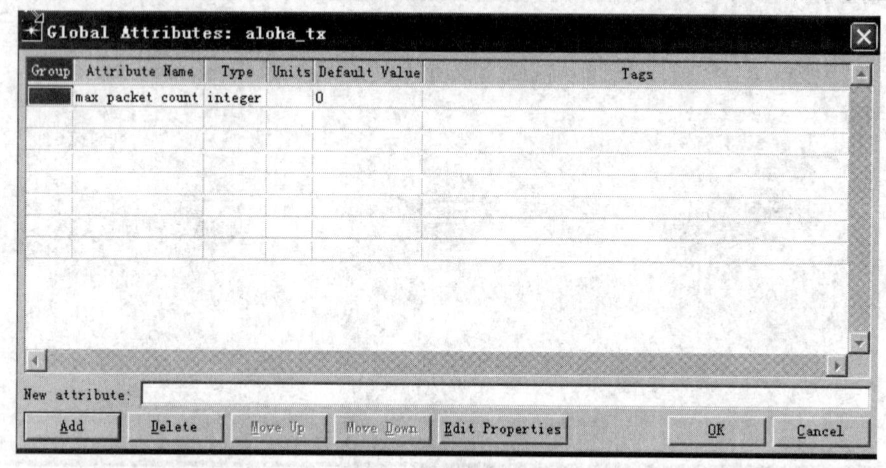

图 7.10　全局属性

(7) 编辑 init 入口函数，加入代码：

```
/*get the maximum packet count set at simulation run-time.*/
op_ima_sim_attr_get_int32("max packet count", &max_packet_count);
```

(8) 编辑 tx_pkt 入口函数，加入代码：

```
/*outgoing packet*/
Packet *out_pkt;

/* A packet has arrived for transmission. Acquire the packet from the input stream, send the packet and update the global submitted packet counter. */
out_pkt=op_pk_get(IN_STRM);

op_pk_send (out_pkt,OUT_STRM);

++subm_pkts;
```

```
/* simulation end decision */
if(subm_pkts==max_packet_count)
{
op_sim_end("max packet count reached.","","","");
}
```

(9) 在进程编辑器窗口中，执行 Interface→Process Interfaces，将所有属性的 Status 设置为 hidden，将 begsim intrpt 值设置为 enable，确定退出。

(10) 执行 Compile→Compile Code 命令，编译调试后，保存并退出。

2) CSMA 发信机的数据处理机进程

(1) 打开 aloha_tx 进程，另存为 csma_tx。

(2) 在 csma_tx 进程模型中，按图 7.5 所示修改状态转移图。

(3) 编辑头块，加入代码：

```
/* input statistics indices */
#define CH_BUSY_STAT 0

/* condition macros */
#define FREE (op_stat_local_read(CH_BUSY_STAT)==0.0)
#define PKTS_QUEUED (!op_strm_empty(IN_STRM))
#define CH_GOES_FREE (op_intrpt_type()==OPC_INTRPT_STAT)
```

(4) 编译该模型。

3) 通用收信机的数据处理机进程

(1) 建立名为 cct_rx 的接收机进程模型。

(2) 如图 7.7 所示，建立进程状态转移。

(3) 加入头块代码：

```
/* input stream from bus receiver */
#define IN_STRM 0

/* condition macros */
#define PKT_RCVD (op_intrpt_type()==OPC_INTRPT_STRM)
#define END_SIM (op_intrpt_type()==OPC_INTRPT_ENDSIM)

/* global variables */
int subm_pkts=0;
```

(4) 加入 int 型状态变量 rcvd_pkts。

(5) 单击 Function Block，在函数块中加入代码：

```
/* this function gets the received packet, destroys it, and logs the incremented received packet total. */
static void proc_pkt(void)
	{
	Packet* in_pkt;
```

```
        FIN(proc_pkt());

        /* get packet from bus receiver input stream */
        in_pkt=op_pk_get(IN_STRM);

        /* destroy the received packet. */
        op_pk_destroy(in_pkt);

        /*increnment the count of received packet*/
        ++rcvd_pkts;

        FOUT;
        }

/*this function writes channel triffic and throughput statistics at the end of simulation.*/
static void record_stats(void)
        {
        double cur_time;

        FIN(record_stats());

        cur_time=op_sim_time();

        /*final statistics*/
op_stat_scalar_write("Channel Traffic G", (double) subm_pkts/cur_time);
op_stat_scalar_write("Channel Throughput S",(double)rcvd_pkts/cur_time);

FOUT;
    }
```

(6) 在 init 入口，用语句“rcvd_pkts=0;”初始化接收包累加变量。

(7) 执行 Interface→Process Interfaces，将所有属性设置为 hidden，将 endsim intrpt 值设置为 enable。

(8) 编译进程。

2. 创建节点

1) ALOHA 发信机节点

(1) 建立名为 cct_aloha_tx 的节点模型。

如图 7.11 所示，在节点编辑器中，单击“Create Processor”，建立 gen 和 tx_proc 处理机模块。单击“Create Bus Transmitter”，建立 bus_tx 总线发信机模块。单击“Create Packet Stream”，连接模块。

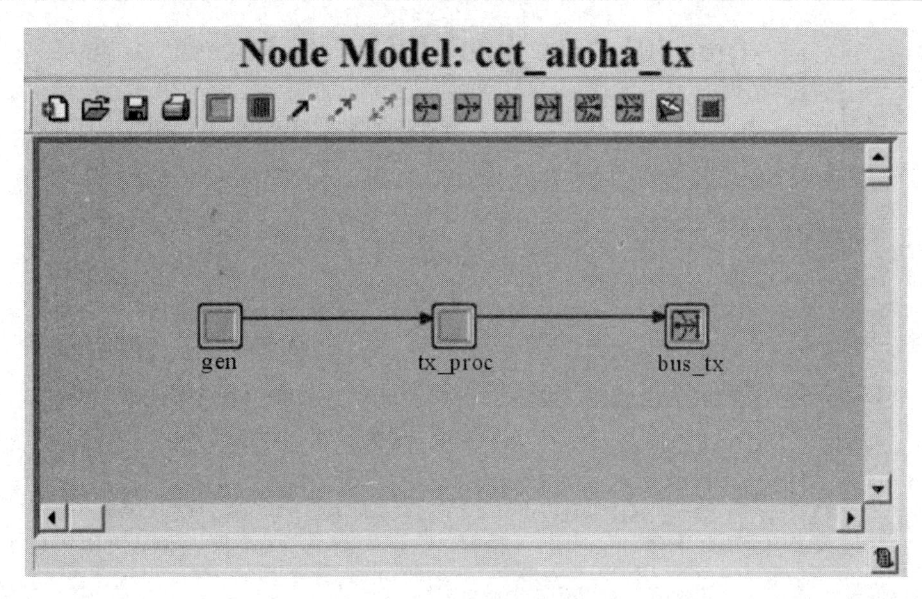

图 7.11　发送机节点

(2) 编辑 gen 模块。右击 gen，选择“Edit Attributes”，设定 process model 为 simple_source，“Packet Interval Time”(右击→Promote Attribute to High Level)为 promoted，如图 7.12 所示。

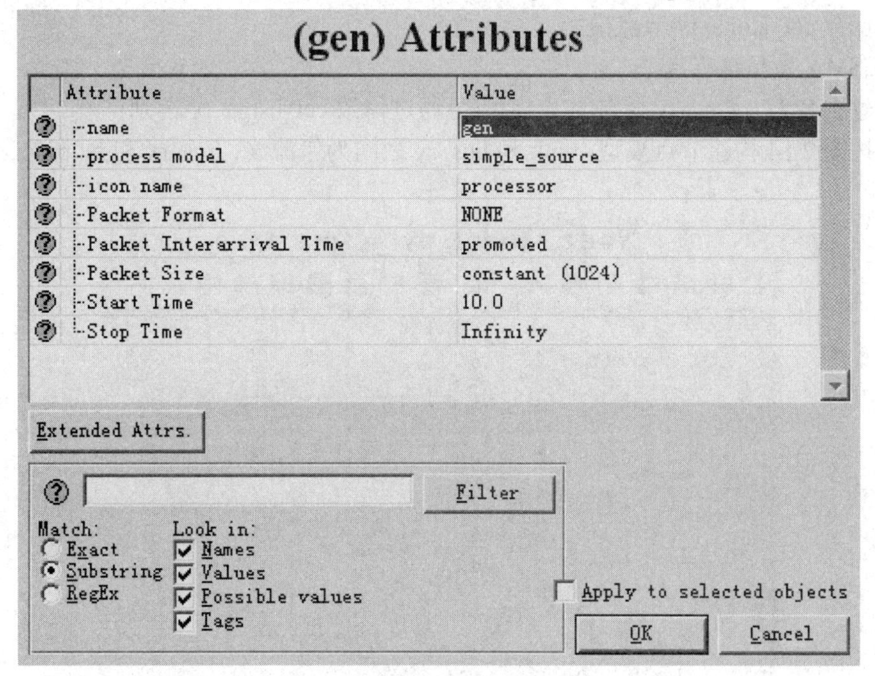

图 7.12　gen 属性

(3) 设置 tx_proc 模块 process model 属性为 aloha_tx。

(4) 同时选中(ctrl 键)两条包流，右击→Edit Attributes，设置属性如图 7.13 所示，选中“Apply changes to selected objects”，确认。

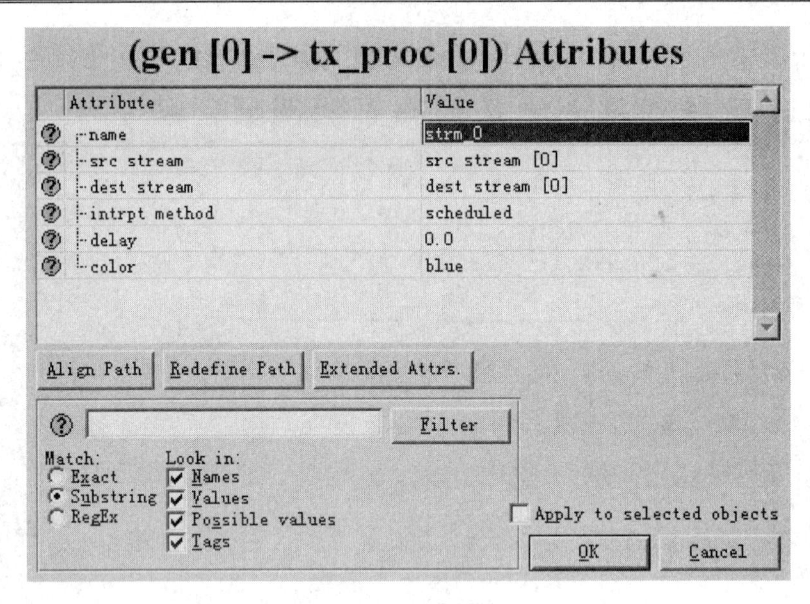

图 7.13　包流属性

(5) Interfaces→node interfaces，设置为仅支持固定节点。将 gen.Pack interval Time 除外的 attributes 都设置为 hidden。

(6) 保存 cct_aloha_tx 节点模型。

2) CSMA 发信机节点

(1) 建立名为 cct_csma_tx 的节点模型(可通过修改 cct_csma_tx 得到)。

(2) 按图 7.14 构建节点模型：sink 和 bus_rx 之间为包流线；bus_rx 和 tx_proc 之间为状态线。

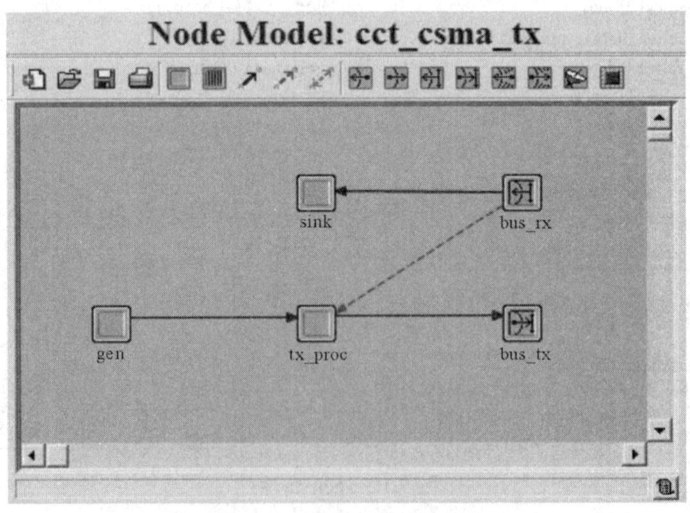

图 7.14　CSMA 发送机节点

(3) 将模块 tx_proc 的模型属性改为 csma_tx。

(4) 右击统计线→Edit Attribute，将 rising edge trigger 设置为 disabled。

(5) 保存 cct_csma_tx 节点。

3) 收信机节点

(1) 新建 cct_ rx 节点模型。

(2) 如图 7.15 所示，建立 processor 和 bus receiver 模块，并通过包流线连接。

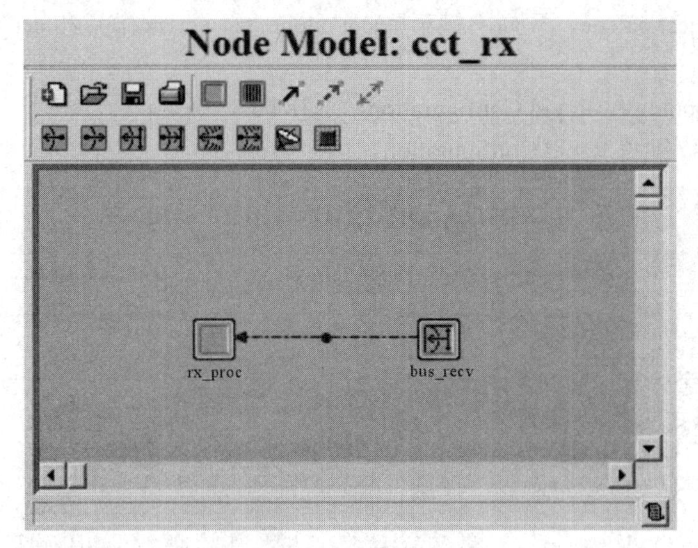

图 7.15　收信机节点模型

(3) 将 rx_proc 的 process model 设置为 cct_rx。

(4) 将该节点设置为固定节点，并将所有的节点属性设置为 hidden。

(5) 保存该节点。

3. 创建总线型以太网络

1) 链路模型

(1) 新建一个名为 cct_link 的 Link Model 模型。

(2) 按图 7.16 所示设置链路，并保存。

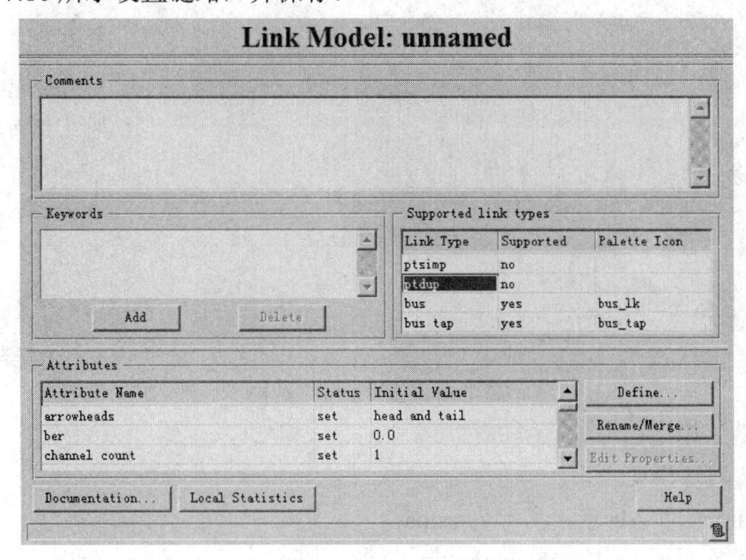

图 7.16　链路模型

2) ALOHA 网络模型

(1) 在 OPNET 主程序窗口，新建一个名为 cct_network 的工程。使用向导，建立一个名为 aloha 的办公室场景，设定 size 为 700 m×700 m。

(2) 打开 object palette，添加(右键菜单)cct_aloha_tx、cct_rx 节点和 cct_link 至当前场景面板。

(3) 执行 Topology→Rapid Configuration，选择 bus，确定。

(4) 按图 7.17 配置 Rapid Configuration。

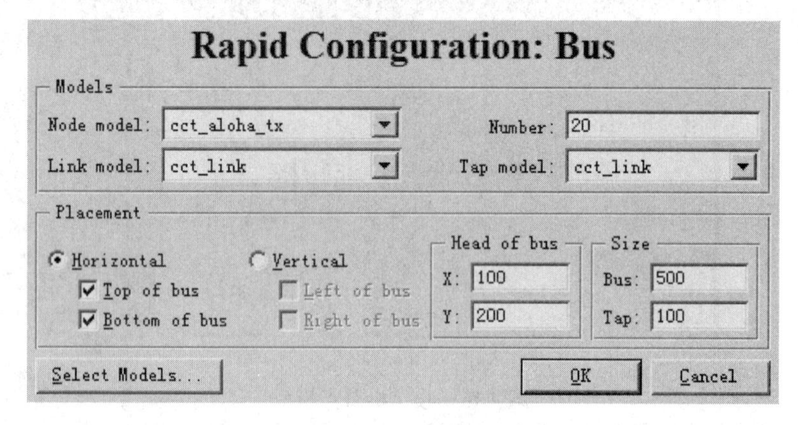

图 7.17　快速配置网络参数

(5) 从对象面板添加一个 cct_rx 节点，并作从总线(单击)到接收机(单击)的 cct_link 连接，如图 7.18 所示。

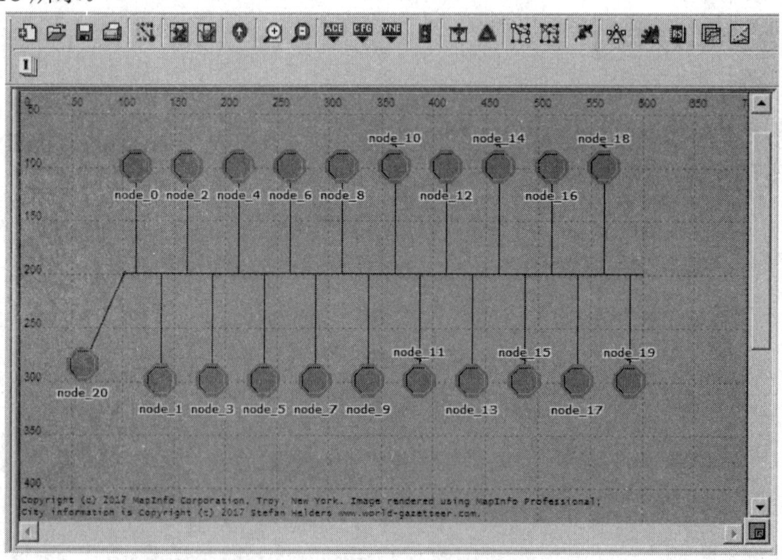

图 7.18　总线型网络结构

(6) 保存网络模型。

3) CSMA 网络模型

(1) 打开 aloha 网络场景，另存为 csma。

(2) 编辑对象面板：去除 cct_aloha_tx 节点；加入 cct_csma_tx 节点。

(3) 编辑发信机属性：右击某个发信机节点，选择“Select Similar Nodes”，选中所有节点；在任一个发信机节点上右击，选择编辑属性，选中“apply changes to selected objects”，将 model 属性改为 cct_csma_tx。

(4) 将所有发信机节点的 bus tap 分别增加接收功能。

(5) 保存 csma 节点。

4. 仿真实验

1) ALOHA 仿真实验

(1) 打开 cct_network→aloha scenario。

(2) 执行 DES→configure/run discrete event simulation，打开 configure/run DES 窗口。

(3) 在图 7.19 的仿真界面中，编辑 global attributes，并且 apply。

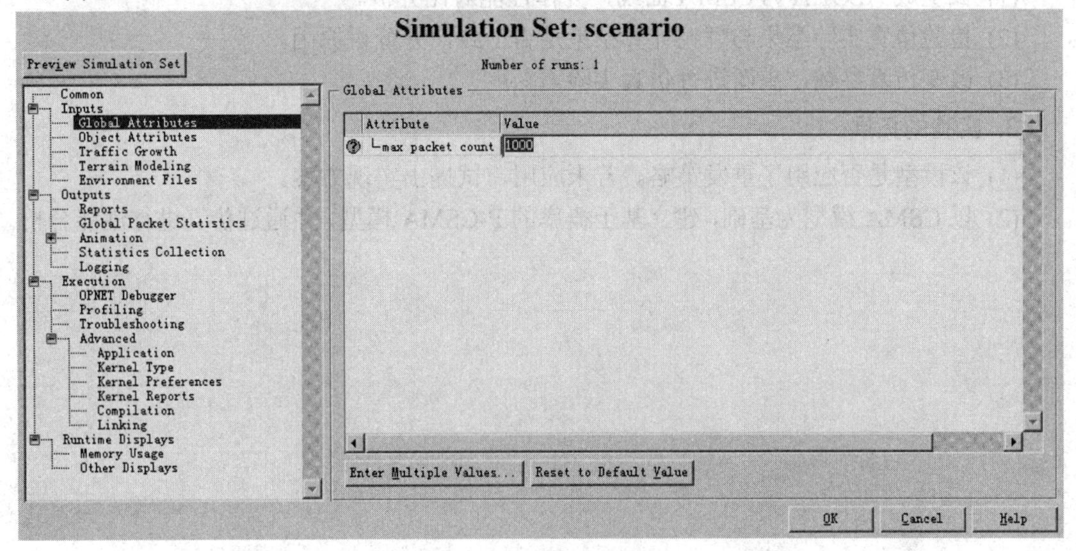

图 7.19　仿真参数设置

(4) 设置 Object Attributes：添加 gen. Packet Interval Time 属性；将该属性设置为多值指数型随机变量，均值分别为：20、30、40、…、180，并应用设置。可在仿真序列编辑窗口中，查看仿真序列。执行 scenarios→scenario components→export，命名为 cct_seq，输出该序列。

(5) 以仿真时间为 3 小时，运行仿真。

(6) 数据收集：

首先执行 view results→DES parametric studies 命令；之后，在标量统计量中选择 G 为横坐标，S 为纵坐标，观察吞吐量与负载关系；最后，执行 show 命令，保存该图形。

2) CSMA 仿真实验

(1) 打开 cct_network→csma scenario。

(2) 执行 scenarios→scenario components→import，选择 simulation sequence，并在列表中选择 cct_seq，确定。

(3) 打开 configure/run DES 窗口，类似 aloha 检查设定。

(4) 运行仿真。

(5) 类似 aloha 实验，进行数据收集。

7.3.3 实验的再思考

1. 仿真模型的结构分析

(1) 分析发送数据处理和接收数据处理的进程模型结构，并绘制流程图。

(2) 比较在发送数据处理中 ALOHA 和 CSMA 建模方法的异同。

(3) 体会数据链路层 MAC 子层的建模方法。

(4) 通过 ODB 跟踪，分析总线链路管道阶段的工作过程。

2. 仿真结果分析

(1) 试生成 ALOHA vs CSMA 曲线，并作性能对比分析。

(2) 检验仿真实验结果与理论计算结果是否一致，并分析原因。

(3) 改变仿真参数，重新进行仿真实验。

3. 实验的拓展

(1) 该模型是否应用了重发策略。若未应用，试提出实现方案。

(2) 以 CSMA 模型为基础，建立基于概率的 P-CSMA 模型，并通过仿真进行性能分析。

第八章 无线网络仿真

通信网的发展要求通信具有任意性，可以随时随地地进行通信。与这种发展潮流相顺应，无线网络的应用越来越广泛、作用越来越突出。无线网络的仿真建模可以分析无线网络的性能、优化网络结构，具有重要的应用价值。

8.1 无线网络建模

无线网络的传播路径具有开放性和任意性的特点。较之有线网络，信道要复杂得多(加性噪声的影响不可忽略，还可能存在多种衰落效应)，经常要采用调制、编码等多种关键技术，以便适应移动信道的特点。同时，在无线网络中，节点经常是可移动的。无线网络建模必须体现上述特点，因而较之有线网络，无线网络建模具有更大的复杂性。

8.1.1 无线链路通信

无线网络是以无线链路进行通信的，而无线链路是通过无线管道阶段实现的。如前所述，无线管道阶段是面向数据包的，主要包括十三个阶段，依次为发送时延、链路闭锁、信道匹配、发信机天线增益、传播时延、收信机天线增益、收信机功率、误比特率、信噪比、干扰噪声、背景噪声、错误分配、错误纠正。对于一次数据包传输而言，发送延时阶段仅需要计算一次，而其他阶段都要对可能接收到信号的不同无线接收机分别进行计算。

本小节以全向天线(isotropic)模式下的无线传输为例(参看本章实验部分)，跟踪 id 为 1 的数据包，观察无线管道中各个阶段的工作过程。

以下为发信机无线管道阶段工作工程，包括发送时延(txdel)、链路闭锁(closure)、信道匹配(chanmatch)、发信机天线增益(tagain)、传播时延(propdel)五个阶段。读者可参看第四章无线通信中的 4.1.3 小节和表 4.3 以及第五章的 5.1.4 小节的传输类核心函数部分，分析发送阶段的工作过程。无线管道阶段相关信息如下：

```
Kernel Action: Radio Transmitter object
        Beginning transmission of packet(s)
        module          (21)
        channel         (0)
        packet ID       (1)
```

首先，进入发送时延管道阶段，通过包长度除以传码率计算发送时延值。调试信息如下：

```
Kernel Action: Radio pipeline
      Calling (txdel) pipeline stage
      module              (21)
      packet ID           (1)

+- op_td_get_dbl (pkptr, tda_index)
|       packet ID           (1)
|       TDA attribute       (OPC_TDA_RA_TX_DRATE)
|       TDA value           (1,024.0 bps)
+-------

+- op_pk_total_size_get (pkptr)
|       packet ID           (1)
|       total size          (1,024)
+-------

+- op_td_set_dbl (pkptr, tda_index, value)
|       packet ID           (1)
|       TDA attribute       (OPC_TDA_RA_TX_DELAY)
|       TDA value           (1.0 sec. [1s])
+-------

 Kernel Action: Scheduling end of packet transmission
      packet ID           (1)
      end transmission ID (13)
```

然后，进入链路闭锁阶段，获取发、收信机的位置，并判断可否通达。相关调试信息如下：

```
+- Evaluating receiver channel ID (16)
|
| Kernel Action: Radio pipeline
|       Calling (closure) pipeline stage
|       module          (21)
|       packet ID       (1)
|
|+- op_td_get_dbl (pkptr, tda_index)
||       packet ID          (1)
||       TDA attribute      (OPC_TDA_RA_TX_GEO_X)
||       TDA value          (6,378,139.373 m)
|+-------
|
```

```
| +- op_td_get_dbl (pkptr, tda_index)
| |      packet ID          (1)
| |      TDA attribute      (OPC_TDA_RA_TX_GEO_Y)
| |      TDA value          (-2,000.007 m)
| +-------
|
| +- op_td_get_dbl (pkptr, tda_index)
| |      packet ID          (1)
| |      TDA attribute      (OPC_TDA_RA_TX_GEO_Z)
| |      TDA value          (2,000.001 m)
| +-------
|
| +- op_td_get_dbl (pkptr, tda_index)
| |      packet ID          (1)
| |      TDA attribute      (OPC_TDA_RA_RX_GEO_X)
| |      TDA value          (6,378,139.608 m)
| +-------
|
| +- op_td_get_dbl (pkptr, tda_index)
| |      packet ID          (1)
| |      TDA attribute      (OPC_TDA_RA_RX_GEO_Y)
| |      TDA value          (-1,000.006 m)
| +-------
|
| +- op_td_get_dbl (pkptr, tda_index)
| |      packet ID          (1)
| |      TDA attribute      (OPC_TDA_RA_RX_GEO_Z)
| |      TDA value          (2,000.001 m)
| +-------
|
| +- op_td_set_int (pkptr, tda_index, value)
| |      packet ID          (1)
| |      TDA attribute      (OPC_TDA_RA_CLOSURE)
| |      TDA value          (OPC_TRUE)
| +-------
|
```

之后，根据收、发信道的频点、带宽、扩展码、调制解调方式以及传码率等特征，判断收、发信道是否匹配。调试信息如下：

```
|   Kernel Action: Radio pipeline
```

```
|           Calling (chanmatch) pipeline stage
|           module              (21)
|           packet ID           (1)
|
|+- op_td_get_dbl (pkptr, tda_index)
||          packet ID           (1)
||          TDA attribute       (OPC_TDA_RA_TX_FREQ)
||          TDA value           (30,000,000.0 Hz)
|+-------
|
|+- op_td_get_dbl (pkptr, tda_index)
||          packet ID           (1)
||          TDA attribute       (OPC_TDA_RA_TX_BW)
||          TDA value           (10,000.0 Hz)
|+-------
|
|+- op_td_get_dbl (pkptr, tda_index)
||          packet ID           (1)
||          TDA attribute       (OPC_TDA_RA_TX_DRATE)
||          TDA value           (1,024.0 bps)
|+-------
|
|+- op_td_get_dbl (pkptr, tda_index)
||          packet ID           (1)
||          TDA attribute       (OPC_TDA_RA_TX_CODE)
||          TDA value           (Disabled)
|+-------
|
|+- op_td_get_ptr (pkptr, tda_index)
||          packet ID           (1)
||          TDA attribute       (OPC_TDA_RA_TX_MOD)
||          TDA value           (bpsk)
|+-------
|
|+- op_td_get_dbl (pkptr, tda_index)
||          packet ID           (1)
||          TDA attribute       (OPC_TDA_RA_RX_FREQ)
||          TDA value           (30,000,000.0 Hz)
|+-------
```

```
|
|+- op_td_get_dbl (pkptr, tda_index)
||          packet ID           (1)
||          TDA attribute       (OPC_TDA_RA_RX_BW)
||          TDA value           (10,000.0 Hz)
|+-------
|
|+- op_td_get_dbl (pkptr, tda_index)
||          packet ID           (1)
||          TDA attribute       (OPC_TDA_RA_RX_DRATE)
||          TDA value           (1,024.0 bps)
|+-------
|
|+- op_td_get_dbl (pkptr, tda_index)
||          packet ID           (1)
||          TDA attribute       (OPC_TDA_RA_RX_CODE)
||          TDA value           (Disabled)
|+-------
|
|+- op_td_get_ptr (pkptr, tda_index)
||          packet ID           (1)
||          TDA attribute       (OPC_TDA_RA_RX_MOD)
||          TDA value           (bpsk)
|+-------
|
|+- op_td_set_int (pkptr, tda_index, value)
||          packet ID           (1)
||          TDA attribute       (OPC_TDA_RA_MATCH_STATUS)
||          TDA value           (OPC_TDA_RA_MATCH_VALID)
|+-------
```

之后，进入发送天线增益阶段，根据收、发信机的地心坐标计算指向接收天线的角度，再查找天线模式表获得发送天线增益。调试信息如下：

```
|  Kernel Action: Radio pipeline
|         Calling (tagain) pipeline stage
|         module              (21)
|         packet ID           (1)
|
|+- op_td_get_ptr (pkptr, tda_index)
||          packet ID           (1)
```

```
||          TDA attribute        (OPC_TDA_RA_TX_PATTERN)
||          TDA value            (isotropic)
|+-------
|
|+- op_td_get_dbl (pkptr, tda_index)
||          packet ID            (1)
||          TDA attribute        (OPC_TDA_RA_TX_GEO_X)
||          TDA value            (6,378,139.373 m)
|+-------
|
|+- op_td_get_dbl (pkptr, tda_index)
||          packet ID            (1)
||          TDA attribute        (OPC_TDA_RA_TX_GEO_Y)
||          TDA value            (-2,000.007 m)
|+-------
|
|+- op_td_get_dbl (pkptr, tda_index)
||          packet ID            (1)
||          TDA attribute        (OPC_TDA_RA_TX_GEO_Z)
||          TDA value            (2,000.001 m)
|+-------
|
|+- op_td_get_dbl (pkptr, tda_index)
||          packet ID            (1)
||          TDA attribute        (OPC_TDA_RA_RX_GEO_X)
||          TDA value            (6,378,139.608 m)
|+-------
|
|+- op_td_get_dbl (pkptr, tda_index)
||          packet ID            (1)
||          TDA attribute        (OPC_TDA_RA_RX_GEO_Y)
||          TDA value            (-1,000.006 m)
|+-------
|
|+- op_td_get_dbl (pkptr, tda_index)
||          packet ID            (1)
||          TDA attribute        (OPC_TDA_RA_RX_GEO_Z)
||          TDA value            (2,000.001 m)
|+-------
```

```
|
|+- op_td_get_dbl (pkptr, tda_index)
||        packet ID          (1)
||        TDA attribute      (OPC_TDA_RA_TX_PHI_POINT)
||        TDA value          (-44.999895 deg. [-44 59' 59.62"])
|+-------
|
|+- op_td_get_dbl (pkptr, tda_index)
||        packet ID          (1)
||        TDA attribute      (OPC_TDA_RA_TX_THETA_POINT)
||        TDA value          (90.067977 deg. [90   4'   4.71"])
|+-------
|
|+- op_td_get_dbl (pkptr, tda_index)
||        packet ID          (1)
||        TDA attribute      (OPC_TDA_RA_TX_BORESIGHT_PHI)
||        TDA value          (0.0 deg. [0   0'   0.00"])
|+-------
|
|+- op_td_get_dbl (pkptr, tda_index)
||        packet ID          (1)
||        TDA attribute      (OPC_TDA_RA_TX_BORESIGHT_THETA)
||        TDA value          (180.0 deg. [180   0'   0.00"])
|+-------
|
|+- op_td_set_dbl (pkptr, tda_index, value)
||        packet ID          (1)
||        TDA attribute      (OPC_TDA_RA_TX_GAIN)
||        TDA value          (0.0 dB)
|+-------
```

最后，进入发送机管道阶段的最后一个阶段——传播时延。该阶段将根据开始和结束包传输的收发距离，分别计算电磁波的传播时延。调试信息如下：

```
|  Kernel Action: Radio pipeline
|        Calling (propdel) pipeline stage
|        module             (21)
|        packet ID          (1)
|
|+- op_td_get_dbl (pkptr, tda_index)
||        packet ID          (1)
```

```
||          TDA attribute         (OPC_TDA_RA_START_DIST)
||          TDA value             (1,000.0 m)
|+-------
|
|+- op_td_get_dbl (pkptr, tda_index)
||          packet ID             (1)
||          TDA attribute         (OPC_TDA_RA_END_DIST)
||          TDA value             (1,000.0 m)
|+-------
|
|+- op_td_set_dbl (pkptr, tda_index, value)
||          packet ID             (1)
||          TDA attribute         (OPC_TDA_RA_START_PROPDEL)
||          TDA value             (0.000003333335 sec. [0s . 000ms 003us 333ns 335ps])
|+-------
|
|+- op_td_set_dbl (pkptr, tda_index, value)
||          packet ID             (1)
||          TDA attribute         (OPC_TDA_RA_END_PROPDEL)
||          TDA value             (0.000003333335 sec. [0s . 000ms 003us 333ns 335ps])
|+-------
|
|  Kernel Action: Scheduling packet reception
|         packet ID             (1)
|         start reception ID  (14)
|         end reception ID    (15)
+-------
```

以下为收信机无线管道阶段工作工程，其中包括收信机天线增益(ragain)、收信机功率(power)、误比特率(ber)、信噪比(snr)、背景噪声(bkgnoise)、干扰噪声(inoise)、错误分配(error)、错误纠正(ecc)八个阶段。读者可参看相关的管道函数和 TDA 参数，分析接收阶段的工作过程。

```
____________________________(ODB 14.5.A: Event)____________________________

  * Time    :  10.000003333335 sec, [10s . 000ms 003us 333ns 335ps]
  * Event   :  execution ID (8), schedule ID (#14), type (remote (start reception))
  * Source  :  execution ID (7), top.Enterprise Network.tx.radio_tx [Objid=21] (radio transmitter)
  * Data    :  channel (0), packet ID (1)
  > Module  :  top.Enterprise Network.rx.radio_receiver [Objid=14] (radio receiver)
```

```
Kernel Action: Radio Receiver object
      Beginning reception of packet
      module              (14)
      channel             (0)
      packet ID           (1)
```

在接收机管道阶段，首先进行接收天线增益的计算，其算法与发送天线增益情形相类似。调试信息如下：

```
Kernel Action: Radio pipeline
      Calling (ragain) pipeline stage
      module              (14)
      packet ID           (1)

+- op_td_get_ptr (pkptr, tda_index)
|        packet ID            (1)
|        TDA attribute        (OPC_TDA_RA_RX_PATTERN)
|        TDA value            (isotropic)
+-------

+- op_td_get_dbl (pkptr, tda_index)
|        packet ID            (1)
|        TDA attribute        (OPC_TDA_RA_TX_GEO_X)
|        TDA value            (6,378,139.373 m)
+-------

+- op_td_get_dbl (pkptr, tda_index)
|        packet ID            (1)
|        TDA attribute        (OPC_TDA_RA_TX_GEO_Y)
|        TDA value            (-2,000.007 m)
+-------

+- op_td_get_dbl (pkptr, tda_index)
|        packet ID            (1)
|        TDA attribute        (OPC_TDA_RA_TX_GEO_Z)
|        TDA value            (2,000.001 m)
+-------

+- op_td_get_dbl (pkptr, tda_index)
|        packet ID            (1)
|        TDA attribute        (OPC_TDA_RA_RX_GEO_X)
|        TDA value            (6,378,139.608 m)
+-------
```

```
+- op_td_get_dbl (pkptr, tda_index)
|        packet ID            (1)
|        TDA attribute        (OPC_TDA_RA_RX_GEO_Y)
|        TDA value            (-1,000.006 m)
+-------

+- op_td_get_dbl (pkptr, tda_index)
|        packet ID            (1)
|        TDA attribute        (OPC_TDA_RA_RX_GEO_Z)
|        TDA value            (2,000.001 m)
+-------

+- op_td_get_dbl (pkptr, tda_index)
|        packet ID            (1)
|        TDA attribute        (OPC_TDA_RA_RX_PHI_POINT)
|        TDA value            (0.0 deg. [0   0'   0.00"])
+-------

+- op_td_get_dbl (pkptr, tda_index)
|        packet ID            (1)
|        TDA attribute        (OPC_TDA_RA_RX_THETA_POINT)
|        TDA value            (-90.013475 deg. [-90   0' 48.50"])
+-------

+- op_td_get_dbl (pkptr, tda_index)
|        packet ID            (1)
|        TDA attribute        (OPC_TDA_RA_RX_BORESIGHT_PHI)
|        TDA value            (0.0 deg. [0   0'   0.00"])
+-------

+- op_td_get_dbl (pkptr, tda_index)
|        packet ID            (1)
|        TDA attribute        (OPC_TDA_RA_RX_BORESIGHT_THETA)
|        TDA value            (180.0 deg. [180   0'   0.00"])
+-------

+- op_td_set_dbl (pkptr, tda_index, value)
|        packet ID            (1)
|        TDA attribute        (OPC_TDA_RA_RX_GAIN)
|        TDA value            (0.0 dB)
```

```
+-------
```

然后，按照接收功率算法，计算收信机功率(参考 dra_ power.ps.c 无线管道阶段函数)。调试信息如下：

```
Kernel Action: Radio pipeline
        Calling (power) pipeline stage
        module              (14)
        packet ID           (1)

+- op_td_get_int (pkptr, tda_index)
|       packet ID           (1)
|       TDA attribute       (OPC_TDA_RA_MATCH_STATUS)
|       TDA value           (OPC_TDA_RA_MATCH_VALID)
+-------

+- op_td_is_set (pkptr, tda_index)
|       packet ID           (1)
|       TDA attribute       (OPC_TDA_RA_ND_FAIL)
|       tda is set          (false)
+-------

+- op_td_get_int (pkptr, tda_index)
|       packet ID           (1)
|       TDA attribute       (OPC_TDA_RA_RX_CH_OBJID)
|       TDA value           (16)
+-------

+- op_td_get_dbl (pkptr, tda_index)
|       packet ID           (1)
|       TDA attribute       (OPC_TDA_RA_TX_POWER)
|       TDA value           (1.0 W)
+-------

+- op_td_get_dbl (pkptr, tda_index)
|       packet ID           (1)
|       TDA attribute       (OPC_TDA_RA_TX_FREQ)
|       TDA value           (30,000,000.0 Hz)
+-------

+- op_td_get_dbl (pkptr, tda_index)
|       packet ID           (1)
|       TDA attribute       (OPC_TDA_RA_TX_BW)
```

```
|         TDA value            (10,000.0 Hz)
+-------

+- op_td_get_dbl (pkptr, tda_index)
|         packet ID            (1)
|         TDA attribute        (OPC_TDA_RA_START_DIST)
|         TDA value            (1,000.0 m)
+-------

+- op_td_is_set (pkptr, tda_index)
|         packet ID            (1)
|         TDA attribute        (OPC_TDA_RA_RCVD_POWER)
|         tda is set           (false)
+-------

+- op_td_get_dbl (pkptr, tda_index)
|         packet ID            (1)
|         TDA attribute        (OPC_TDA_RA_RX_FREQ)
|         TDA value            (30,000,000.0 Hz)
+-------

+- op_td_get_dbl (pkptr, tda_index)
|         packet ID            (1)
|         TDA attribute        (OPC_TDA_RA_RX_BW)
|         TDA value            (10,000.0 Hz)
+-------

+- op_td_get_dbl (pkptr, tda_index)
|         packet ID            (1)
|         TDA attribute        (OPC_TDA_RA_TX_GAIN)
|         TDA value            (0.0 dB)
+-------

+- op_td_get_dbl (pkptr, tda_index)
|         packet ID            (1)
|         TDA attribute        (OPC_TDA_RA_RX_GAIN)
|         TDA value            (0.0 dB)
+-------

+- op_td_set_dbl (pkptr, tda_index, value)
|         packet ID            (1)
```

```
|        TDA attribute       (OPC_TDA_RA_RCVD_POWER)
|        TDA value           (6.33E-007 W)
+-------
```

之后，进入背景噪声管道阶段，计算带内的背景噪声(对于特定的数据包和同一接收机而言，该过程只需要计算一次，参看第四章无线通信部分)。调试信息如下：

```
Kernel Action: Radio pipeline
    Calling (bkgnoise) pipeline stage
    module              (14)
    packet ID           (1)

+- op_td_get_dbl (pkptr, tda_index)
|        packet ID           (1)
|        TDA attribute       (OPC_TDA_RA_RX_NOISEFIG)
|        TDA value           (1.0)
+-------

+- op_td_get_dbl (pkptr, tda_index)
|        packet ID           (1)
|        TDA attribute       (OPC_TDA_RA_RX_BW)
|        TDA value           (10,000.0 Hz)
+-------

+- op_td_set_dbl (pkptr, tda_index, value)
|        packet ID           (1)
|        TDA attribute       (OPC_TDA_RA_BKGNOISE)
|        TDA value           (4E-017 W)
+-------
```

由于没有其他数据包的干扰，仿真内核未调用干扰噪声阶段，进而直接进入信噪比管道阶段。此时的干扰噪声为0(与之相对应，表征干扰噪声的TDA参数OPC_TDA_RA_NOISE_ACCUM数值为0)；背景噪声已在前面的背景噪声管道阶段计算出了结果。将干扰噪声和背景噪声求和可得到当前的总噪声，再将接收功率和总噪声相除即可得到当前的信噪比。在无线管道阶段函数dra_snr.ps.c中，还标记了信噪比的计算时间，从而可以计算信噪比的有效时间范围。该管道阶段的调试信息如下：

```
Kernel Action: Radio pipeline
    Calling (snr) pipeline stage
    module              (14)
    packet ID           (1)

+- op_td_get_dbl (pkptr, tda_index)
|        packet ID           (1)
```

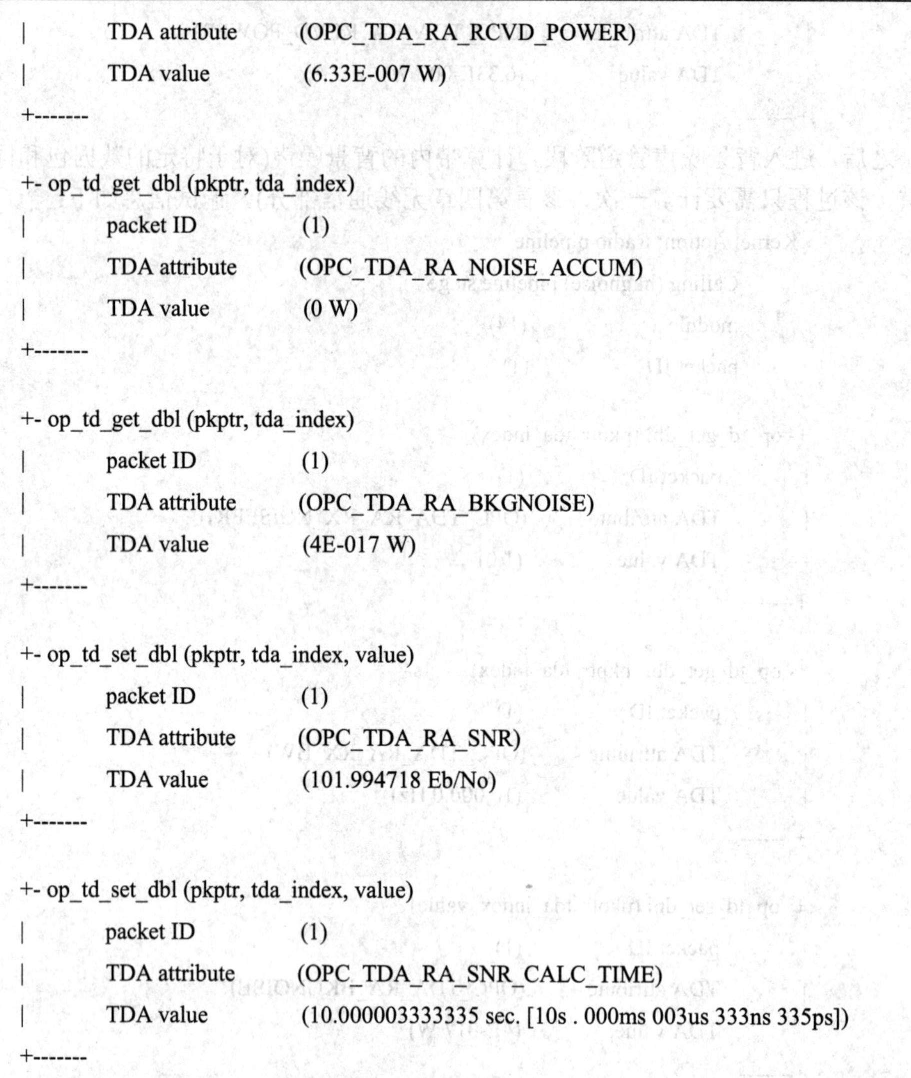

```
|        TDA attribute        (OPC_TDA_RA_RCVD_POWER)
|        TDA value            (6.33E-007 W)
+-------

+- op_td_get_dbl (pkptr, tda_index)
|        packet ID            (1)
|        TDA attribute        (OPC_TDA_RA_NOISE_ACCUM)
|        TDA value            (0 W)
+-------

+- op_td_get_dbl (pkptr, tda_index)
|        packet ID            (1)
|        TDA attribute        (OPC_TDA_RA_BKGNOISE)
|        TDA value            (4E-017 W)
+-------

+- op_td_set_dbl (pkptr, tda_index, value)
|        packet ID            (1)
|        TDA attribute        (OPC_TDA_RA_SNR)
|        TDA value            (101.994718 Eb/No)
+-------

+- op_td_set_dbl (pkptr, tda_index, value)
|        packet ID            (1)
|        TDA attribute        (OPC_TDA_RA_SNR_CALC_TIME)
|        TDA value            (10.000003333335 sec. [10s . 000ms 003us 333ns 335ps])
+-------
```

之后，该接收机收到了来自 jam 节点的干扰数据包(packet ID 为 0)，仿真内核调用干扰噪声阶段，计算带内干扰。由于噪声已经变化，原信噪比已不再有效，需要再次调用信噪比阶段重新计算 SNR 并标记时间。同时，还要计算在原 SNR 有效的时间段内的误码率和误比特数。相关调试信息如下：

(ODB 14.5.A: Event)

```
* Time   :  10.000011837222 sec, [10s . 000ms 011us 837ns 222ps]
* Event  :  execution ID (9), schedule ID (#11), type (remote (start reception))
* Source :  execution ID (6), top.Enterprise Network.jam.radio_tx [Objid=6] (radio transmitter)
* Data   :  channel (0), packet ID (0)
> Module :  top.Enterprise Network.rx.radio_receiver [Objid=14] (radio receiver)

    Kernel Action: Radio pipeline
        Calling (inoise) pipeline stage
```

```
        arriving noise packet (0)
        earlier valid packet (1)

+- op_td_get_dbl (pkptr, tda_index)
|       packet ID           (1)
|       TDA attribute       (OPC_TDA_RA_END_RX)
|       TDA value           (11.000003333335 sec. [11s . 000ms 003us 333ns 335ps])
+-------

+- op_td_increment_int (pkptr, tda_index, value)
|       packet ID           (1)
|       TDA attribute       (OPC_TDA_RA_NUM_COLLS)
|       TDA value           (1)
+-------

+- op_td_get_int (pkptr, tda_index)
|       packet ID           (1)
|       TDA attribute       (OPC_TDA_RA_MATCH_STATUS)
|       TDA value           (OPC_TDA_RA_MATCH_VALID)
+-------

+- op_td_increment_dbl (pkptr, tda_index, value)
|       packet ID           (1)
|       TDA attribute       (OPC_TDA_RA_NOISE_ACCUM)
|       TDA value           (1E-006 W)
+-------

 Kernel Action: Radio pipeline
        Calling (ber) pipeline stage
        module              (14)
        packet ID           (1)

+- op_td_get_dbl (pkptr, tda_index)
|       packet ID           (1)
|       TDA attribute       (OPC_TDA_RA_SNR)
|       TDA value           (101.994718 Eb/No)
+-------

+- op_td_get_ptr (pkptr, tda_index)
|       packet ID           (1)
|       TDA attribute       (OPC_TDA_RA_RX_MOD)
```

```
|          TDA value            (bpsk)
+-------

+- op_td_get_dbl (pkptr, tda_index)
|          packet ID            (1)
|          TDA attribute        (OPC_TDA_RA_PROC_GAIN)
|          TDA value            (9.897 dB)
+-------

+- op_td_set_dbl (pkptr, tda_index, value)
|          packet ID            (1)
|          TDA attribute        (OPC_TDA_RA_BER)
|          TDA value            (0.0)
+-------

 Kernel Action: Radio pipeline
       Calling (error) pipeline stage
       module          (14)
       packet ID       (1)

+- op_td_get_dbl (pkptr, tda_index)
|          packet ID            (1)
|          TDA attribute        (OPC_TDA_RA_BER)
|          TDA value            (0.0)
+-------

+- op_td_get_dbl (pkptr, tda_index)
|          packet ID            (1)
|          TDA attribute        (OPC_TDA_RA_SNR_CALC_TIME)
|          TDA value            (10.000003333335 sec. [10s . 000ms 003us 333ns 335ps])
+-------

+- op_td_get_dbl (pkptr, tda_index)
|          packet ID            (1)
|          TDA attribute        (OPC_TDA_RA_RX_DRATE)
|          TDA value            (1,024.0 bps)
+-------

+- op_td_increment_int (pkptr, tda_index, value)
|          packet ID            (1)
|          TDA attribute        (OPC_TDA_RA_NUM_ERRORS)
```

```
|       TDA value          (0 bit errs)
+-------

+- op_td_set_dbl (pkptr, tda_index, value)
|       packet ID          (1)
|       TDA attribute      (OPC_TDA_RA_ACTUAL_BER)
|       TDA value          (0.0)
+-------

 Kernel Action: Radio pipeline
       Calling (snr) pipeline stage
       module             (14)
       packet ID          (1)

+- op_td_get_dbl (pkptr, tda_index)
|       packet ID          (1)
|       TDA attribute      (OPC_TDA_RA_RCVD_POWER)
|       TDA value          (6.33E-007 W)
+-------

+- op_td_get_dbl (pkptr, tda_index)
|       packet ID          (1)
|       TDA attribute      (OPC_TDA_RA_NOISE_ACCUM)
|       TDA value          (1E-006 W)
+-------

+- op_td_get_dbl (pkptr, tda_index)
|       packet ID          (1)
|       TDA attribute      (OPC_TDA_RA_BKGNOISE)
|       TDA value          (4E-017 W)
+-------

+- op_td_set_dbl (pkptr, tda_index, value)
|       packet ID          (1)
|       TDA attribute      (OPC_TDA_RA_SNR)
|       TDA value          (-2.002883 Eb/No)
+-------

+- op_td_set_dbl (pkptr, tda_index, value)
|       packet ID          (1)
|       TDA attribute      (OPC_TDA_RA_SNR_CALC_TIME)
```

```
|        TDA value           (10.000011837222 sec. [10s . 000ms 011us 837ns 222ps])
+-------
```

在包接收结束后，立即计算当前信噪比下的误码率和误比特数：

```
_________________________ (ODB 14.5.A: Event) _________________________

  * Time   :  11.0 sec, [11s]
  * Event  :  execution ID (13), schedule ID (#13), type (self (end transmission))
  * Source :  execution ID (7), top.Enterprise Network.tx.radio_tx [Objid=21] (radio transmitter)
  * Data   :  channel (0)
  > Module :  top.Enterprise Network.tx.radio_tx [Objid=21] (radio transmitter)

      Kernel Action: Radio Transmitter object
          Completing transmission of packet(s)
          module              (21)
          channel             (0)
          packet ID           (1)

_________________________ (ODB 14.5.A: Event) _________________________

  * Time   :  11.000003333335 sec, [11s . 000ms 003us 333ns 335ps]
  * Event  :  execution ID (16), schedule ID (#15), type (remote (end reception))
  * Source :  execution ID (7), top.Enterprise Network.tx.radio_tx [Objid=21] (radio transmitter)
  * Data   :  channel (0), packet ID (1)
  > Module :  top.Enterprise Network.rx.radio_receiver [Objid=14] (radio receiver)

      Kernel Action: Radio Receiver object
          Completing reception of packet
          module              (14)
          channel             (0)
          packet ID           (1)

      Kernel Action: Radio pipeline
          Calling (ber) pipeline stage
          module              (14)
          packet ID           (1)

    +- op_td_get_dbl (pkptr, tda_index)
    |        packet ID           (1)
    |        TDA attribute       (OPC_TDA_RA_SNR)
    |        TDA value           (-2.002883 Eb/No)
    +-------
```

```
+- op_td_get_ptr (pkptr, tda_index)
|         packet ID              (1)
|         TDA attribute          (OPC_TDA_RA_RX_MOD)
|         TDA value              (bpsk)
+-------

+- op_td_get_dbl (pkptr, tda_index)
|         packet ID              (1)
|         TDA attribute          (OPC_TDA_RA_PROC_GAIN)
|         TDA value              (9.897 dB)
+-------

+- op_td_set_dbl (pkptr, tda_index, value)
|         packet ID              (1)
|         TDA attribute          (OPC_TDA_RA_BER)
|         TDA value              (0.000246)
+-------

 Kernel Action: Radio pipeline
      Calling (error) pipeline stage
      module                   (14)
      packet ID                (1)

+- op_td_get_dbl (pkptr, tda_index)
|         packet ID              (1)
|         TDA attribute          (OPC_TDA_RA_BER)
|         TDA value              (0.000246)
+-------

+- op_td_get_dbl (pkptr, tda_index)
|         packet ID              (1)
|         TDA attribute          (OPC_TDA_RA_SNR_CALC_TIME)
|         TDA value              (10.000011837222 sec. [10s . 000ms 011us 837ns 222ps])
+-------

+- op_td_get_dbl (pkptr, tda_index)
|         packet ID              (1)
|         TDA attribute          (OPC_TDA_RA_RX_DRATE)
|         TDA value              (1,024.0 bps)
+-------
```

```
+- op_td_increment_int (pkptr, tda_index, value)
|        packet ID            (1)
|        TDA attribute        (OPC_TDA_RA_NUM_ERRORS)
|        TDA value            (0 bit errs)
+-------

+- op_td_set_dbl (pkptr, tda_index, value)
|        packet ID            (1)
|        TDA attribute        (OPC_TDA_RA_ACTUAL_BER)
|        TDA value            (0.0)
+-------
```

最后，将各SNR下的误比特数相加，除以包长度，得到总误比特率；再根据误码门限决定是否接收该数据包。错处纠正阶段的调试信息如下：

```
 Kernel Action: Radio pipeline
       Calling (ecc) pipeline stage
       module              (14)
       packet ID           (1)

+- op_td_is_set (pkptr, tda_index)
|        packet ID          (1)
|        TDA attribute      (OPC_TDA_RA_ND_FAIL)
|        tda is set         (false)
+-------

+- op_td_get_dbl (pkptr, tda_index)
|        packet ID           (1)
|        TDA attribute       (OPC_TDA_RA_ECC_THRESH)
|        TDA value           (0.0)
+-------

+- op_pk_total_size_get (pkptr)
|        packet ID          (1)
|        total size         (1,024)
+-------

+- op_td_get_int (pkptr, tda_index)
|        packet ID            (1)
|        TDA attribute        (OPC_TDA_RA_NUM_ERRORS)
|        TDA value            (0 bit errs)
+-------
```

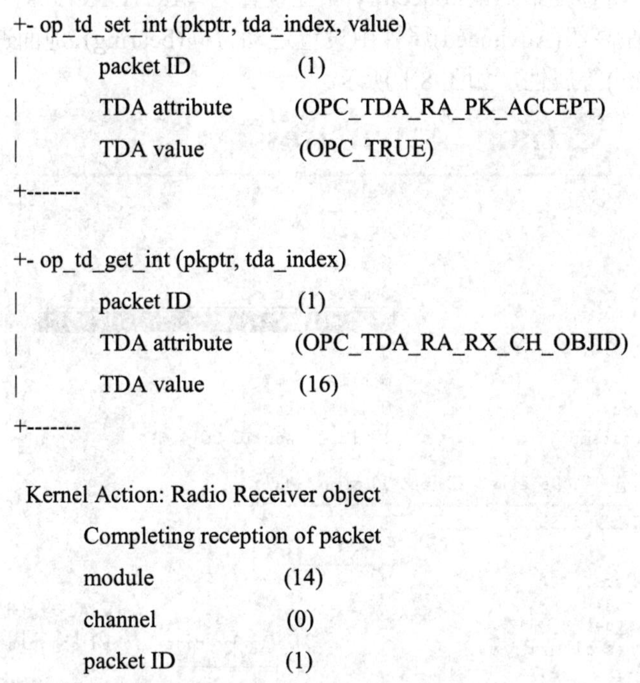

```
+- op_td_set_int (pkptr, tda_index, value)
|       packet ID          (1)
|       TDA attribute      (OPC_TDA_RA_PK_ACCEPT)
|       TDA value          (OPC_TRUE)
+-------

+- op_td_get_int (pkptr, tda_index)
|       packet ID          (1)
|       TDA attribute      (OPC_TDA_RA_RX_CH_OBJID)
|       TDA value          (16)
+-------

 Kernel Action: Radio Receiver object
       Completing reception of packet
       module             (14)
       channel            (0)
       packet ID          (1)
```

应当指出，由于本仿真模型中仅有一个无线接收机，因此各个阶段仅需计算一次，从而使问题简单化。事实上，当有多个接收机时，要在发送延时后的各个阶段中对各个无线接收机分别进行计算。

读者可在管道阶段学习的基础上，根据信道的具体特点修改原有的管道阶段函数，实现对自身所研究信道的建模。

8.1.2　移动节点建模技术

在无线通信中，节点经常是可移动的。因而，节点的移动性建模是无线通信网建模中的一项重要内容。轨迹建模和移动定位是移动建模中的两项关键技术，本小节将对两者分别进行论述。

1. 运动轨迹模型

在 OPNET 中，轨迹描述节点运动的路线和方式。根据节点运动是否具有随机性，可将轨迹划分为确定性轨迹和随机性轨迹。一般情况下，轨迹可通过 OPNET 提供的仿真建模工具配置生成：

1) 确定性轨迹定义

(1) 基于段的轨迹定义。在轨迹定义界面中，通过定义一系列的段(segment)及在该段内的移动速度来定义运动轨迹(具体操作方法参看本章实验部分)。该方法是最原始、最常用的运动轨迹定义方法，轨迹文件保存于 ASCII 码文本文件中，文件后缀是*.trj。当轨迹(trajectory)属性设置为预定义的轨迹模型后(此时，将会在网络场景中显示节点的运动轨迹)，移动节点将按照预定义的轨迹在场景中运动。

(2) 确定性矢量轨迹。将移动节点的 trajectory 属性设置为 VECTOR，此时运动节点上将显示箭头标志。之后，可在高级(Advanced)属性中设置运动方向(bearing)、地面速度(ground speed)、上升速度(ascent rate)等属性，如图 8.1 所示。

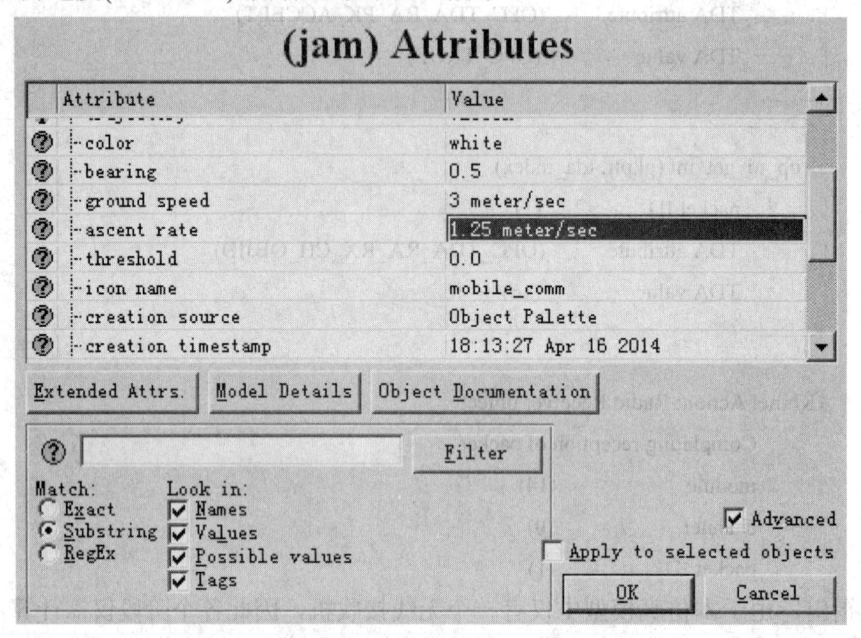

图 8.1　在高级属性中设置 VECTOR 轨迹

在仿真中，移动节点将按照所设定的轨迹属性在场景中运动。

2) 随机性轨迹定义

基于 OPNET 内建的移动配置器(Mobility Config)可定义具有随机性的矢量轨迹。移动配置器可在 Object Palette Tree->Shared Object Palette->utilities 下打开，并添加到网络域模型中，如图 8.2 所示。

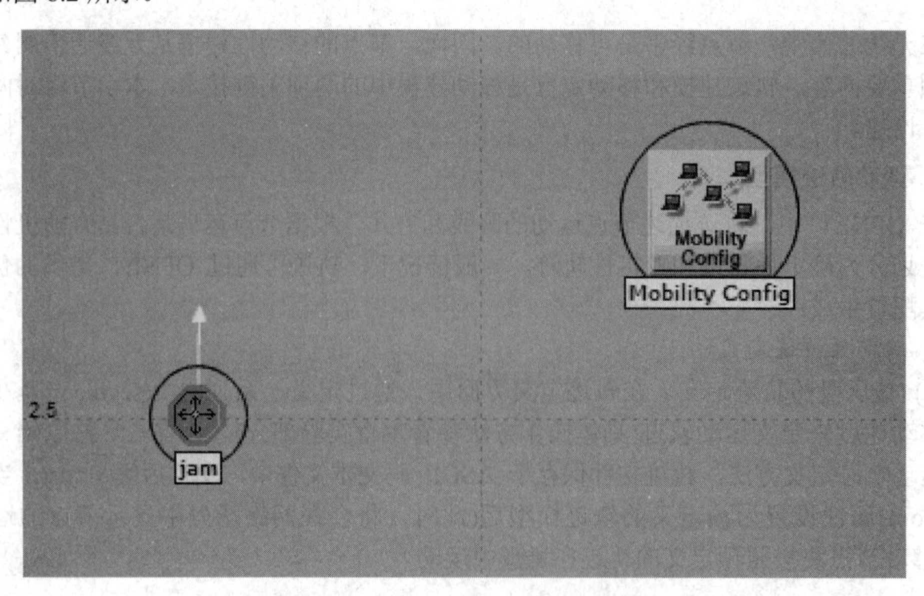

图 8.2　在网络中配置移动配置器

右击 Mobility Config，可配置具有随机性的运动属性，如图 8.3 所示。

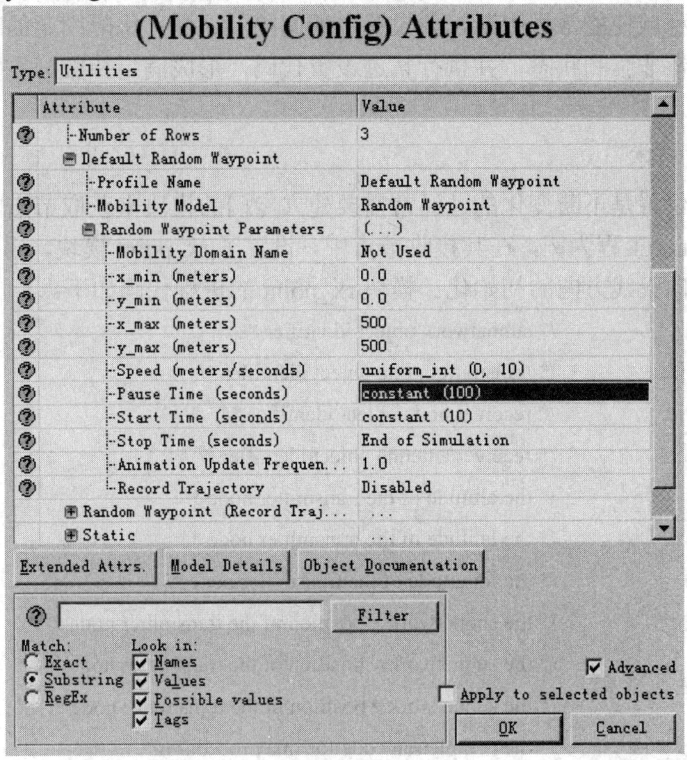

图 8.3 配置 Mobility Config 属性

选定移动节点，打开 Topology->Random Mobility->Set Mobility Profile，选择需要的文件，即可完成配置。配置完成后，在仿真过程中，该移动节点将按照预先所配置的随机方式在场景中运动。

此外，开发者可抛开上述工具，采用核心函数访问节点位置属性的方法，自行编写代码，建立满足自身要求的运动轨迹模型。例如，可设置一个移动位置模块，专门处理移动节点位置的变更。

可在该模块的进程模型中，设置一个自返回的非强制状态，并在入口中加入下列代码：

```
double      src_nx, src_ny, newx, newy;

op_ima_obj_attr_get_dbl (src_objid, "x position", &src_nx);
op_ima_obj_attr_get_dbl (src_objid, "y position", &src_ny);

do
newx = src_nx + dist_exponential(X_MOBILE_SPAN） - O．5 * X_MOBILE_SPAN;
whlle((newx < X_MIN)||(newx > X_MAX));
do
newy = src_ny + dist_exponential(Y_MOBILE_SPAN） - O．5 * Y_MOBILE_SPAN;
whlle((newy < Y_MIN)||(newy > Y_MAX));

op_ima_obj_attr_set_dbl (src_objid, "x position", &newx);
```

```
op_ima_obj_attr_set_dbl (src_objid, "y position", &newy);
```

同时，在进程域使能常规中断，并设置中断间隔。这样，每隔固定的时间间隔，常规中断就可以激活该非强制状态，并执行轨迹设置代码，形成满足指数分布关系的随机运动轨迹。

2. 移动定位技术

移动节点的位置是不断变化的，经常需要建立专门的模块来获取节点的位置并进行相关处理。以 mrt_net 工程为例，在其接收节点中，设置了 rx_point 模块，用以实现移动节点的初始位置和定向天线方向的初始化。模块 rx_point 的进程代码如下：

```
Objid subnet_id,            /* subnetwork object identifier */
      tx_node_id,           /* transmitter node object identifier */
      rx_node_id,           /* receiver node object identifier */
      rx_ant_id;            /* receiver antenna object identifier */
double altitude,            /* the altitude of the transmitter node */
      latitude,             /* the latitude of the transmitter node */
      longitude,            /* the longitude of the transmitter node */
      x_pos,                /* the subnetwork x position of the transmitter node */
      y_pos,                /* the subnetwork y position of the transmitter node */
      z_pos;                /* the subnetwork z position of the transmitter node */
Compcode comp_code;         /* the completion code for Ima procedures */
```

首先，获取接收节点和所在子网的对象 id：先获得本进程模块的 Objid，再以该 Objid 为参数获取本模块的父对象——接收节点的 Objid，再获取接收节点的父对象——所在子网的 Objid，如下面两行代码所示：

```
rx_node_id = op_topo_parent (op_id_self ());
subnet_id = op_topo_parent (rx_node_id);
```

然后，获取发送节点 tx 的对象 id：

```
tx_node_id = op_id_from_name (subnet_id, OPC_OBJTYPE_NDFIX, "tx");
```

再通过调用 op_ima_obj_pos_get()函数，获取 tx 节点的经度、纬度、高度以及地心坐标，并返回一个 Compcode 值(OPC_COMPCODE_SUCCESS 或 OPC_COMPCODE_FAILURE)表征是否成功获取位置信息。若成功，继续执行代码；否则，结束仿真。相关的代码如下：

```
comp_code = op_ima_obj_pos_get (tx_node_id, &latitude, &longitude, &altitude, &x_pos, &y_pos, &z_pos);
      if (comp_code == OPC_COMPCODE_FAILURE)
  op_sim_end ("get attributes failed", "", "", "");
```

最后，获取天线的 Objid，并设置天线指向的经度、纬度和高度，代码如下：

```
rx_ant_id = op_id_from_name (rx_node_id, OPC_OBJTYPE_ANT, "ant_rx");

comp_code = op_ima_obj_attr_set (rx_ant_id, "target altitude", altitude);
if (comp_code == OPC_COMPCODE_FAILURE)
```

```
        op_sim_end ("set target altitude failed", "", "", "");
comp_code = op_ima_obj_attr_set (rx_ant_id, "target latitude", latitude);
if (comp_code == OPC_COMPCODE_FAILURE)
        op_sim_end ("set target latitude failed", "", "", "");
comp_code = op_ima_obj_attr_set (rx_ant_id, "target longitude", longitude);
if (comp_code == OPC_COMPCODE_FAILURE)
        op_sim_end ("set target longitude failed", "", "", "");
```

8.2　全向与定向天线的对比实验

8.2.1　实验目的

(1) 学习无线网络的建模方法。

(2) 比较定向和全向天线的性能。

8.2.2　实验过程

1. 定向天线

(1) 创建在一个方向具有增益而在其他方向无增益的定向天线。新建一个 Antenna Pattern，打开天线模式编辑器，命名为 mrt_cone，并保存于 mrt_net 文件夹(在 op_models 目录下新建)。

(2) 在 graph panel 中右击→选择 Set Phi Plane(Phi 为 z 轴夹角)→5.0 deg，设置上下限为 201 和 199，通过点击两个端点为 200db 设置全平面增益，如图 8.4 所示。

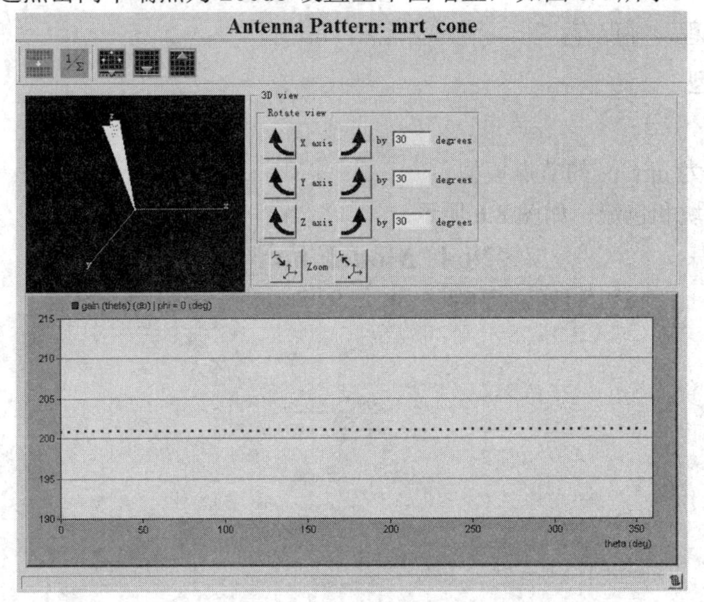

图 8.4　全向天线设置

(3) 类似地，设置 0.0deg 为 200db。

(4) 作归一化处理，保存天线模式。

2. 指向处理器

该模块计算发信机的移动位置，并设置为天线模块的目标属性。

(1) 建立一个名为 mrt_rx_point 的新的进程。

(2) 在 mrt_rx_point 进程编辑器中，建立非强制状态 point。

(3) 打开 point 入口，执行 File→import，选择文件为<dir>\models\std\tutorial_req\mod-eler\mrt_ex，导入代码。

(4) 在 mrt_rx_point 进程编辑器中，执行 Interface→Process Interface；将 begsim intrpt 初始值设置为 enabled，所有属性状态都设为隐藏，如图 8.5 所示。

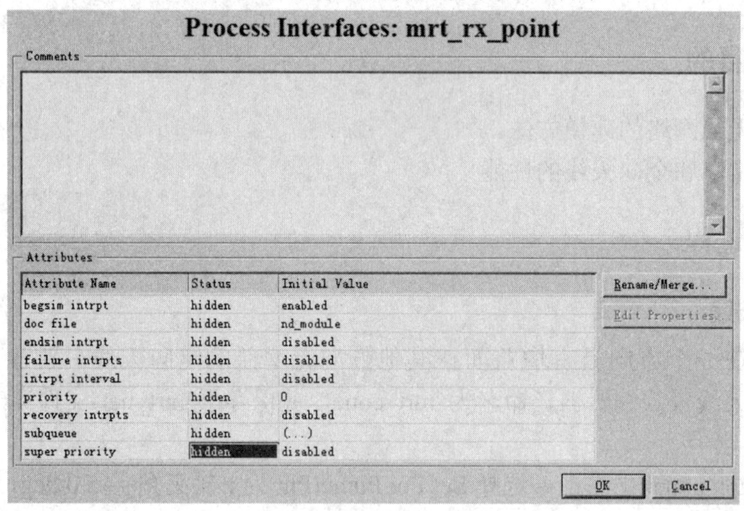

图 8.5　进程接口设置

(5) 编译进程，并保存。

3. 节点模型

1) 发信机

(1) 新建名为 mrt_tx 的节点模型。

(2) 建立模块和包流，如图 8.6 所示。

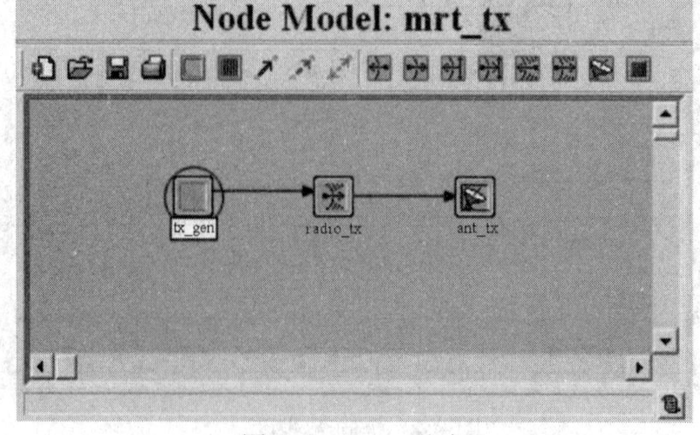

图 8.6　mrt_tx 节点

(3) 将 tx_gen 的进程属性设为 simple_source。

(4) 编辑 radio_tx 属性：将调制方式(modulation)设置为 bpsk；点击 channel: value，如图 8.7 提升 radio_tx 的 channel: power 属性。

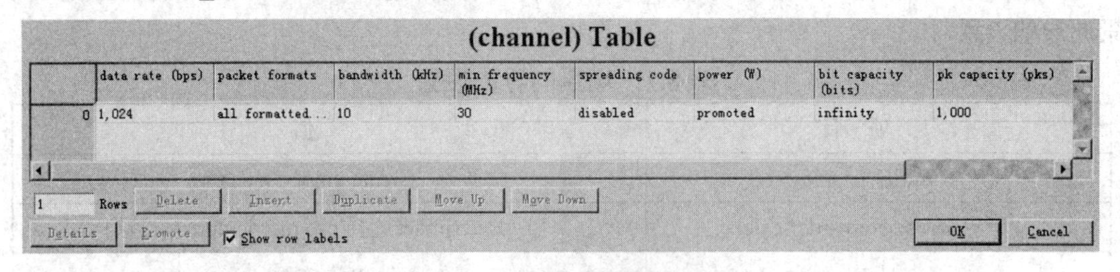

图 8.7　信道属性设置

(5) 执行 Interface→Node Interface，在 Node Interface 对话框中将该节点设置为仅支持固定节点。参数设置为：altitude: 0.003；radio_tx_channel [0]. Power: promoted；其余参数状态为隐藏。

(6) 保存该节点模型。

2) 干扰节点

(1) 将 mrt_tx 节点模型另存为 mrt_jam 节点。

(2) 打开 mrt_jam 节点，编辑 radio_tx 属性：将调制方式设置为 jammod。

(3) 执行 Interface→Node Interface，将该节点设置为仅支持移动节点。参数设置为：altitude: 0.003；radio_tx_channel [0]. Power: promoted；其余参数状态为隐藏。

3) 收信机

(1) 新建一个 mrt_rx 节点，如图 8.8 创建模块。

(2) 将 rx_point 的进程属性设置为：mrt_rx_point。

(3) 将 radio_receiver 的 error model 属性设置为：dra_error_all_stats。

(4) 将 ant_rx 的 pattern 属性设置为：promoted。

(5) 执行 Interface→Node Interface，将该节点设置为仅支持固定节点，参数设置为：altitude: 0.003；ant_rx. pattern: promoted；其余参数状态为隐藏。

(6) 保存该节点。

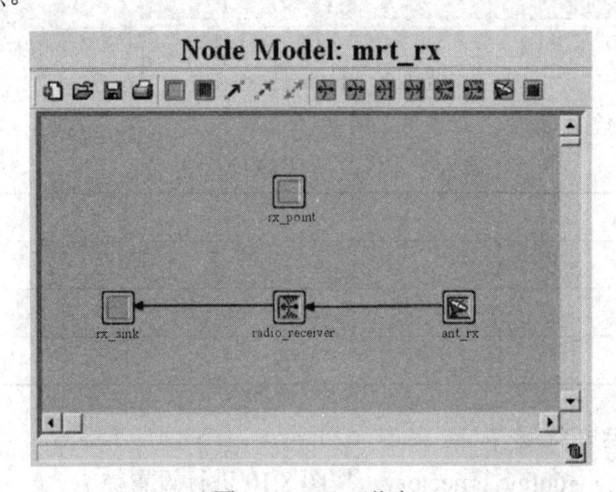

图 8.8　mrt_rx 节点

4. 网络模型

1) 工程与场景

(1) 启动向导，建立一个名为 mrt_net 的工程，场景名为 antenna_test，按表 8.1 进行场景向导的设置。

表 8.1　场景向导的设置

项　目	值
Initial Topology	Create empry scenario
Choose Network Scale	Enterprise(选择 use metric unit 复选项)
Enterprise Sizing Method	Specify size
Specify Size	10 km×10 km
Select Technology	None

(2) 打开调色板，增加 mrt_jam、mrt_rx 和 mrt_tx 至 network's private palette(右键点击)，并构建网络拓扑，如图 8.9 所示。

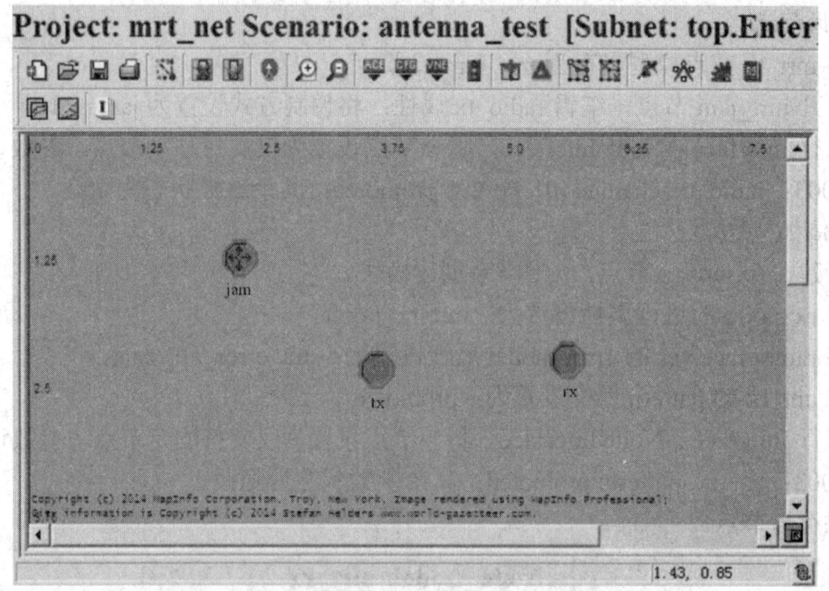

图 8.9　mrt_net 网络拓扑

(3) 设定节点的位置属性，如表 8.2 所示。

表 8.2　节点位置属性的设置

node	X axis	Y axis
tx	3	3
rx	4	3
Jam	0.5	2.5

2) 移动节点的运动轨迹

(1) 执行 topology→define trajectory，按图 8.10 进行设置。

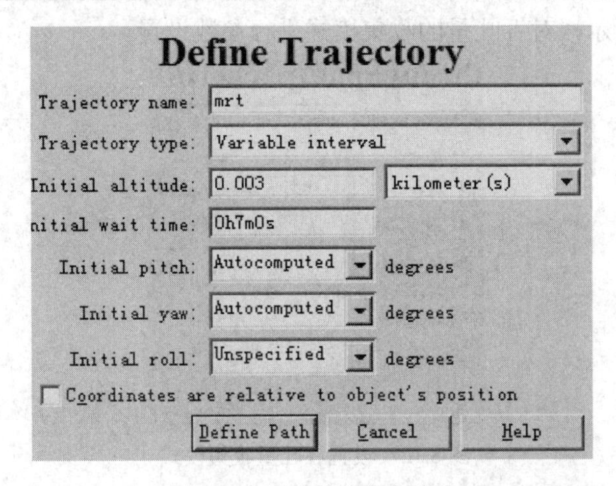

图 8.10　用分段法定义轨迹

(2) 在 Define Trajectory 窗口中，单击 Define Path，按如下步骤设置路径：

- 单击 jam 节点，作为轨迹的开始。
- 单击(7.5，2.5)，右击结束路径。
- 单击 complete，结束设置。

(3) 右击 jam 节点，编辑节点 trajectory 属性为 mrt。

5. 仿真实验

1) 收集统计量

(1) 右击 rx 节点，选择 Choose Individual DES Statistics。

(2) 选择统计量：

• 误比特率：在本实验中，误比特率为 0 才可接收；否则认为是误帧，拒绝接收。该统计量选择路径为：module statistics→radio_rx.channel [0]→radio receiver→bit error rate。

• 吞吐量表示接收机每秒成功接受的包的个数平均值。该统计量选择路径为：module statistics→radio_rx.channel [0]→radio receiver→throughput(packets/sec)。

(3) 设置误比特率属性。右击 bit error rate，选择 change collection mode，在弹出对话框中选中 Advance 复选项，使能编辑框。按图 8.11 设置统计量收集模式：

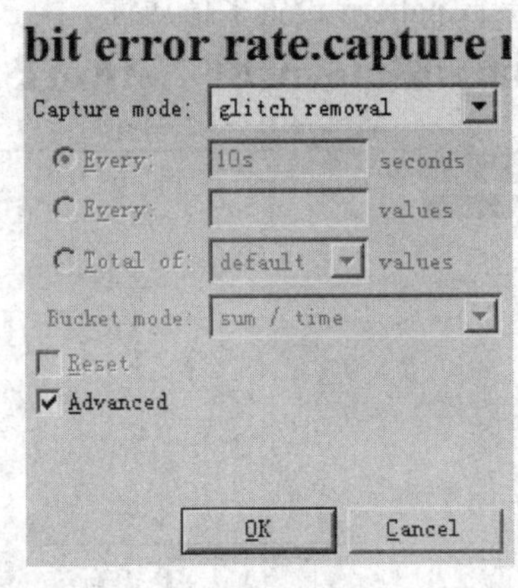

图 8.11　设置误比特率收集模式

(4) 如图 8.12 所示，对吞吐量的收集模式进行参数设置。

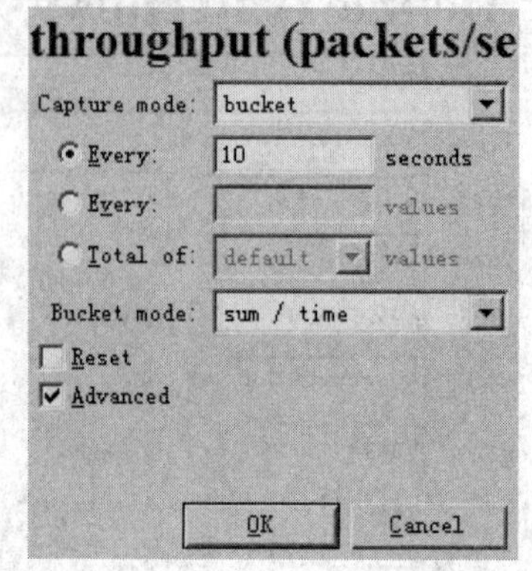

图 8.12　设置吞吐量收集模式

2) 仿真配置

(1) 执行 DES→Configure/Run Discrete Event Simulation(Advanced)，打开仿真序列编辑器。

(2) 右击仿真序列图标，选择 edit attribute。

(3) 单击 object attributes，打开 object attributes 界面。

(4) 点击 add，加入属性值，如图 8.13 所示。

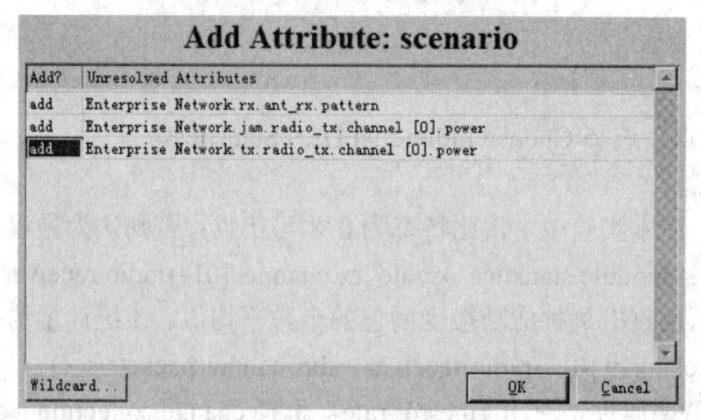

图 8.13　添加仿真属性

(5) 如图 8.14 所示，为 ant_rx.pattern 设置多值属性。

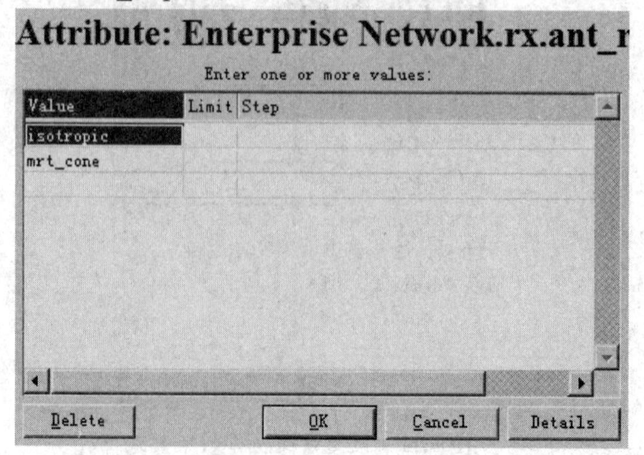

图 8.14　设置 ant_rx.pattern 多值属性

(6) 按表 8.3 设置功率属性。

表 8.3　功率属性的设置

属　性	设　置
jam.radio_tx.channel [0].power	20
tx.radio_tx.channel [0].power	1

(7) 在 DES 界面下，按图 8.15 进行仿真设置。

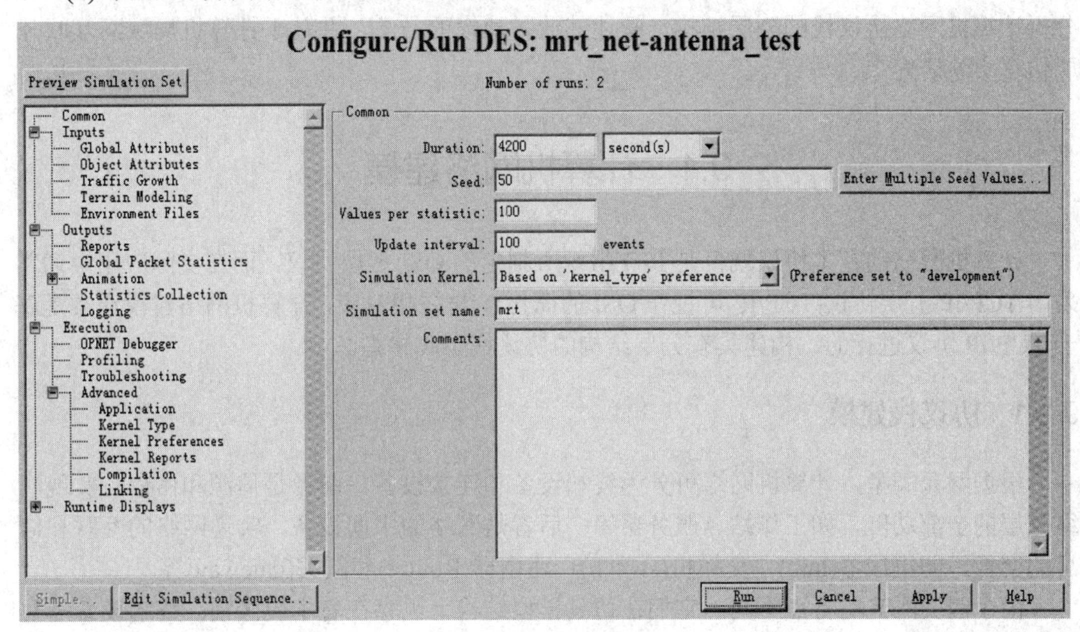

图 8.15　mrt_net 的仿真设置

(8) 运行仿真。

8.2.3　实验思考

1. 分析误比特率仿真结果，比较两种天线模式下的误比特率特性。
2. 分析吞吐量仿真结果，比较两种天线模式下的吞吐量特性。
3. 结合跟踪调试信息，分析无线轨道阶段的工作过程。
4. 分析指向处理器的代码结构，阐释其作用所在。
5. 试结合通信网、通信原理等课程，阐释本实验所体现的通信原理。

第九章　计算机局域网互联仿真

计算机网络是一种最为典型的通信网，具有成熟的协议栈和丰富的业务应用。本章将分析计算机网络协议栈的分层结构，阐述其业务建模的方法，并基于计算机局域网互联开展仿真实验研究。

9.1　计算机网络建模

计算机网络的基本协议规范是 ISO 组织所制定的 OSI 七层协议，而在实际应用中通常采用 TCP/IP 五层协议(TCP/IP 可视作 OSI 的简化)。与之相对应，计算机网络建模通常是基于 TCP/IP 协议进行的、构建具有分层结构的协议栈仿真模型。

9.1.1　协议栈建模

根据网元类型，计算机网络可分为终端设备和连接设备。前者是信源和信宿，实现网络分层的全部功能，如工作站、服务器等；后者是网络的中间设备，实现网络的互联和信息的交换，如集线器(hub)、交换机(switch)、路由器(Router)和网关(gateway)等。

由于两类网元的特点不同，它们在仿真模型结构上也存在着本质区别：终端设备需要实现协议栈中包括应用层和传输层在内的各层内容(由于研究的重点不同，在建模中可能将某一层淡化甚至忽略)；而连接设备仅需实现通信的相关层，这些层自下而上依次为物理层、数据链路层和网络层。

1. 终端设备模型

OPNET 模型库提供了多个网络终端设备节点，一个典型的实例就是以太网工作站，其节点模型为 ethernet_wkstn_adv，如图 9.1 所示。

节点 ethernet_wkstn_adv 具有完整的 TCP/IP 协议栈五层结构，自下而上依次为：

(1) 物理层：完成调制、解调和发送、接收等功能，由总线型发送机和接收机模块实现；

(2) 数据链路层：完成媒介访问控制，由 mac 队列模块实现；

(3) 网络层：完成地址解析、IP 路由及资源预留、拆封 IP 包等功能，自下而上由 arp、ip、ip_incap 以及 rsvp 等多个模块实现；

(4) 传输层：完成 TCP 和 UDP 等功能，由 tcp 和 udp、dhcp、rip 以及传输适配子层 tpal (transport adaptation layer)等模块实现；

(5) 应用层：产生和处理数据(是发送数据的信源和接收数据的信宿)，提供业务配置接口，由 application 模块实现。

各个协议层之间(以及一个协议层中的各个子层之间)通过包流进行双向通信，即在发送侧，数据包自高向低传送，实现数据包封包；在接收侧，数据包自低向高传送，实现数据包拆包。

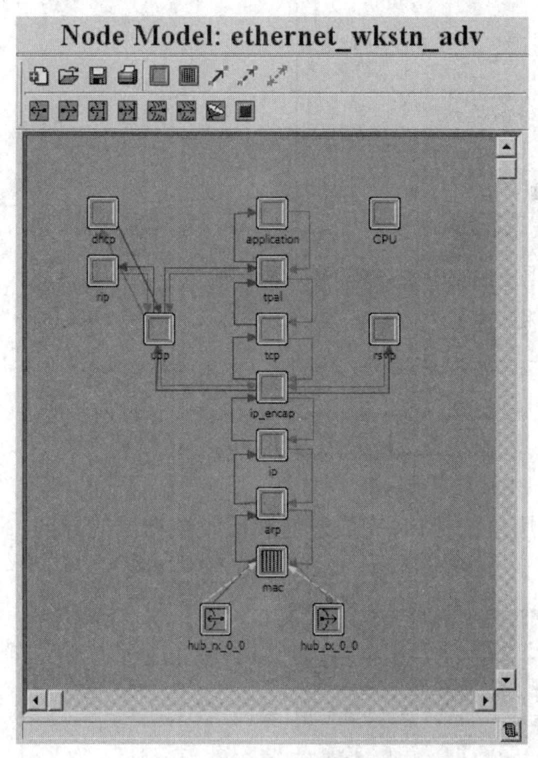

图 9.1　以太网工作站节点 1

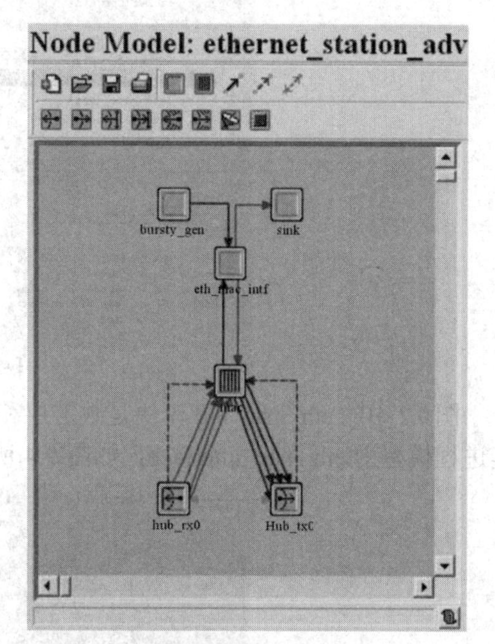

图 9.2　以太网工作站节点 2

图 9.1 中的 CPU 模块是为了提供 Server_Cnofig 模块的接口，以便进行服务器或工作站的硬件仿真。

在某些情况下，所做的研究只针对某些协议栈层次，而对其他的问题不予关心，所以在仿真建模中，可以将不相关的协议层屏蔽，从而达到简化模型和提高仿真效率的目的。例如，在节点模型 ethernet_station_adv 中，只实现了数据链路层、物理层和数链层的信源和信宿，而对应用层、传输层和网络层不予考虑，如图 9.2 所示。

如图 9.2 所示，数据链路层的高层是由 bursty_gen 和 sink 分别实现的。bursty_ gen 实现 on/off 模式的业务产生(参见 9.2 业务建模部分)；而 sink 模块以前面介绍过的 sink 进程为模型，收集统计量并销毁接收包。数据链路层本身是由 mac 实现的，完成媒介访问控制功能；物理层是由总线型收、发信机模块实现的。

图 9.2 中，在 mac 模块和收、发信机之间建立了多条包流线。与之相对应，在收、发信机中也要配置多条信道，接收机的信道属性配置如图 9.3 所示。

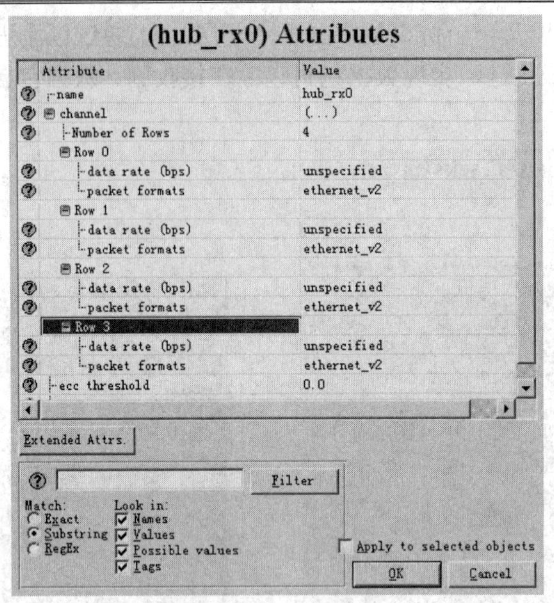

图 9.3　在总线接收机中配置多条信道

图 9.2 中的 eth_mac_intf 模块是数链层和应用层的接口，完成发送和接收数据流的导向。其进程模型为 eth_mac_interface，如图 9.4 所示。

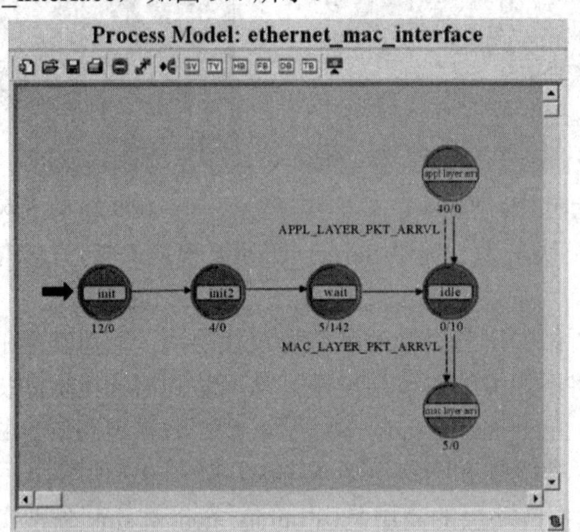

图 9.4　eth_mac_interface 进程模型

图 9.4 中，首先通过 int 和 int2 进行初始化并等待 mac 注册进程信息，然后通过 wait 获取 mac 的注册信息(上述状态均为非强制状态，其状态激活都是通过自中断实现的)。之后，进入下一个非强制状态 idle，执行入口代码后，等待流中断的到来。

当流中断到来后，若流中断来自于应用层，则转向强制状态 appl layer arrival，进行 mac 地址解析，并向其下层 mac 传送；若流中断来自于 mac，则转向强制状态 mac layer arrival，直接向上层 sink 传送。转移条件定义的代码如下：

```
/* Definition for the transition conditions  */
#define MAC_LAYER_PKT_ARRVL (intrpt_type == OPC_INTRPT_STRM && intrpt_strm ==
instrm_from_mac)
```

```
#define APPL_LAYER_PKT_ARRVL (intrpt_type == OPC_INTRPT_STRM && intrpt_strm !=
instrm_from_mac)
```

比较图 9.1 和图 9.2 可以发现：两种节点模型在协议栈的逻辑结构上是一致的，但后者更关心低层的通信行为，将协议高层简化。事实上，在简化高层的同时，第二个模型并用更精确的离散业务代替了背景业务，从而细化了低层行为，这一点将在本章的业务建模部分具体论述。

2. 连接设备模型

在计算机网络中，存在着广播域和冲突域的范畴。

(1) 广播域：是指网段上所有设备的集合。这些设备收听送往某网段的所有广播。广播域内所有的设备都必须监听所有的广播包，如果广播域太大了，用户的带宽就小了，与此同时，网络响应时间将会迅速增长。

(2) 冲突域：是指在一个站点向另一个站点发送信号的过程中，除目的站点外，所有能收到这个信号的站点的集合。冲突域具有浪费带宽和增加时延的负面作用。比如，A、B、C 三台主机处于同一个冲突域，若 A 和 B 在同一时刻发送数据，则同时延迟一段时间后再各自发送，这样既降低了信息传输速率也增加了传输时延。

在网络连接设备中，集线器(Hub)的所有端口都在同一个广播域、冲突域内； HUB 既不能分割冲突域和也不能分割广播域。交换机(Switch)及网桥(Bridge)的所有端口都在同一个广播域内，而每一个端口都是一个冲突域；交换机及网桥能分割冲突域，但分割不了广播域。而路由器(Router)的每个端口都属于不同的广播域，可以分割广播域。

从网络层次上说，Hub 属于第一层设备，所以分割不了冲突域；交换机和网桥属于第二层设备，所以能分割冲突域；路由器属于第三层设备，所以既能分割冲突域又能分割广播域。与之相对应，各类网络连接设备仅能实现所在层及以下的 TCP/IP 协议栈结构。以网桥为例，网桥作为二层设备仅实现物理层和数据链路层。图 9.5 为以太网网桥的节点模型，由功能模块和四个端口构成。该模型的每个端口都具有相同的结构：以 mac 队列模块实现数链层，以总线型收、发信机实现物理层。

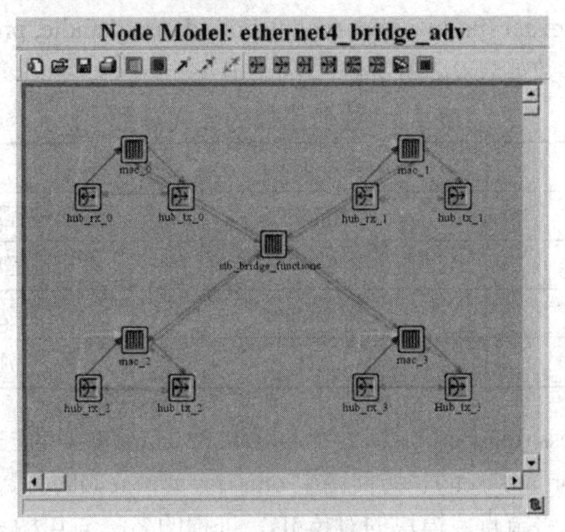

图 9.5　以太网网桥的节点模型

9.1.2　基于进程注册的隐式信息传递

在协议栈建模中，各层之间需要进行频繁而复杂的信息交互。对信息交互建模，经常采用包流线和状态线的方法。例如，在节点模型 ethernet_station_adv 中(见图 9.2)，相邻模块之间通过包流线传递包，而收、发信机通过状态线向 mac 发送信道忙和接收功率等状态信息。包流线和状态线是在节点域可见的，是显式信息传递方式。

鉴于协议栈信息交互的特点，如果都采用显式传递会使模型十分复杂。因而，OPNET 提供了一种进程注册的方法，即通过 OMS 类核心函数和数据结构，实现进程信息的交互。这种方法是通过进程代码实现的，在节点域是不可见的，故称之为隐式信息传递方式。本小节将论述采用隐式信息传递进行信息交互的方法。

进程注册(process register)支持进程信息的注册、设置、发现和获取。任何进程都可以对自身的信息进行注册，但每个进程仅能够注册一次，任何进程也都可以获得所在节点域内已注册进程的信息。

进程注册是通过 OMS(OPNET Model Support)函数集 Process Registry 函数子集实现的，其中包含的函数列于表 9.1 中，每行的输入函数和查询函数具有对应关系。

表 9.1　进程注册函数

输入函数	查询函数
oms_pr_process_register ()	oms_pr_process_discover ()
oms_pr_attr_set ()	oms_pr_attr_get ()

要使用进程注册必须加入包含进程注册函数的外部文件 oms_pr.ex.c，还需要加入头文件 oms_pr.h(包含进程注册的数据类型和符号常量)。两个文件均位于<opnet_dir>/models/std/utilities/oms 目录下。

下面将阐述进程注册的编程方法。首先，要通过 oms_pr_process_register()函数对进程进行注册。注册函数的函数原型如下：

oms_pr_process_register (node_objid, module_objid, pro_handle, process_name)

注册函数的函数参数如表 9.2 所示。

表 9.2　注册函数的形式参数

参　数	类　型	描　述
node_objid	Objid	注册进程所在节点的对象 id
module_objid	Objid	注册进程所在模块的对象 id
pro_handle	Prohandle	注册进程的进程句柄
process_name	char *	注册进程名

函数 oms_pr_process_register()返回一个 OmsT_Pr_Handle 型的进程注册数据结构句柄，可作为设置函数 oms_pr_attr_set()和访问函数 oms_pr_attr_get()的参数使用。

在注册过程中，已将节点、模块的对象 ID、进程的名称与句柄等属性设置成了注册属性。如果需要增加进程的注册属性，可以通过 oms_pr_attr_set()设置函数实现。事实上，注册中的属性设置也是通过设置函数实现的，相关代码位于 oms_pr.ex.c 文件注册函数的定义中，定义注册函数的属性设置代码如下：

```
/* Add the required attributes (passed to this procedure) to the record.*/
oms_pr_attr_set ((OmsT_Pr_Handle) pr_reg_handle,
        "node objid",        OMSC_PR_OBJID,        node_objid,
        "module objid",      OMSC_PR_OBJID,        module_objid,
        "process handle",    OMSC_PR_PROHANDLE,    op_pro_handle,
        "process name",      OMSC_PR_STRING,       process_name,
        OPC_NIL);
```

设置函数 oms_pr_attr_set()的函数原型如下：

```
oms_pr_attr_set (pr_handle, attr0_name, attr0_type, attr0_value,..., OPC_NIL)
```

其中，第一个参数为 OmsT_Pr_Handle 型的进程注册数据结构句柄，之后以<名称(nam e)> - <类型(type)> - <值(value)>的“三连参”形式，写入要设置的属性。函数参数以常量符号 OPC_NIL 结束。在设置过程中，可选择的属性类型如表 9.3 所示。

表 9.3 进程注册的属性类型

符号常量	数据类型	描述
OMSC_PR_OBJID	Objid	对象的标识
OMSC_PR_STRING	char *	字符串
OMSC_PR_NUMBER	double	双精度型
OMSC_PR_STRINGLIST	List *	字符串列表
OMSC_PR_PROHANDLE	Prohandle	进程句柄
OMSC_PR_POINTER	Vartype *	内存地址
OMSC_PR_INT32	OpT_Int32	32-bit 整型地址
OMSC_PR_INT64	OpT_Int64	64-bit 整型地址
OMSC_PR_INVALID	n/a	无效类型

在设置参数过程中，如果<name>不存在于数据结构中，则生成新的属性；如果已经存在，则根据<type>、<value>更新原有的属性信息。

以下我们以 ip_encap_v4 为例，分析进程注册和属性设置的方法。进程模型 ip_encap_v4 应用于 ethernet_wkstn_adv 节点模型的 ip_enap 模块(参看图 9.1)中，以下为该模型的初始化状态入口程序中的部分代码：

```
/** Register using OMS Process Registry. **/
```

通过核心函数 op_id_self()获取模块的 objid：

```
own_objid = op_id_self ();
```

通过核心函数 op_topo_parent()获取模块的父对象——节点的 objid：

```
own_node_objid = op_topo_parent (own_objid);
```

通过核心函数 op_pro_self()获取 ip_encap_v4 的进程 id：

```
own_prohandle = op_pro_self ();

/* Obtain the name of the process. It is the */
/* "process model" attribute of the module.    */
op_ima_obj_attr_get_str (own_objid, "process model", 20, proc_model_name);
```

之后，调用 OMS 函数 oms_pr_process_register()注册进程，并返回一个 OmsT_Pr_Handle 型句柄：

```
process_record_handle = (OmsT_Pr_Handle) oms_pr_process_register (own_node_objid, own_objid, own_prohandle, proc_model_name);
```

以 oms_pr_process_register()返回句柄为参数，调用设置函数 oms_pr_attr_set()进行进程协议属性的设置。三个连续参数中“名称”为 protocol；“类型”为 OMSC_PR_STRING；“值”为字符串 ip_encap：

```
oms_pr_attr_set (process_record_handle, "protocol", OMSC_PR_STRING, "ip_encap", OPC_NIL);
```

当一个进程要查询进程注册以获取特定进程的信息时，首先需要获取与指定属性值相匹配的进程注册句柄。获取匹配的进程注册句柄的过程称为进程发现，是通过进程注册发现函数 oms_pr_process_discover()实现的。该函数的函数原型如下：

```
oms_pr_process_discover (neighbor_objid, pr_handle_lptr, attr0_name, attr0_type, attr0_value,..., OPC_NIL)
```

该函数的第一个形参有两种形式可供选择：

(1) 模块的 objid：仅对与该模块相邻的所有模块启动进程注册的发现过程；

(2) OPC_OBJID_INVALID：对所在节点内所有模块启动进程注册的发现过程。

该函数的第二个参数为一个指向列表的指针，用于存储发现的句柄。后面的属性参数以“三连参”的形式出现，可以是 oms_pr_process_register()注册的属性，也可以是 oms_pr_attr_set()设置的属性。与所有属性都匹配的进程注册句柄，将会存储于第二个参数指向的列表中，以便进行查询管理。

对已经发现的进程注册，可以调用 oms_pr_attr_get()函数进行属性查询。

下面，我们仍以 ip_encap_v4 为例，分析进程发现和属性查询的方法。以下为该进程模型中状态 STRM_DEMUX 中的部分代码：

```
/* Find the object IDs for use in process discovery.          */
own_objid = op_id_self ();
own_node_objid = op_topo_parent (own_objid);
```

首先对列表 proc_record_handle_list 进行初始化，其指针&proc_record_handle_list 作为 oms_pr_process_discover()函数的参数二，用于存储匹配的进程注册句柄，代码如下：

```
op_prg_list_init (&proc_record_handle_list);
```

然后，根据进程注册属性发现与当前节点相邻的所有进程，代码如下：

```
oms_pr_process_discover (own_objid, &proc_record_handle_list, "node objid",
OMSC_PR_OBJID, own_node_objid, OPC_NIL);
```

在进程发现后，对列表中匹配的进程注册，分配接口信息结构的存储空间，代码如下：

```
record_handle_list_size = op_prg_list_size (&proc_record_handle_list);

if (record_handle_list_size == 0)
        {
        /* An error should be created if no processes are                      */
        /* connected to ip_encap.                                              */
        op_sim_end ("Error: no modules connected to ip_encap", "", "", "");
        }
else
        {
        /** For all the directly connected networks, find the                 **/
        /** protocol, as well the input and output stream                     **/
        /** indices.                                                          **/

        /* Create the interface information structure.                         */
        interface_table = (IpT_Encap_Interface **) op_prg_mem_alloc (record_handle_list_size * sizeof
        (IpT_Encap_Interface *));
```

对非空的列表，根据注册指针进行属性查询和数据处理：

```
/* Loop through the discovered processes, adding the                           */
/* interface records to the list.                                              */
for (i = 0; i < record_handle_list_size; ++i)
        {
        process_record_handle = (OmsT_Pr_Handle) op_prg_list_remove
                (&proc_record_handle_list, OPC_LISTPOS_HEAD);

        /* Obtain the module object id of the neighboring                      */
        /* module, and the value of the protocol attribute.                    */
        oms_pr_attr_get (process_record_handle, "module objid", MSC_PR_OBJID, &neighbor_mod_objid);

  if (oms_pr_attr_get (process_record_handle, "protocol", OMSC_PR_STRING, protocol_name) ==
        OPC_COMPCODE_SUCCESS)
                {
                /* Determine the input and output stream indices.              */
                oms_tan_neighbor_streams_find (own_objid, neighbor_mod_objid,
                        &input_strm, &output_strm);

                if (strcmp (protocol_name, "ip") == 0)
                        {
```

```
            /* This is the ip module in this node,   It does          */
            /* not need to be added to the interface table,           */
            /* but it's stream indices should be stored.              */
            instrm_from_network = input_strm;
            outstrm_to_network = output_strm;

            gateway = (oms_pr_attr_get (process_record_handle, "gateway
                node", OMSC_PR_STRING, gateway_str, OPC_NIL)
                == OPC_COMPCODE_SUCCESS) ? OPC_TRUE : OPC_FALSE;
            }
        else
            {
            /* Store the upper layer module information in            */
            /* an interface table.                                    */
            /* Allocate memory for the interface element.             */
            interface_table [interface_table_size] = (IpT_Encap_Interface *) op_prg_mem_alloc
(sizeof (IpT_Encap_Interface));

            /* Store the protocol number and the corresponding        */
            /* stream indices into the interface table.               */
                ⋮

    interface_table [interface_table_size]->outstream = output_strm;
    interface_table [interface_table_size]->instream = input_strm;
                ⋮

            /* Maintain a count of the number of records in           */
            /* the interface table.                                   */
            interface_table_size++;
            }
        }
```

目前，OPNET已经建立了丰富的网络设备模型，包括工作站、服务器和无线终端等终端设备和路由器、交换机、集线器等连接设备，并对世界上许多主要网络厂商(如Cisco和3Com)的主要产品建立了模型。读者在建模过程中可通过网络域的Object Palette调用这些节点模型，并配置业务属性(参见9.2小节)和仿真属性等对象属性形成仿真对象。

但是，一方面由于网络世界新技术、新设备层出不穷，OPNET模型库不可能完全涵盖；另一方面，对于研发者来说，新方法的研究才是仿真的实质内容。这就必然要求对原有模型进行结构和代码的改变，甚至独立建立新的网络设备模型。

9.2 业务建模

建立网络拓扑模型后，需要在网络上添加业务来模拟客户的行为，以便进行网络性能的评估。为了使网络仿真对实际生活有指导意义，业务建模必须能够正确反映实际业务的统计特性并且具有足够的精确度。

业务的统计特性反映了客户行为的随机性。这种随机性包括业务量的大小、发包的间隔等参数，可通过概率分布函数进行模拟。

而业务的精确度反映了业务的精确程度。业务的精确度(granularity)越高，仿真过程就越细致，所得到的仿真结果越准确。离散业务(discrete traffic)仿真使每一个封包通过协议栈的各个层次，可以完全精确地模拟包的传送、拆封和路由过程。一般来说，离散业务精确度很高，但仿真速度较慢，特别是对于数据量非常大的话音、视频等业务而言，仿真过程将会非常缓慢。为了提高仿真效率，OPNET 提供了一种背景业务(background traffic)方法。在背景业务下，数据包不是对每个包进行建模，而是通过数学建模建立一个聚合的抽象实体，称为“流”。流业务通过传输速率(包含：bit/s 和 packet/s)来调整流量的大小，具有较高的仿真速度，但不能反映出包传输中的具体细节(如计算包延时)。

在业务建模中，离散业务主要是通过节点业务配置实现的，背景业务主要是通过业务流(如 IP 流、ATM 流)实现的。而应用需求和自相似业务可实现离散业务和背景业务的混合，建立混合业务模型。

9.2.1 离散建模方法

离散业务建模是一种精确的建模方法，该方法需要对每一个数据包的行为进行仿真。从高层上看，离散业务开展的是 HTTP、FTP 等业务应用；从低层上看，离散业务进行的是数据的产生、传输和处理。

离散业务主要是通过基于节点的业务配置实现的，可以在数链层、网络层和应用层等不同协议层上进行配置。其中，网络层业务建模通常是基于自相似业务实现的(参看混合业务建模中的自相似业务建模部分)，以下将重点介绍数据链路层和应用层离散业务的建模方法。

1. 数据链路层业务建模

数据链路层业务建模应用于仅包含物理层和数据链路层的通信网络中。如以太网模型中的 ethernet_station_adv 节点(参看图 9.2)就为协议栈的低二层模型，该模型采用了数据链路层的业务建模方式。

典型的数据链路层业务模型是 On/Off 业务模型，该模型将仿真时间划分为两种时间段：On 意味着业务进行；Off 意味着业务停止。进程 bursty_source 可以实现 On/Off 业务。如图 9.6 所示，节点模型 ethernet_station_adv 中 bursty_gen 模块就应用了该进程模型。

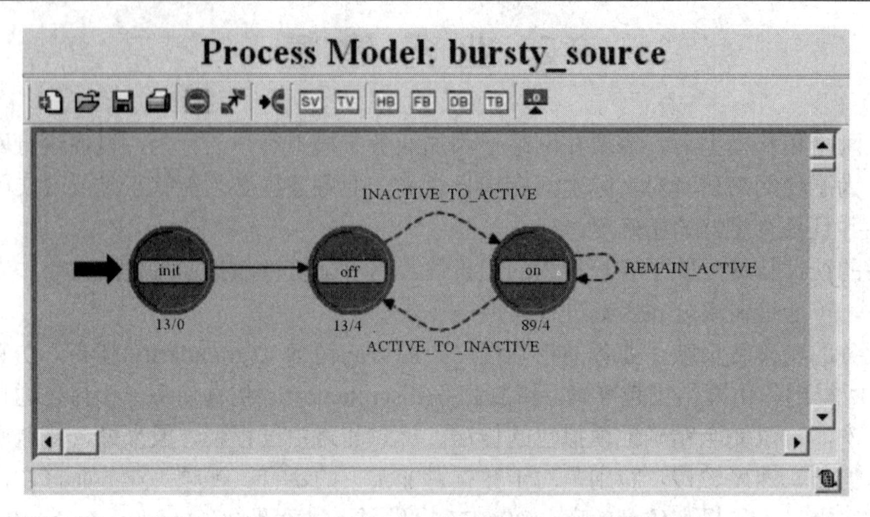

图 9.6　bursty_source 进程模型

进程 bursty_source 在初始化后，off 和 on 通过自中断不断进行状态的转换，状态转移条件的代码为：

```
#defineINACTIVE_TO_ACTIVE      (intrpt_type == OPC_INTRPT_SELF && intrpt_code == OFF_TO_ON)
#defineACTIVE_TO_INACTIVE      (intrpt_type == OPC_INTRPT_SELF && intrpt_code == ON_TO_OFF)
```

触发 OFF_TO_ON 的自中断是在状态 off 的入口代码中实现的，具体代码如下：

```
off_period = oms_dist_outcome (off_state_dist_handle);

/*    Schedule a self-interrupt to transit to the "ON"          */
/*    when the "OFF" state duration expires.                    */
if (op_sim_time () + off_period < stop_time)
 op_intrpt_schedule_self (op_sim_time () + off_period, OFF_TO_ON);
```

触发 ON_TO_OFF 的自中断是在状态 on 的入口代码中实现的，其中的状态转换时间间隔是通过 OMS 函数集的随机生成函数 oms_dist_positive_outcome_with_error_msg()产生的，具体代码如下：

```
if (op_intrpt_code () == OFF_TO_ON)
 {
 /*    Determine the time at which this process will            */
 /*    enter the next    "OFF" state.                           */
 on_period = oms_dist_positive_outcome_with_error_msg (on_state_dist_handle, "This occurs for ON
period distribution in bursty_source process model.");
 off_state_start_time = op_sim_time () + on_period;

 /*    Schedule a self-interrupt to transit to "OFF"            */
 /*    state when the "ON" state duration expires.              */
 op_intrpt_schedule_self (off_state_start_time, ON_TO_OFF);
 }
```

在状态 on 中，可以产生多个数据包，产生数据包的时间间隔由随机生成函数产生，具体代码如下：

```
/*    Generate the packets based on the loaded parameters    */
/*    for traffic generation.                                */
next_packet_arrival_time = op_sim_time () + oms_dist_positive_outcome_with_
error_msg (intarrvl_time_dist_handle, "This occurs for packet inter-arrival time distribution in bursty_source
process model.");
```

多个数据包是通过 ON_TO_ON 自中断，对非强制状态 on 进行自我激活实现的。其宏定义和相关代码如下：

```
#define    REMAIN_ACTIVE    (intrpt_type == OPC_INTRPT_SELF && intrpt_code == ON_TO_ON)

/*    Check if the next packet arrival time is within the     */
/*    time in which the process remains in "ON" (active)      */
/*    state or not.                                           */
/*    Schedule the next packet arrival.                       */
if ((next_packet_arrival_time + PRECISION_RECOVERY < off_state_start_time) &&
 (next_packet_arrival_time + PRECISION_RECOVERY < stop_time))
 {
 op_intrpt_schedule_self (next_packet_arrival_time, ON_TO_ON);
 }
```

每个数据包的长度也是通过随机生成函数产生的，数据包生成代码如下：

```
/*    Create a packet using the outcome of the loaded    distribution. */
pksize = floor ((double) oms_dist_positive_outcome_with_error_msg (packet_size_dist_handle, "This
occurs for packet size distribution in bursty_source process model."));
pksize *= 8;
pkptr   = op_pk_create (pksize);
```

通过以上对进程模型的分析，我们可以联想到以前介绍过的 simple_source 模型，二者的本质是一致的，都是通过随机的发包间隔和包长生成数据包，而 On/Off 增加了“开关”功能，更适合于描述业务行为。因此，simple_source 可看做 On/Off 的一个特例——一种“常开”的 On/Off 业务模型。

在节点 ethernet_station_adv 模型中，进程 bursty_source 的 On/Off 已提升为节点属性。可以在节点属性中对 On/Off 参数进行随机类型配置，配置过程如图 9.7 所示。

应该指出，On/Off 的“开关”建模方法不仅应用于 bursty_source 模型中，也应用于其他许多业务源模型，如自相似业务源 rgp_onoff_source 进程模型。事实上，On/Off 建模方法是 OPNET 业务建模的一个基本思路，可以和其他方法(如自相似业务)嵌套使用；为了明确这一概念，我们将类似 bursty_source 模型的业务产生方法称为 On/Off 简单模式。

同时，数据链路层业务建模也不局限于采用 On/Off 简单模式，还可采用自相似业务(参见“自相似业务建模”部分)等方法建立模型。

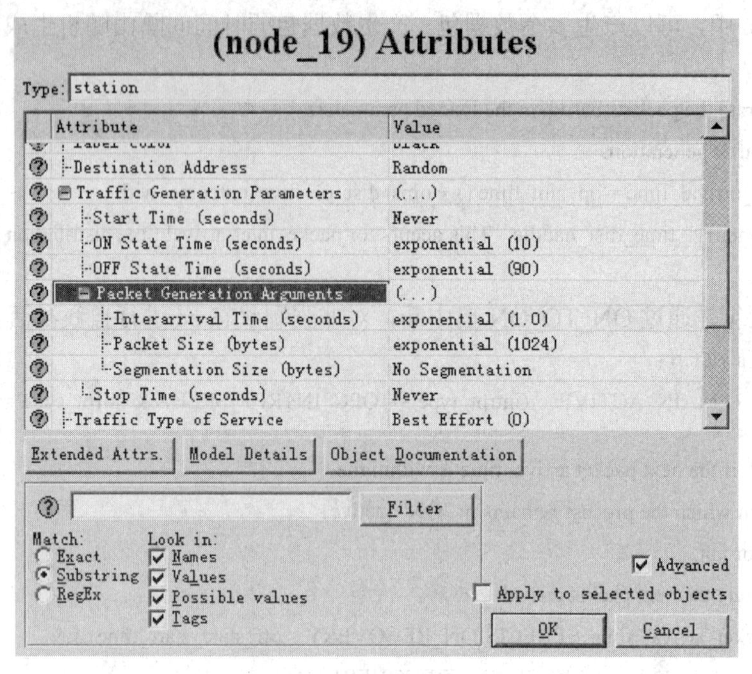

图 9.7　On/Off 参数配置

2. 应用层业务建模

应用层业务建模是一种最为常用的业务建模方式，用户可通过内建的全局模块对象，对应用业务节点进行业务配置。

在应用层业务配置过程中，经常要用到 Task Configure、Application Configure、Profile Configure 三个模块(读者可在 Object Palette Tree 中名为 Utilities 的节点文件夹中找到)。三者的作用各不相同：Task Configure 定义客户行为，用于客户自定义应用业务；Application Configure 为所有应用业务(包括 Task Configure 定义的自定义业务和 OPNET 内建的标准业务)配置客户业务参数，如包的大小、发包间隔、业务类型等；而 Profile Configure 根据 Application Configure 定义的客户业务具体确定每种业务的开始时间、持续时间和运行方式。三个全局对象依次以前者为基础；而在仅存在标准业务时，Task Configure 可以省略。

1) 基于 Task Configure 的自定义业务

自定义业务是由多项任务(Task)组成的，每个任务又是由多个阶段(Phase)构建的。任务是根据应用业务的上下关系定义客户活动的基本单元；客户与服务器间的通信以任务为实现基础。一个任务被分解成多个“阶段”，一个阶段表示一个具体的行为。所谓具体的行为，通常指一个特定的数据传输或数据处理过程。例如，我们可以将电子商务作为一项自定义业务，可将其分解为业务的请求、处理和应答三个阶段。

自定义业务可基于 Task Configure 进行配置：在网络域的对象面板(Object Palette Tree)中，查询到 Task Configure，并将其作为全局对象拖入到网络域模型中。单击右键，选择编辑属性(Edit Attributes)选项，进入任务属性界面。找到 Task Specification 属性，点击其属性值(value)，可进入任务说明表(Task Specification)Table 界面进行任务的配置，如图 9.8 所示。

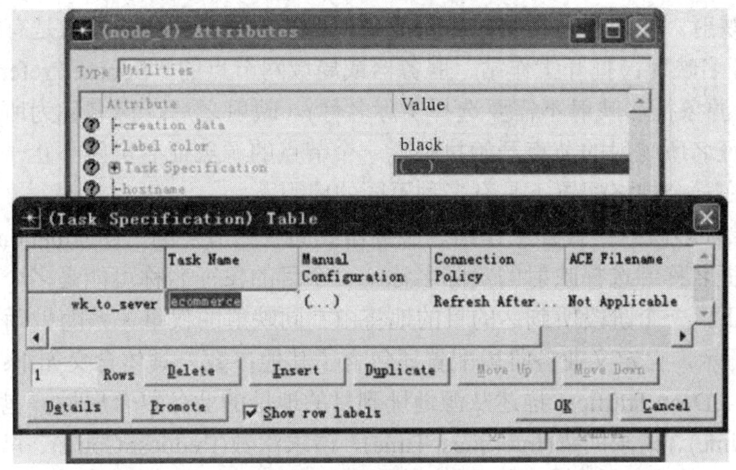

图 9.8 任务说明表

在任务说明表中，每行代表一项任务。在图 9.8 中，仅配置了一项自定义业务——电子商务(ecommerce)。点击 Manual Configuration 选项，进入手动配置表，可对电子商务进行阶段配置，如图 9.9 所示。

(Manual Configuration) Table

Phase Name	Start Phase After	Source	Destination	Source->Dest Traffic	Dest->Source Traffic	REQ/RESP Pattern	End Phase When	Timeout Properties	Transport Connection
request	Application S...	ecustomer	web_sever	(...)	(...)	REQ->RESP->RE...	Final Respons...	Not Used	(...)
process	Previous Phas...	web_sever	Not Applicable	(...)	(...)	REQ->RESP->RE...	Final Respons...	Not Used	(...)
reply	Previous Phas...	web_sever	ecustomer	(...)	(...)	REQ->RESP->RE...	Final Respons...	Not Used	(...)

3 Rows Delete Insert Duplicate Move Up Move Down

Details Promote Show row labels OK Cancel

图 9.9 手动配置表

在手动配置中，每行代表一个阶段(phase)。各阶段的起始方式(Start Phase After)是不同的。首个阶段开始于应用业务起始(Application Starts)，而其他阶段开始于前一阶段的结束(Previous Phase End)。同时，根据处理方式的不同，阶段通常被分为数据处理或数据传输，两者的差别在于数据传输有明确的源(Source)和目的(Destination)名称，而数据处理的只有明确的源名称，不使用目的名称(目的名称被标注为“Not Applicable”)。

如图 9.9 所示，电子商务任务由请求(request)、处理(process)和应答(reply)三个阶段构成。其中，请求为首阶段，起始于“Application Starts”；而处理和应答阶段起始于“Previous Phase End”。同时，“请求”和“应答”为数据传输阶段；“处理”而为数据处理阶段，目的名称标注为“Not Applicable”。

应当指出，这里的源和目的名称都是使用的象征名称(symbolic name)，而并非实际名称(actual name)。所谓实际名称对客户端而言就是客户地址(client address)，对服务器而言就是服务器地址(server address)。与实际名称不同，象征名称可以选用 Originating Source、Previous Source 和 previous Destination 预设值，分别表示业务起始源节点、上一阶段的源节点和目的节点(对于目的地址而言，还可选用 Not Applicable 选项)。

当未使用上述预设值时，阶段将搜索和使用象征名。所谓象征名，是用户在进行了任务(Task)、应用(application)和规格(profile)的配置后，对工作站、服务器或局域网节点所进行的实际名称映射。在配置过程中，源象征名和目的象征名的映射方法是有所区别的：

(1) 源象征名映射：打开工作站、服务器或局域网节点的“Source Preferences”属性，输入象征名称(源象征名映射不需要选择实际名称)。映射之后，源名称为所设定象征名的阶段，从该象征名所映射的节点开始执行。一个节点的源象征名可能不止一个，这是由于一个节点可能在一个规格配置下具有多种不同的应用。

(2) 目的象征名映射：打开工作站、服务器或局域网节点的“Destination Preferences”属性，输入象征名称并选择映射的实际名称。一个目的象征名称可能是多个实际名称的映射。在该情况下，一个阶段所到达的目的地将由不同映射的权重关系随机确定。

如图 9.9 所示，自定义业务阶段配置还包含了其他参数，具体含义如下：

• Source->Dest Traffic：描述从源地址到目的地址的业务复合属性，包括初始化时间(Initialization Time)、请求间隔(Interquest Time)、请求次数(Request Court)、每次请求的包数(Packets Per Request)等属性。

• Dest->Source Traffic：描述从目的地址到源地址的业务复合属性，包括请求处理时间(Request Processing Time)、应答包长度(Response Packet Size)、每次应答的包数(Packets Per Response)等属性。

• REQ/RESP Pattern：描述请求与应答的方式，有两种模式：

★ REQ->RESP->REQ->RESP…：表示源在收到应答后，才能发送请求；在该模式下，业务源顺序发送请求。

★ REQ->REQ…->RESP…：表示源将同时发送所有请求，各请求按照 Source->Dest Traffic 中的请求间隔相互区分；在该模式下，业务源同时发送请求。

• End Phase When：指示阶段的结束。这个属性可能有四个值：

★ 最后请求离开源；

★ 最后请求到达目的地；

★ 最后应答离开目的地；

★ 最后应答到达源。

• Transport Connection：描述传输策略和连接方式。

2) 基于 Application Configure 的应用配置

应用(Application)规定业务的具体行为。OPNET 将常用的应用进行了协议化、模块化处理，用户仅需配置参数就可以完成应用配置，这些内建的业务称为标准业务。OPNET 的标准业务包括文件传输(FTP)、邮件传输(E-mail)、远程登录(Remote Login)、数据库(Database)、Web 浏览器(HTTP)、视频会议(Video Conference)、音频传输(Voice)、打印(Print)等八种应用。每种应用都规定了业务的具体行为：例如 HTTP 应用，规定了每次取得页面的大小和时间间隔；又如 FTP 应用，规定了上传和下载的流量，文件的大小和产生的事件间隔。与标准业务相对，用户由 Task Configure 定义的业务，称为自定义业务(Custom)。

通过 Application Configure 全局对象可对客户(或客户组)所产生的应用业务(标准业务或自定义业务)及其参数进行配置。应用配置的方法如下：

在网络域的对象面板中选择“Application”全局对象并拖入网络场景，单击右键选择“Edit Attribute(Advanced)”。再选择“Application Definition”，进入应用定义界面。工程 Lan(参见本章实验部分)中的应用定义界面，如图 9.10 所示。

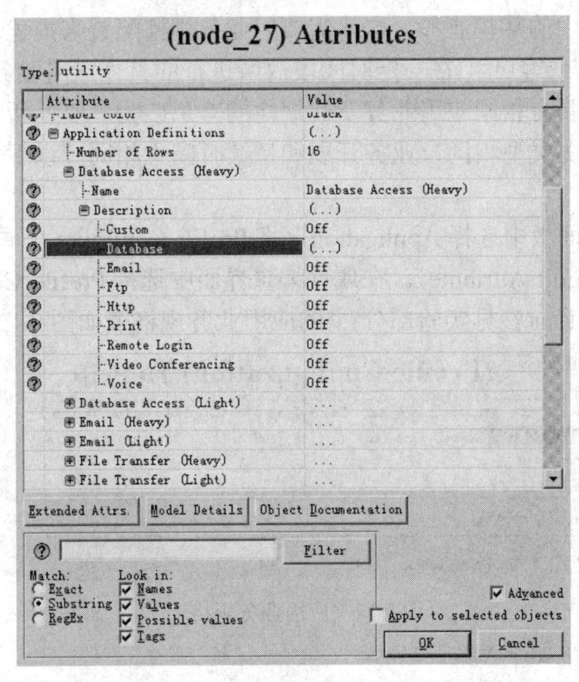

图 9.10　应用定义界面

在图 9.10 中，应用定义的每一栏表征一种具有特定属性的应用。每种应用都包含如下参数：

· Name：应用业务名，表示客户要开展的应用业务类型和参数。

· Description：描述客户应用业务的复合属性，用户可以在 Description(Table)中配置应用业务。这些业务可以是标准业务，也可以是自定义业务。

应用通过参数来具体界定，相同的应用类型可能具有不同的参数。图 9.10 中数据库业务的参数如图 9.11 所示，其中，左图为 Database Access(Heavy)的 Database 参数，右图为 Database Access(Light)的 Database 参数。

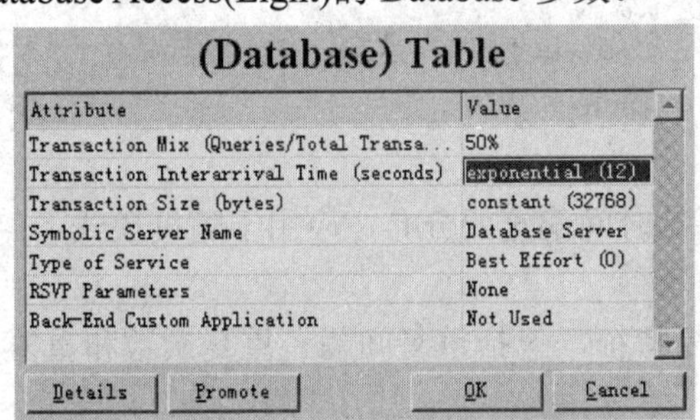

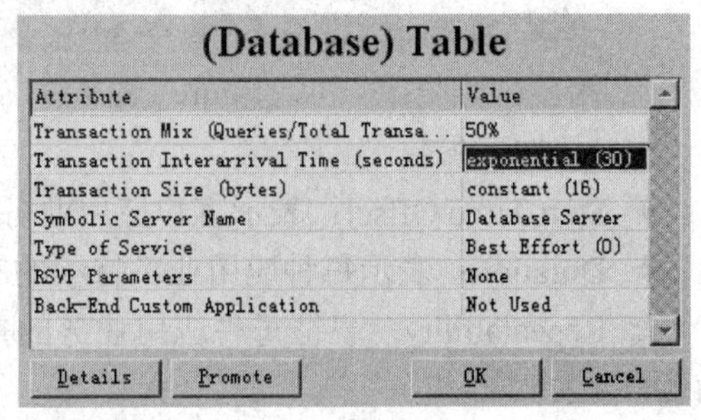

图 9.11　数据库业务参数

在应用配置中，即使用户的应用类型完全相同，其业务参数也可能不同，需要分别进行业务定义。例如，图 9.10 中的 Database Access(Heavy)和 Database Access(Light)具有相同的业务类型——数据库应用，但是其 Database 参数是不同的(如图 9.11 所示，前者较后者具有更短的访问时间间隔和更长的访问字节长度)，因而需要定义为两种业务应用。

3) 基于 Profile Configure 的业务规格配置

Application Configure 所定义的应用业务包含了客户可能开展的所有业务，而在某个时间段内客户仅完成其中的某些业务，这就需要用业务规格配置来描述。通过应用业务规格配置，可以指定客户(或客户组)在一定时间段内所进行的具体应用业务。

应用业务规格将具有相同应用业务及其规格的客户归为一类。所谓具有相同应用业务和规格是指客户的业务类型相同，业务开展和持续时间也相同。以下介绍应用业务规格配置的方法：

在网络域的对象面板中选择 Application，将 Profile Configure 全局对象拖入网络场景，单击鼠标右键选择“Edit Attribute”。在属性编辑界面中选择 Profile Configuration，进入应用业务规格表。工程 Lan(参见实验部分)中的应用业务规格表如图 9.12 所示。

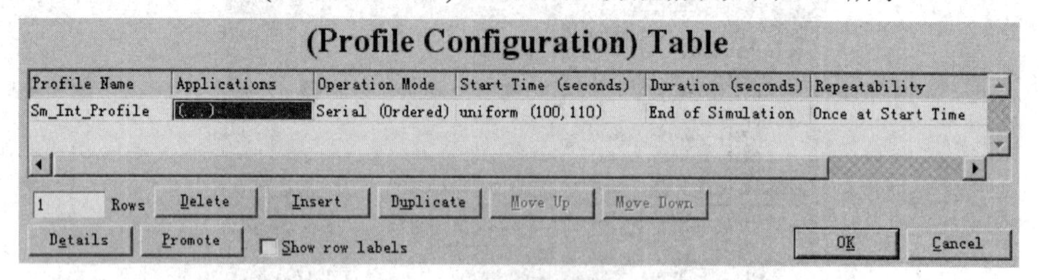

图 9.12　应用业务规格表

应用业务规格包含如下参数：

- Profile Name：表示应用业务规格的名称，用于标识不同应用业务的客户或客户组的应用业务行为模式。
- Applications：用以表征客户完成的具体应用业务，可在应用编辑表(如图 9.13 所示)中进行定义。

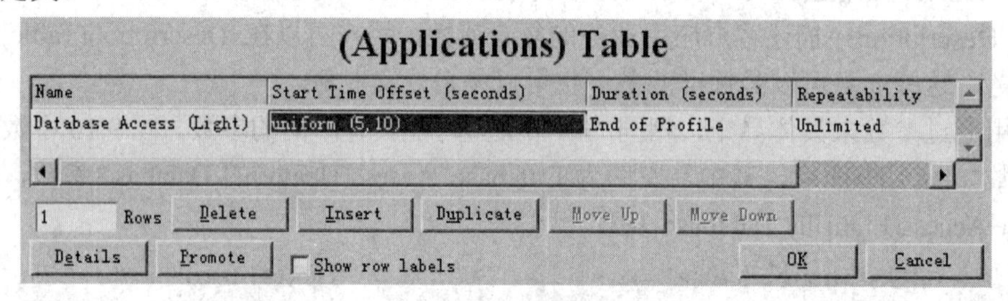

图 9.13　应用编辑表

其包括如下参数：

★ Start Time Offset：表示客户应用业务开始时间偏置的分布，应用于随机模式下；

★ Duration：表示每种应用业务持续的时间；

★ Repeatability：表征每种应用业务的重复特征，包括重复间隔、重复次数和重复方式(顺序或同时)。

- Operation Mode：定义客户应用业务的运行模式，有同时(Simultaneous)、顺序(Serial(Order))和随机(Serial(Random))三种方式。其中，随机方式根据业务开始的时间偏置统计分布，执行各种业务。
- Start Time：表示应用业务规格开始发生作用的仿真时间。
- Duration：表示应用业务规格在仿真中持续的时间。
- Repeatability：表征应用业务规格的重复特征，包括重复间隔、重复次数和重复方式(顺序或同时)。

在完成 Application 和 Profile 全局对象(Task 是根据是否有自定义业务而决定的可选对象)的配置后，就可以对服务器和客户端进行业务配置。

(1) 服务器配置：打开服务器属性，按照 Application->Supported Service 路径，进入“Application: Supported Service(Table)”，添加 Application Config 配置的应用业务，并设置描述性(Description)参数。工程 Lan 中的服务器业务配置和描述性参数配置方法，如图 9.14 所示。

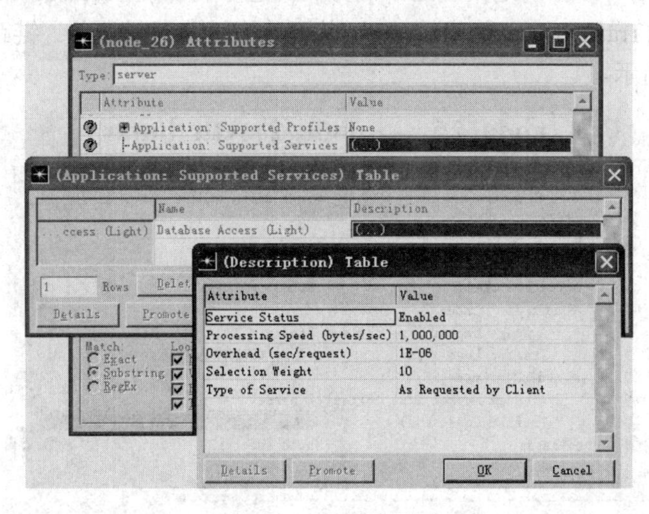

图 9.14　服务器配置

主要的描述性参数包括：

- Processing Speed：表征服务器的处理速度，是描述服务器 CPU 性能的参数。
- Overhead：表征服务器的处理开销，是描述服务器 CPU 性能的参数。
- Selection Weight：表示服务器被客户选中的比重，由各个服务器的预设值比例决定。该参数是一个相对比值，例如有两台服务器，每台 Selection Weight 预设值都为 10，则客户选中比重为 50%；同样，若都设为 20，则客户选中比重仍为 50%。
- Type of Service：服务器所能提供的服务质量。

除了处理速度和开销等 CPU 参数外，服务器还支持专门的 CPU 属性(用户可配置)，主要包括：

- CPU Background Utilization：表征 CPU 背景使用率。以便分析服务区的网络处理能力，该参数仅描述单机运行的本地业务。例如，可通过该参数模拟一定比例的处理能力被本地业务占用后，剩余的处理能力能否支持网络应用。
- CPU Resource Parameter：描述 CPU 的个数、主频和多线程支持等资源的参数。

(2) 客户端配置：打开客户端属性，按照 Application->Supported Profiles 路径，进入“Application: Supported Profiles(Table)”，添加 Profile Config 配置的规格业务。

最后，读者应当注意，客户端和服务器的业务配置是有所不同的：客户端基于 Profile Config 进行配置；服务器基于 Application Config 进行配置。我们将上述的各个过程及其关系进行归纳，形成了客户/服务器模式下的应用业务建模逻辑图，如图 9.15 所示。

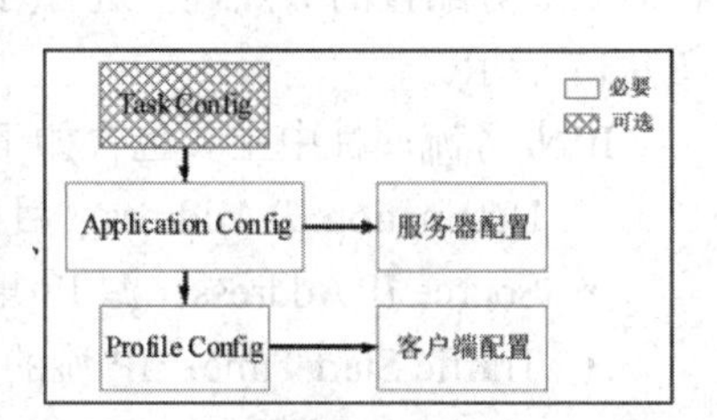

图 9.15　客户/服务器模式下的应用业务建模逻辑

9.2.2 背景建模方法

在 OPNET 中，背景建模主要是通过业务流的方法实现的。在论述业务流之前，我们首先来看一种简单的背景建模方法——链路背景业务建模。可在链路属性中的业务信息(Traffic Information)中，分别定义链路不同方向的包平均长度(Average Packet Size(单位：bytes))和业务负载(Traffic Load(单位：b/s))，从而建立链路背景业务。链路背景业务的建立方法，如图 9.16 所示。

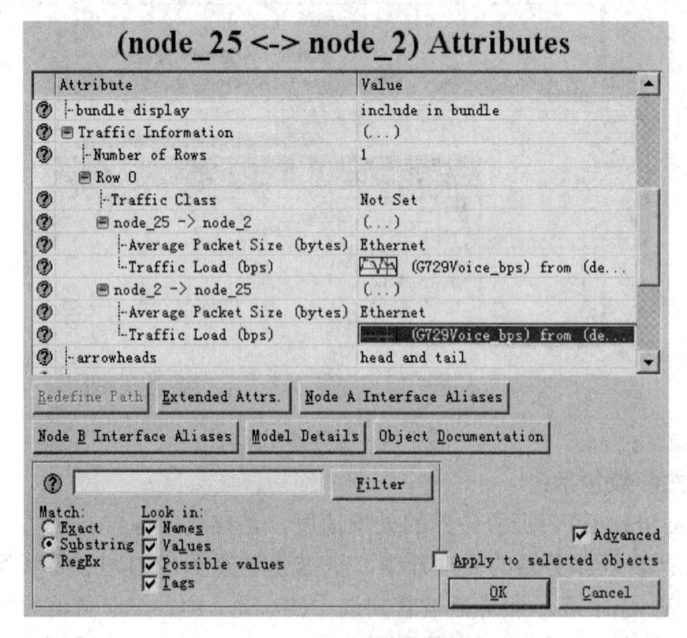

图 9.16　建立链路背景业务

虽然链路背景建模方法简单，但其功能较少、精确度也较低。因而，在大多数情况下，我们采用业务流的方法进行背景建模。业务流可以在不同的网络层次上开展建模，包括应用层的应用需求(App Demand)建模、网络层的 IP 建模和底层的 ATM 建模等。其中，应用需求建模既可建立背景业务，也可建立离散业务，我们将在下一小节“混合业务建模”中论述。下面将以 IP 流的业务建模为例，描述业务流的建模方法。

1. 业务流对象的配置

首先，选择对象面板中的 ip_traffic_flow。然后，将其拖入网络场景中，用 IP 业务流将需要业务配置的节点逐一进行连接。右击业务流对象，选择高级属性进入属性窗口，如图 9.17 所示。

IP 业务流属性中主要包含如下参数：

- Destination IP Address：目的 IP 地址；
- Source IP Address：源 IP 地址；
- Traffic Start Time：IP 流的启动时间；
- Traffic：IP 流的生成速率；
- Socket Information：套接字信息；

• Autonomous System Information：自制系统信息；

• SLA Parameters：服务等级协议；

• Traffic Characteristics：业务特征，包括服务类型、包长度分布、包间隔分布、业务登记等属性；

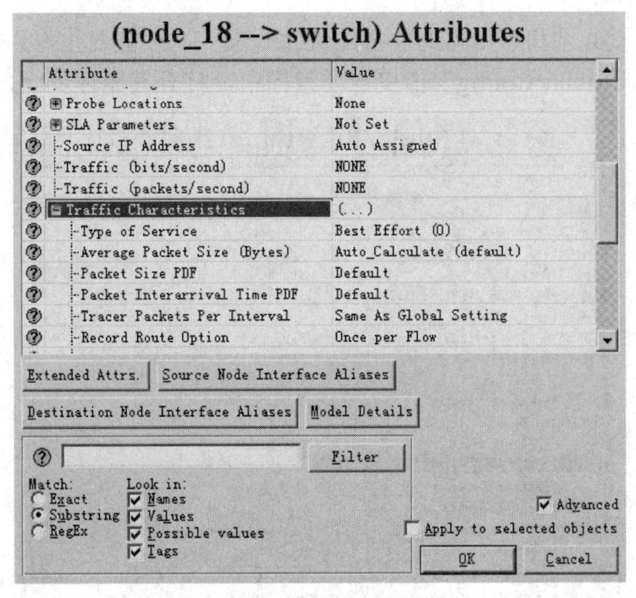

图 9.17　IP 业务流属性

• Overhead/Segment：网络的分段层次；

• Traffic Scaling Factor：业务变化因子。

上述手工配置的方法虽然操作灵活，但在多节点的配置中工作量很大。在节点较多、IP 流配置复杂的场合，可通过网络域的业务菜单进行批量配置：点击业务(Traffic)菜单，进入业务子菜单；点击“Creat Traffic Flows”子菜单，选择“IP Unicast”选项，进入 IP 单播业务流生成界面，如图 9.18 所示。

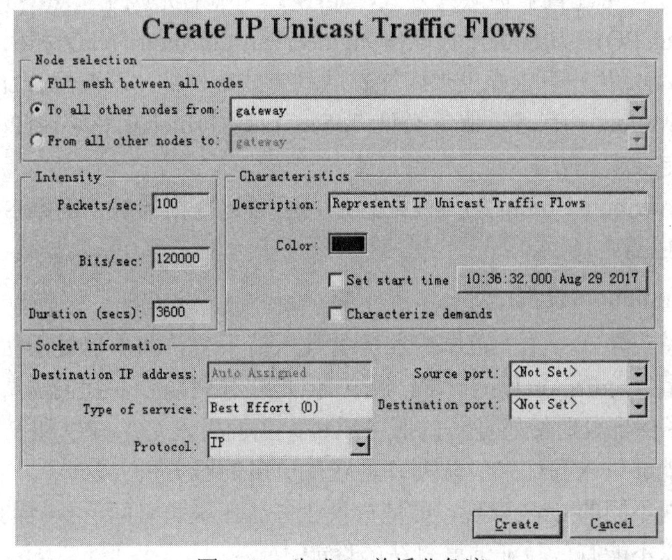

图 9.18　生成 IP 单播业务流

通过选择全网联通(Full mesh between all nodes)、从一个节点到其他所有节点(To all other nodes from)和从所有节点到一个节点(From all other nodes to)等模式，并配置相关参数，可批量生成 IP 业务流。

2. QoS 路由设置

IP 业务流的配置必须和路由器的业务配置相互配合，才能发生作用。在网络域，将对象面板中的“QoS Attribute Config”拖曳至场景图中，打开其属性界面，如图 9.19 所示。

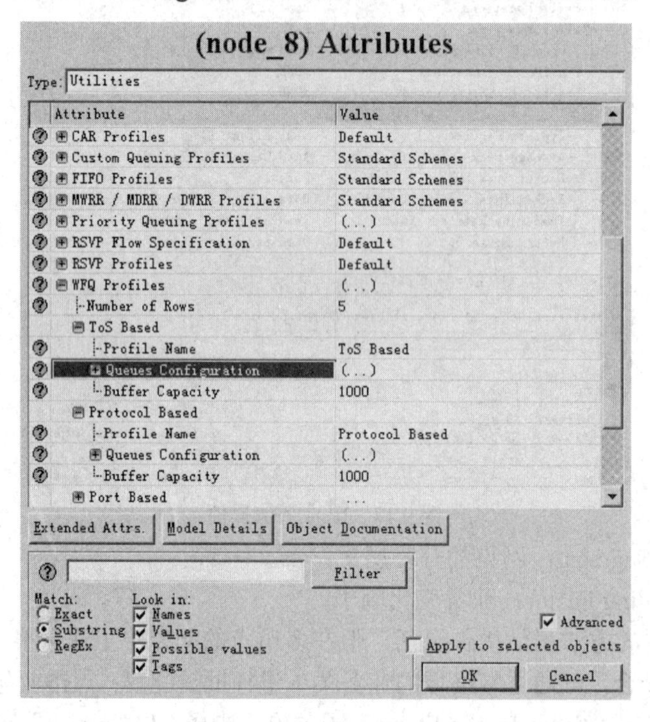

图 9.19　QoS 属性的配置

在 QoS 属性中，可配置多种队列方式，如图 9.18 中的先入先出(FIFO)排队、优先权排队(Priority Queuing, PQ)、加权公平排队(Weighted Fair Queuing, WFQ)和用户定义排队(Cust-om Queuing, CQ)等。用户可根据需要，配置队列方式。例如，若要配置加权公平排队，就要配置“WFQ Profiles”，有基于服务类型(ToS)、协议(Protocol)和端口(Port)等方案可供选择，用户也可自定义实现方案。

在完成 QoS Attribute Config 的属性配置后，可通过路由器的“IP QoS Parameter”属性将 QoS 配置到路由器中。

3. Micro-Simulation 设置

背景业务的特点是在一个大范围内业务参数保持不变，路由器处于相对稳定的状态，此时适宜采用所谓“分析(Analysis)”的方法。但是在某些场合，我们需要关心业务的细节表现。例如，为了保证延时敏感业务的服务质量，我们引入 CQ、PQ 和 WFQ 等调度算法，从而使实时业务能够进入高优先级队列并且获得更多的服务机会。此时，我们期望加载不同的业务能够呈现不同的 QoS 表现。可是背景业务流在很长时间所保持的稳定性不能够产生突发信息，所以不能有效验证调度算法的性能。

为了解决上述问题，OPNET 提出了一种称为微仿真(Micro-Simulation)的仿真技术。其实现思路如下：为了突破背景业务仅仅关心整个时段总封包流的局限性，采用跟踪包将包的背景业务信息传给其所经过的路由器或交换机；当背景业务流的特征发生改变时，发送新的跟踪包及时通知，使相关对象能够立即调整队列的状态。背景业务结合微仿真技术，可在较高的仿真时效下，体现一定程度上的细节信息。

微仿真可通过业务全局对象进行配置。在网络域，将对象面板中的“Background Traffic Config”拖曳至场景图中，打开其属性界面，如图 9.20 所示。

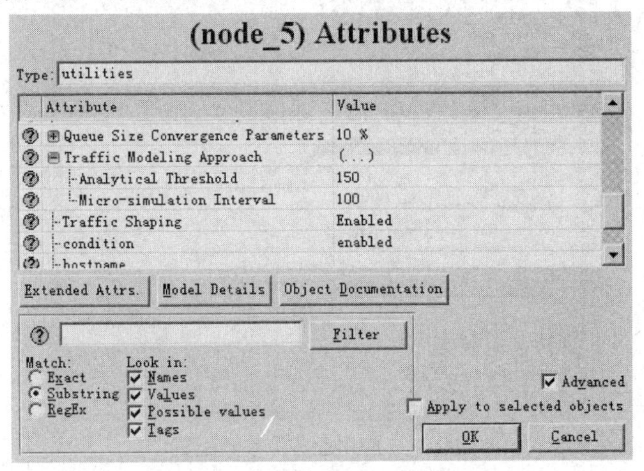

图 9.20　Traffic 属性的配置

通过属性“Traffic Modeling Approach”可设置微仿真的作用时间，包括如下参数：

· Analytical Threshold：设定启动分析模式的门限值，如果背景业务的数据包平均间隔超过该值，采用分析的方式；否则启动微仿真。特殊地：

★ 如果设置为“Infinite”，则一直采用 Micro-Simulation；

★ 如果设置为“Minimum”，则一直采用分析方法。

· Micro-simulation Interval：设定启动 Micro-Simulation 的持续时间，特殊地：

★ 如果设置为“Always”，背景业务完全采用 Micro-Simulation；

★ 如果设置为“Never”，背景业务完全采用分析方法。

应该指出的是，IP 业务流的 Traffic Mix 属性，可以引入离散业务，从而形成混合业务；但当离散业务比例较大时，混合业务仿真效率很低(接近于离散业务效率)。事实上，离散业务的比例通常要取到 1%以下。因而基于 IP 流的混合业务应用范围较小，故本书将 IP 业务流放在背景业务的章节中进行论述。

9.2.3　混合业务建模

利用混合业务建模即可建立离散业务，又可建立背景业务。二者经常可以按一定的比例进行配置。

1. 基于应用需求的混合业务建模

应用业务流是应用层的业务流。不同于 IP 业务流，应用业务流通过 Traffic Mix 属性，即可建立离散业务，又可建立背景业务。

以下简述应用业务流的建立过程。首先打开对象面板，选择“Applications”。之后，选中“application demand”图标，并将其拖入到场景中。然后，逐一连接需要建立应用业务流的节点对。

选中应用业务流，单击鼠标右键，选中“Edit Attributes”，进入属性界面(如图 9.21 所示)，即可对业务流参数进行配置。

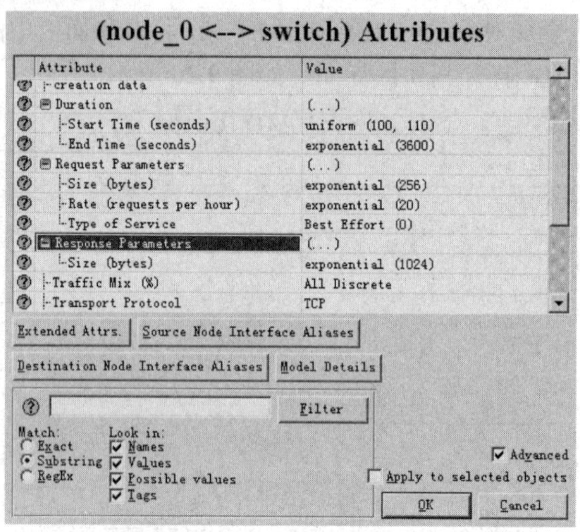

图 9.21　应用业务流参数配置

应用业务流的可配置参数包括：

• Duration：应用业务流的生效时段，包括以下两个参数：

★ Start Time：第一次开始发送数据的时间；

★ End Time：结束数据发送的时间。

• Requests Parameters：请求复合参数，包括：

★ Size：从源节点到目的节点发送请求包的大小；

★ Rate：请求速率，即每小时请求次数；

★ Type of Service：服务类型。

• Response Parameters：应答复合参数，该参数中仅包含“Size”一个参数，表征从目的节点向源节点所发送应答包的大小。

• Traffic Mix：定义背景流应用业务占应用业务流的百分比。特殊地，当仅模拟离散应用业务时，该值设置为 0；当仅模拟背景流应用业务时，该值设置为 100。

• Transport Protocol：定义传输协议，目前仅支持 TCP 协议。

类似于 IP 业务流，当网络拓扑结构复杂时，可对应用业务流进行批量配置。在网络域菜单项中，选择 Protocol 菜单；再进入 Application 子菜单，选择 Deploy DES Application Demands 选项，即可进入配置界面。配置的方法与 IP 业务流相类似(如可通过“Full mesh”模式，建立全联通的应用业务流)，这里不再赘述。

2. 自相似业务建模

所谓自相似业务，是指业务之间具有统计的相似性。互联网业务具有很强的自相似性，适合自相似业务建模。

OPNET 提供了基于 RPG 的自相似(Self-similar)业务建模方法。RPG(Raw Packet Generator)是 OPNET 模型库中一种支持自相似业务的模块，该模块既可产生离散业务，又可产生背景业务。

模块 RGP 是通过动态进程的编程方法构建的。模块的对象进程为 rpg_dispatcher，该进程为每一个到达的进程(RPG 业务生成参数表中的每一行)分派一个管理子进程 rpg_mgr；进程 rpg_mgr 根据到达的进程类型，可以调用多种业务源的子进程，从而产生离散业务(如 On/Off 业务)和背景业务(如流业务)。

管理子进程 rpg_mgr 可调用的业务进程如下：

- rpg_flow：应用于基于流的到达进程，用以产生背景业务流；
- rpg_onoff_source：应用于基于 On/Off 业务的到达进程，用以产生离散业务；
- rpg_source：用于产生具有自相似性的数据包和数据流。

自相似业务可应用于数据链路层、网络层等多个协议栈层次。图 9.22 为自相似节点 ethernet_rpg_station 的节点模型，该节点为二层协议栈结构，数链层通过 mac 模块实现。其中，自相似模块 rpg 是数链层的业务源。

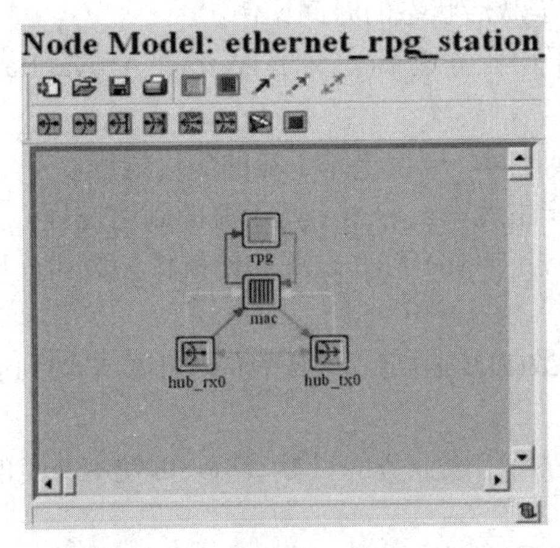

图 9.22 数据链路层自相似业务

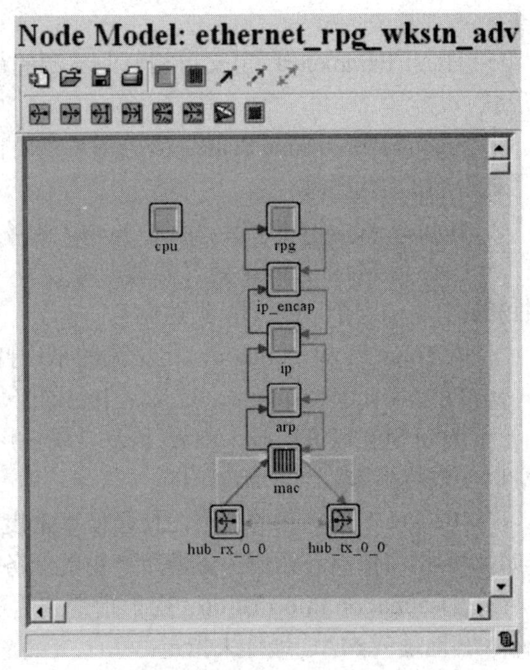

图 9.23 网络层自相似业务

图 9.23 为自相似节点 ethernet_rpg_wkstn_adv 的节点模型，该节点为三层协议栈结构：网络层通过 ip_enap/ip 和 arp 模块实现；数链层通过 mac 模块实现。其中，自相似模块 rpg 是网络层的业务源。

所有 RPG 节点都有一个“RPG Traffic Generation Parameters”属性，用于指定自相似业务的特征。单击该属性的 Value 字段将打开 RPG 业务生成参数表。表中，行表示不同的到达过程(Arrival Process)，列指定业务的参数，RPG 的业务生成参数如图 9.24 所示。

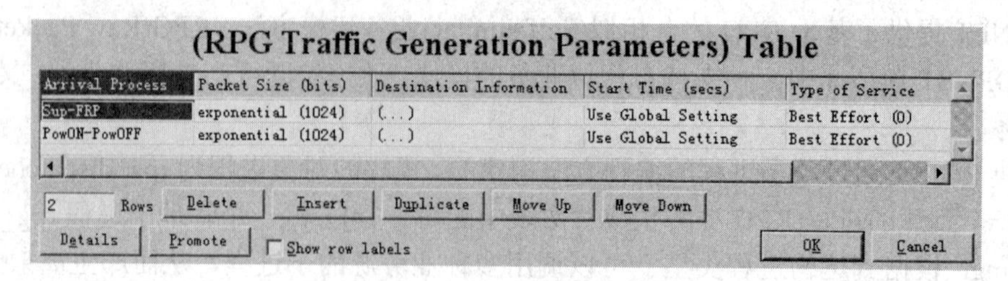

图 9.24　RPG 业务生成参数表

RPG 业务的主要生成参数如下：

(1) Arrival Process：到达过程复合属性。该参数用于定义自相似业务的分形点过程(Fractal Point Process，FPP)。由于不同的 FPPs 需要不同的输入参数，在配置中要从复合属性中选择适合于特定 FPP 的子属性。从该属性的下拉菜单中选择 Edit，将进入子属性界面。在该界面下，用户可对子属性进行查看和修改(N/A 值表示子属性不用于给定的到达过程，不可修改)。到达过程的主要子属性如下：

• Average Arrival Rate：在当前的到达过程中，所有业务源所产生的总业务的平均到达率。

• Hurst Parameter：定义自相似业务源的赫斯特参数，赫斯特参数决定了帕累托分布的形状。

• Fractal Onset Time Scale：为分形启动时间尺度，该参数用以利用赫斯特特征来确定帕累托分布的位置参数。

• Source Activity Ratio：定义 On/Off 业务处于激活状态的时间比例。

• Peak-to-Mean Ratio：定义峰值业务速率与平均业务速率(定义于 Average Arrival Rate 属性)的比例，仅用于 On/Off 到达业务。

• Average Flow Duration：定义流的平均持续时间，应用于基于流的到达过程。

• Filter Window Height：定义流中包的平均产生速率，应用于基于流的到达过程。

• Input Sup-FRP Parameters：该复合属性用于指定 Sup-FRP 过程的赫斯特参数和分形启动时间尺度参数。

(2) Packet Size：包的大小，使用概率密度函数(PDF)指定。改变包的大小或平均到达率(如上所述)将修改自相似业务源所产生的业务。

(3) Destination Information：用于指定到达过程所生成业务的目标节点，可使用节点的名称、IP 地址或 MAC 地址来指定。

(4) Start Time：用于指定到达进程生成业务的起始时间。

9.3　局域网互联实验

9.3.1　实验目的

(1) 学习网络业务配置方法；

(2) 研究业务负载对网络性能的影响。

9.3.2　实验过程

1. 建立网络模型

1) 创建星形局域网络

(1) 启用向导，建立一个名为 Lan，场景为 Lan_scenario 的工程。向导设置步骤如表 9.4 所示。

表 9.4　网络场景设置

项　目	值
Initial Topology	Create empty scenario
Choose Network Scale	Office(选择 use metric unit 复选项)
Specify Size	25 m×25 m
Select Technology	Sm_Int_Model_List

(2) 执行 Topology→Rapid Configuration，选择 star，执行 next；

(3) 按图 9.25 快速配置网络，并生成星形网络；

(4) 在调色板中，选择 Sm_Int_Sever，并拖入到工作区，用 10BaseT 连接服务器和交换机，如图 9.26 所示；

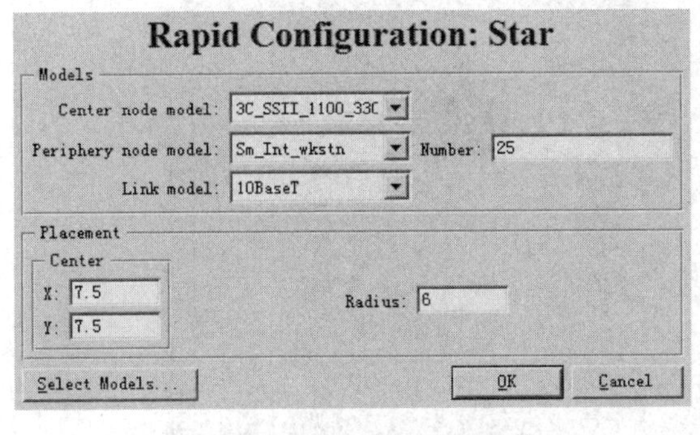

图 9.25　快速配置网络

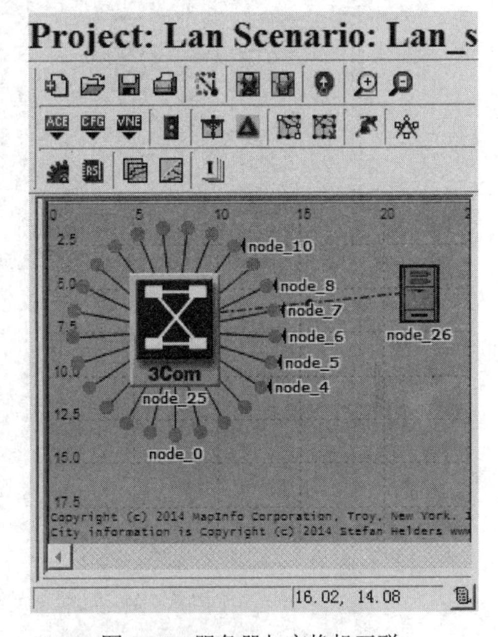

图 9.26　服务器与交换机互联

(5) 添加 Sm_Application_Config 和 Sm_Profile_Config 全局对象；

(6) 完成设置。

2) 建立星形互联网络

(1) 执行 Scenario→Duplicate Scenario，并命名该场景为 Expansion；

(2) 采用如表 9.5 的参数，快速配置网络；

表 9.5　网络配置参数

Configuration	star
Center node model	3C_SSII_1100_3300_4s_ae52_e48_ge3
Periphery node model	Sm_Int_wkstn
number	15
Link model	10BaseT
X	18
Y	18
radius	5

(3) 添加 Cisco 2514 路由器；

(4) 用 10BaseT 连接交换机和路由器，连接后的网络结构如图 9.27 所示；

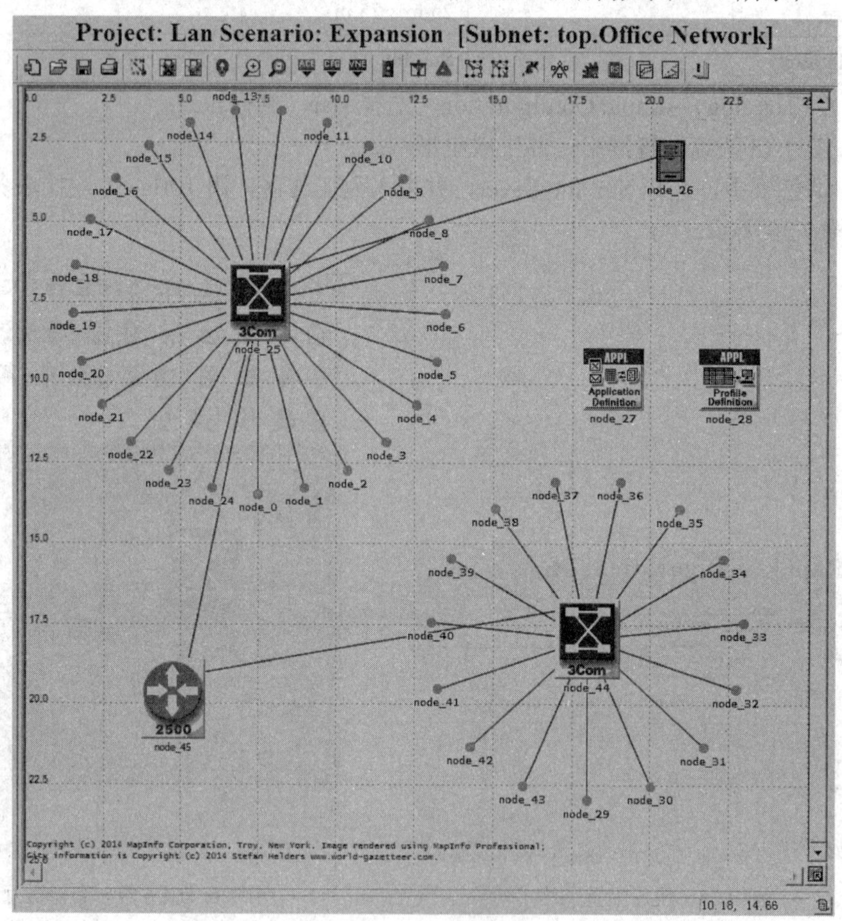

图 9.27　扩展互联网络

(5) 完成设置。

2. 网络仿真实验

1) 星形网络仿真

(1) 打开 Lan_scenario 场景。

(2) 设置对象统计量服务器负载：

右击服务器节点，选择 Choose Individual DES Statistics；在选择对话框中，执行 Node Statistics→Ethernet，选中 Load(bit/sec)。保存设置。

(3) 设置全局统计量网络延时：

在工作区空白处右击，选择 Choose Individual DES Statistics；在选择对话框中，选中 Global Statistics→Ethernet：Delay(sec)。

(4) 设置 repositories：执行 Edit→Preference，查找 repositories，将参数值设置为 stdmod。

(5) 单击 Run Discrete Event Simulation，按图 9.28 设置仿真参数：

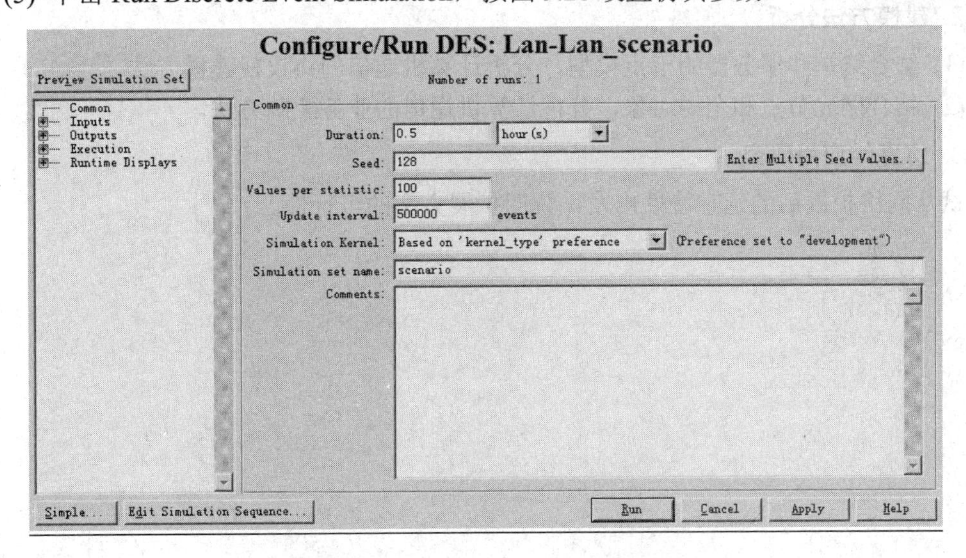

图 9.28　星形网络仿真参数设置

(6) 运行仿真，并收集统计量。

2) 互联网络仿真

(1) 打开 Expansion 场景，按图 9.29 设置 DES 仿真参数：

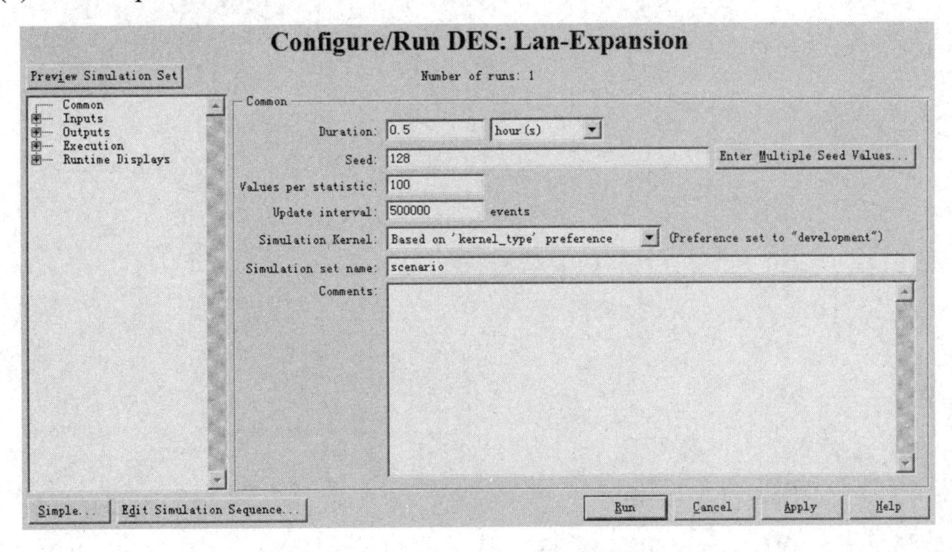

图 9.29　扩展网络仿真参数设置

(2) 运行仿真，并收集统计量。

9.3.3 实验的再思考

1. 实验结论分析

(1) 对比分析两种场景下负载的变化。

(2) 对比分析两种场景下的延时变化。

(3) 试结合通信网、计算机网络等课程，归纳本实验所体现的原理。

2. 建模方法分析

(1) 结合终端和服务器的节点模型，分析计算机通信的协议栈建模方法。

(2) 结合网元节点和全局对象，分析计算机通信的业务配制方法。

3. 仿真的应用研究

试从网络扩展后的延时特性出发，说明扩展方案的可行性。

第十章　下一代民航数据链 VDL2 仿真

随着世界范围内民航业务的迅猛增长，现有的航空通信方式(如 ACARS)已不能满足空中管制的业务需要，下一代民航数据链 VDL2 应运而生。

作为 OPNET 通信网建模的一个具体应用，本章将对下一代民航数据链 VDL2 进行仿真建模。进而将针对 VDL2 的关键技术之一——地面站切换问题，开展飞行场景下的仿真实验。

10.1　VDL2 整体模型

10.1.1　协议栈分层结构

根据国际民航组织(ICAO)的定义，VDL2 实现 OSI 参考模型的低三层功能，即通信网功能。VDL2 协议栈自下而上包括物理层、数据链路层和子网层三个层次，如图 10.1 所示。

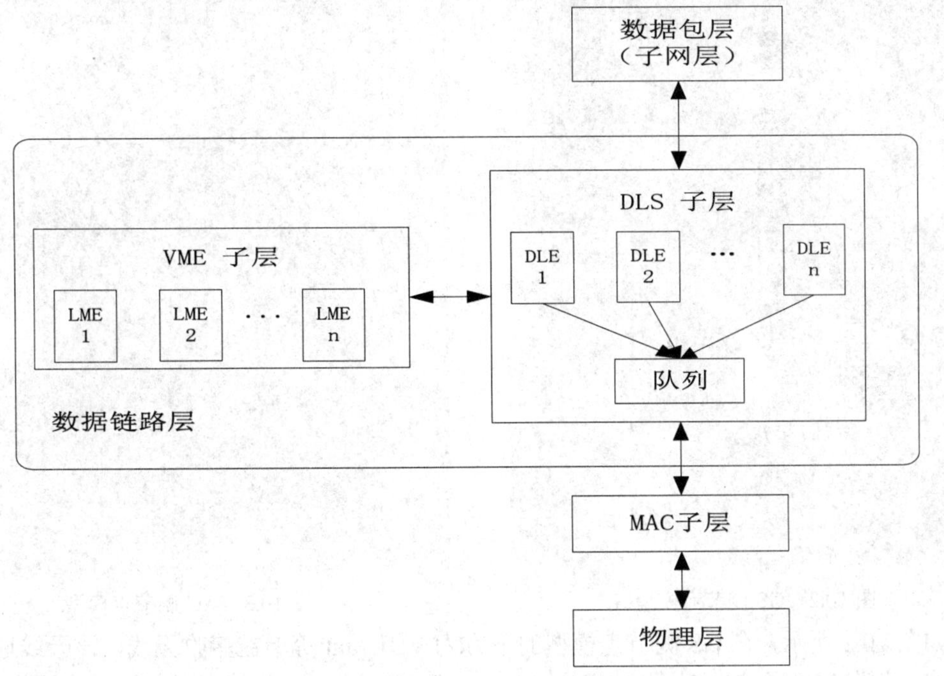

图 10.1　VDL2 协议栈结构

物理层主要采用差分编码 8 进制相移键控调制(Differential Eight Phase Shift Keying，D8 PSK)方式，每个 25 kHz 信道中，比特速率为 31.5 kb/s，每帧的头序列为 108 bit。链路层包含三个子层，其中媒体接入控制(Media Access Control，MAC)子层采用 p 坚持的 CSMA 协议来控制对每个 25 kHz 的信道的访问，从而最大限度地避免冲突。数据链路服务(Data Link Service，DLS)子层提供错误检测、错误恢复、流控制、重传控制和帧地址确认等功能。链路管理实体(Link Management Entity，VME)提供链路的建立、维护、释放及交换等功能。其中，VME 子层可建立多个 LME 实体，DLE 子层可建立多个子进程。

10.1.2　整体建模思路

为了模拟 VDL2 的网络通信性能，需要在特定地理场景下部署一定数量的飞机和地面站。其中，飞机通常位于空中，我们称之为空中节点；与之相对，地面站在地面完成对空中节点的指挥，我们称之为地面节点。

地面站(Ground Station, GS)和飞机(Aircraft，AC)位于 VDL2 协议的两侧，均需要实现协议栈的三层结构。从协议栈角度来看，VDL2 协议栈具有三层两侧结构。在分层结构上，分为物理层、数据链路层和网络层；在对等实体上，分为 AC 侧和 GS 侧。

在仿真建模中要体现协议栈特点，需采用三层两侧建模构架。AC 侧和 GS 侧具有相同的协议栈结构，但由于二者的功能不同，在协议栈建模上又有所不同。GS 侧和 AC 侧的节点模型分别如图 10.2 和图 10.3 所示。

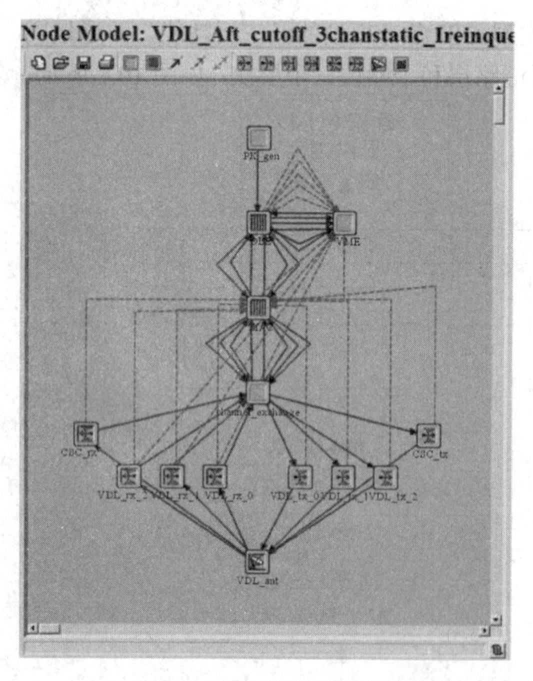

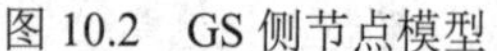
图 10.2　GS 侧节点模型

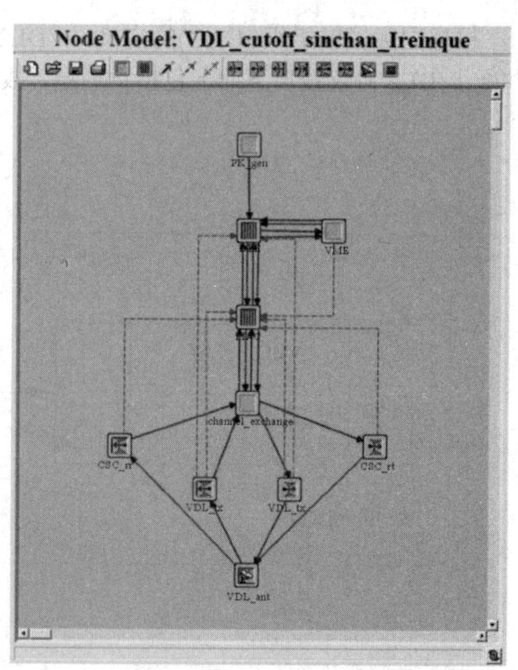

图 10.3　AC 侧节点模型

如图 10.2 所示，在 GS 侧节点模型的下方为 VDL_ant 等增益接收天线，该天线通过包流方式与收发信机通信。在收发信机中，CSC_rr 和 CSC_rt 分别为公共信道(CSC)收发信机，公共信道完成可用信道更新广播和信令传送功能，工作于 136.975～137 MHz。VDL_rx 和

VDL_rx 为专用信道收发机，负责信息帧和监督帧的收发，两者共用相同的频率。模块 channel_exchange 完成收发机间的切换功能。上述模块共同构成了物理层，其中，从该层引出的状态线为高层提供信道忙闲状态参数服务。

在物理层上方是数据链路层。其中，最底层为 MAC 子层，该子层接受物理层的服务，并为 DLS 子层提供服务，完成 p_CSMA 媒介访问控制功能。DLS 子层实现了 AVLC 协议，可实现基于重传的自适应信道估计。VME 子层完成地空连接和切换的功能，并管理当前连接信息。VME 还是数据链路层和网络层的接口，为网络层提供服务。图中从 VME 引出的状态线为 MAC 子层更新当前飞机与地面站的连接状态信息。

由于子网层路由选择等功能主要涉及与地面站间的分组交换过程，与本节所述的地空切换研究无直接关系，本节仅实现了包产生和包接收模块。为了实现方便，包接收模块是在 VME 中完成的，负责接收来自 AC 侧的信息帧。而包产生是由 PK_gen 模块完成的，在该过程中会产生一定强度的泊松流，为下层提供所发送的数据。

AC 侧与 GS 侧是对等实体，具有相同的分层结构，如图 10.3 所示。二者主要区别在于：

(1) AC 侧可完成与多个地面站间的连接与切换。由于在本节建模中，一个地面站对应一个固定信道，因而 AC 侧收发信机不同于 GS 侧的单组结构，采用了多组收发结构。

(2) 因为本节研究的连接与切换过程是由飞机发起的，因而在 AC 侧通过接收机组的状态统计线增加了信噪比参数服务，为 VME 判决提供了依据。

(3) 在 DLS 和 VME 之间增加了 TG2 和 TG5 定时器的超时统计线，以便产生相应的切换动作。

10.2　VDL2 物理层

物理层是数据链路层的下层，主要实现调制和编码功能，为切换关键技术的研究提供底层支撑。

10.2.1　物理层协议分析

VDL2 数据链为半双工工作方式，传输息率为 31.5 kb/s。在基带处理中，应用奈奎斯特第一准则，采用了滚降(升余弦)滤波器技术，消除码间串扰。在频带处理中，采用了 D8PSK 调制。在纠错机制上，采用 Reed Solomon 信道编码技术的前向纠错机制。在物理层系统设计中，还可选用扰码和交织技术。前者可改进数据流的同步性能；后者可改造信道，增强抗突发错误能力。VDL2 所使用的频段为 118～136.975 MHz，带宽为 25 kHz，最多可以容纳 760 个信道，公共信道(Common Signaling Channel，CSC)所使用的频率设为 136.975 MHz。

1. 物理层的服务

物理层位于 OSI 模型中的最底层，为通信提供实现透明传输的物理链接。在对等实体的通信过程中，发信侧的数据链路层将控制信令和用户数据通过服务原语携带，自高向低，传递到物理层。发信侧物理层在作相关处理后，为通信分配甚高频信道，将数据传送到对等实体的物理层中。在对等实体中，物理层再通过服务原语将所接收数据传送到数据链路层。总之，在物理层协议的控制下，物理层为数据链路层提供服务。通过基于原语的服务，对等实体物理层间实现物理层协议。

2. 物理层的功能

VDL2 物理层完成提供传送数据的通路、传输数据和物理层处理等功能，主要功能如下：

(1) 收发频率控制：物理层根据链路层的请求，选择收发频率。

(2) 通告功能：地面站通过信号质量指示参数通告信号质量。

(3) 数据发射功能：物理层将从链路层发送的数据经过编码、调制，通过射频(RF)信道发送出去。

(4) 数据接收功能：物理层将接收到的射频信号作数据解调、解码，并传送到高层。该过程是数据发射功能的逆过程。

(5) 比特同步：物理层对等实体具有比特同步机制。接收方可以提取同步信息，保证通信的可靠接收。

(6) SQP 信息：物理层通过相关参数估计信号质量(Signal Quality Parameter，SQP)，以供切换时实现链路选择。

3. 物理层帧结构

物理帧分为六个域，前五个域构成接入训练序列。物理帧最大长度为 $2^{17}-1=131\ 071$ bit，在纠错前系统所能承受的最大误比特率为 10^{-3}，帧头的总长度为 85 bit。物理层帧结构如表 10.1 所示。

表 10.1　VDL2 物理层帧结构

发送功率信息	同步字	保留字段	数据长度	前向纠错	数据段
12 bit	48 bit	3 bit	17 bit	5 bit	可变

训练序列中各个域的含义如下：

(1) 发送功率信息：实现发送机功率增强和稳定功能，完成“爬坡”过程。爬坡过程以同步字第一个码元的中点为时间参考点。在 $t\leqslant-5.5$ 码元时，传输功率必须小于−40 dBc。当 t=3.0 码元时，发射功率不得小于正常发射功率的 90%。当 $-0.5\leqslant t\leqslant3.0$ 时，接收机应当判决所传信息为 000。该域为接收机提供 AGC(Automatic Gain Control)控制信息。

(2) 同步字：为固定 48 比特字：000 010 011 110 000 001 101 110 001 100 011 111 101 111 100 010，完成码元同步功能。

(3) 保留字段：作为扩展预留，目前的三个比特设置为 000。

(4) 数据长度：指示数据段长度，不包括 RS 纠错码和填充比特位。可为接收机提供计算 RS 编码块的块长度信息。

(5) 前向纠错：该前向纠错仅对数据长度域和保留字段作纠错处理，采用了(25，20)线性分组码，具有纠正一位错误和检测大约 25%两位错误的能力。

生成矩阵为

$$[P_1 \quad P_2 \quad P_3 \quad P_4 \quad P_5]=[R_1 \quad \cdots R_3 \quad \mathrm{TL}_1 \quad \cdots \mathrm{TL}_{17}]P^{\mathrm{T}}$$

其中，

$$
\boldsymbol{P}=\begin{bmatrix}
0&0&0&0&0&0&0&0&1&1&1&1&1&1&1&1&1&1&1&1\\
0&0&1&1&1&1&1&1&0&0&0&0&1&1&1&1&1&1&1&1\\
1&1&0&0&0&1&1&1&0&0&1&1&0&0&0&0&1&1&1&1\\
1&1&0&1&1&0&1&1&0&1&0&1&0&0&1&1&0&0&1&1\\
0&1&1&0&1&0&0&1&1&1&1&0&0&1&0&1&0&1&0&1
\end{bmatrix}
$$

上式中 T 表示矩阵的转置。

10.2.2　物理层建模

物理层的设计原则是：根据信道特性，选择合适的物理层关键技术，以达到在有限的资源(如功率和带宽)范围内，最大程度地提高系统的可靠性。调制和编码是物理层关键技术中的核心技术。而关键技术的设计选择是由信道特点所决定的，不同的信道要采取不同的关键技术策略。采用物理层关键技术的根本目的就是为了使系统适应信道。

VDL2 系统工作于甚高频频段，该频段在地空通信中具有良好的传播特性，可忽略多径效应以及选择性衰落影响，而近似认为仅具有电磁波距离衰减特性。因此，在 VDL2 中，未采用扩频、分集等抗衰落措施。在调制方式上，采用了 D8PSK 多进制调相方式，以便提高传信率。在信道编码上，采用了 Reed Solomon 前向纠错编码方式，增强了移动环境下抗突发错误的能力。物理层及其关键技术的建模主要是在收发信机、交换模块以及接收天线中完成的。

1. 调制方式的实现

在 D8PSK 调制实现过程中，首先要完成二进制数据的串并转换(一路至三路)，并实现基于格雷编码的相位差映射。格雷编码的特点是邻近码字之间的距离始终保持为 1。在数据传输过程中，如果格雷码的某一码元产生错误，原码字会被其相邻的码字所代替，因此误码造成的误差值较小。格雷编码映射逻辑如表 10.2 所示。

表 10.2　相 位 映 射 表

X_k	Y_k	Z_k	$\Delta\varphi_k$
0	0	0	0π/4
0	0	1	1π/4
0	1	1	2π/4
0	1	0	3π/4
1	1	0	4π/4
1	1	1	5π/4
1	0	1	6π/4
1	0	0	7π/4

在完成相位差映射之后，要根据前一时刻所传相位和当前相位差计算差分编码，计算公式如下：

$$\Phi_k=\Phi_{k-1}+\Delta\Phi_k \tag{10.1}$$

在完成相位编码之后，通过 IQ 正交调制得到已调信号。若采用相关检测，在大信噪比和等信息概率条件下，D8PSK 的误码性能如下：

$$P_{\mathrm{e}} \approx 2Q\left(\sqrt{\frac{2E_{\mathrm{s}}}{N_0}}\sin\frac{\pi}{\sqrt{2}M}\right) \tag{10.2}$$

上式中 E_{s} 为码元能量，N_0 为噪声功率谱密度，M 为进制数。
在格雷编码条件下，对于调相方式，误比特率和误码率存在如下关系：

$$P_{\mathrm{b}} \approx \frac{P_{\mathrm{e}}}{\log_2 M} \tag{10.3}$$

将式(10.2)和式(10.3)联立，考虑到 $M \approx 8$，可得误比特率为

$$P_{\mathrm{b}} \approx \frac{1}{\log_2 M}2Q\left(\sqrt{\frac{2E_{\mathrm{s}}}{N_0}}\sin\frac{\pi}{\sqrt{2}M}\right) \approx \frac{2}{3}Q\left(\sqrt{\frac{2E_{\mathrm{s}}}{N_0}}\sin\frac{\pi}{8\sqrt{2}}\right) \tag{10.4}$$

上式中 $Q()$表示 Q 函数，其与补误差函数和误差函数存在如下关系：

$$Q(x) = \frac{1}{2}\operatorname{erfc}\left(\frac{x}{\sqrt{2}}\right) = \frac{1}{2}\left(1-\operatorname{erf}\left(\frac{x}{\sqrt{2}}\right)\right) \tag{10.5}$$

若令 P_{r} 表示接收功率，E_{b} 为比特能量，考虑到

$$\frac{P_{\mathrm{r}}}{N_0} = \frac{E_{\mathrm{b}}}{N_0}R = \frac{E_{\mathrm{s}}}{N_0}R_{\mathrm{s}} \tag{10.6}$$

则有

$$E_{\mathrm{b}} = \frac{R_{\mathrm{s}}}{R}E_{\mathrm{s}} = \frac{R_{\mathrm{s}}M}{R\log_2}E_{\mathrm{s}} = \frac{1}{3}E_{\mathrm{s}} \tag{10.7}$$

将式(10.4)和式(10.7)联立可得

$$P_{\mathrm{b}} \approx \frac{1}{3}2Q\left(\sqrt{\frac{6E_{\mathrm{b}}}{N_0}}\sin\frac{\pi}{8\sqrt{2}}\right) \tag{10.8}$$

由式(10.6)可在调制曲线编辑器中创建 D8PSK 调制曲线，并在发信机属性中配置该调制方式。D8PSK 调制曲线如图 10.4 所示，图中 BER 表示误比特率。

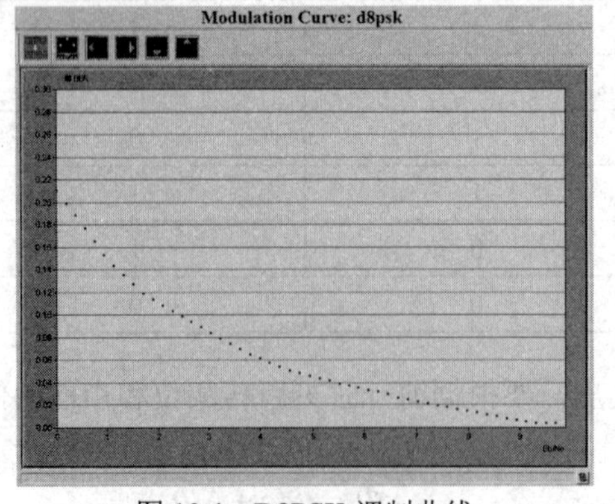

图 10.4　D8PSK 调制曲线

2. 信道编码的实现

在信道编码中，VDL2 应用了 Reed-Solomon(RS)编码。RS 码是 BCH 码中最为重要的一个子类，即 q 进制 BCH 码。RS 码的每个码元取值于 q 元符号集：

$$\left\{0,\ \alpha^0,\ \alpha^1,\ \cdots\alpha^{q-2}\right\}$$

在实际编码中，q 通常取为 2 的正整数幂次，以便使 q 元符号集中的所有非零元素是基于某个 m 次本原多项式的 GF(2^m)扩域的元素。GF(2^m)表示有限整数集合 2^m 上的伽逻华域。

在 VDL2 物理层 RS 编码中，m 取为 8，采用固定长度的 RS(255，249)系统码。选取本原多项式为

$$p(x) = (x^8 + x^7 + x^2 + 1) \tag{10.9}$$

可以得到生成多项式：

$$g(x) = \prod_{i=120}^{125}(x-\alpha^i) \tag{10.10}$$

式(10.10)中 α 是伽逻华域 GF(2^8)上与本原多项式(式(10.9))对应的本原元。

由于 $q=2^8$，为 256 进制，每一码元表示 1 个八位二进制字节(Octet)，可传输 8 bit 信息，因此，RS(255，249)可为 249 个八位二进制字节(1992 bit)块编码，添加 6 个八位二进制(48 bit)纠错冗余字节块，分块数 k 为

$$k = \frac{\text{数据长度(bit)}}{1992\text{(bit)}} \tag{10.11}$$

纠错能力为

$$t = \text{int}[(d_{\min}-1)/2] = \text{int}[(n-k)/2] = \text{int}[r/2] = \text{int}[48/2] = 24\ \text{bit} \tag{10.12}$$

纠错比率为

$$ECC_{\text{ratio}} = \frac{\text{可纠错信息}}{\text{总传输信息}} = \frac{3\times 8}{255\times 8} = \frac{1}{8} \tag{10.13}$$

可根据纠错比率计算结果，在无线管道纠错阶段中设置接收信噪比门限，从而实现无差错接收，关键代码如下：

```
/* Test if bit errors exceed threshold. */
if (pklen == 0)
        accept=OPC_FALSE;
else
    accept=((((double) num_errs) / pklen) <= ecc_thresh) ? OPC_TRUE: OPC_FALSE;
/* Set flag indicating accept/reject in transmission data block. */
op_td_set_int (pkptr, OPC_TDA_RA_PK_ACCEPT, accept);
```

3. 无线管道阶段建模

由于无线链路本质上是广播性介质，因而每次物理包的传送都可能影响到网络层仿真模型中的多个接收机行为，而且不同接收机可能表现出不同的行为特征。因此，在接收机

建模中以包传送为单位，并在每对收发机之间建立了无线传输逻辑封装，即无线管道。收发机之间的无线管道是一对多的关系，其中任一节点发信机既可以和其他节点发信机建立无线管道，也可以和该节点自身的收信机建立管道。

在 OPNET 仿真技术中，定义了多个无线管道阶段。其中发信机无线管道包括收信机组、传输延时、链路关闭、信道匹配、发信机天线增益和传播延时 6 个阶段。收信机无线管道包括收信机天线增益、收信机功率、背景噪声、干扰噪声、信噪比、误比特率、错误分布和纠错 8 个阶段。各无线管道阶段可以通过 C/C++编程，在管道代码模块中实现。

4. 物理层成帧及交换功能

为了实现物理帧成帧及包收发处理与分路功能，在物理层中设计了 channel_exchang 模块。该模块是物理层与高层的通讯枢纽，向上与数据链路层的 MAC 子层通讯，向下与收、发信机组通讯。AC 侧交换模块进程图如图 10.5 所示，GS 侧交换模块与之类似。

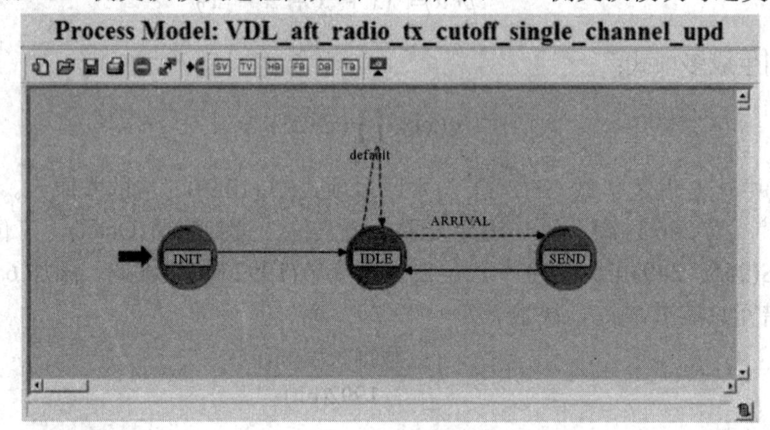

图 10.5　AC 侧交换模块进程

1) *物理层成帧功能*

在数据通信系统中，用户信息和控制信息通常是以一定的数据结构为基本单位进行处理和传输的。对于分层系统而言，在不同的协议层次上，数据结构往往表现为不同的形式，以便于不同阶段的处理。例如在 TCP/IP 协议族中，数据结构在不同的协议层具有不同的形式。在传输层表现为数据报，在网络层表现为数据包，在数据链路层表现为数据帧，在物理层表现为比特流。低层数据结构形式包含高层数据结构形式信息，并作封装、加头等处理。

在 VDL2 中，数据链路层和物理层的数据结构都以数据帧的形式出现。数据链路层帧称为 AVLC 帧，物理层帧称为物理帧。物理帧是对 AVLC 帧进行处理后而形成的，是在物理介质中实际传输的数据基本单元。对于高层下传的数据帧，物理层要加入控制信息，即在封装高层数据包信息后加入物理帧包头。同时，为了减小在信道传输中的误码影响，还要对高层数据帧作信道编码等相关处理。

2) *交换功能*

在本项目的仿真中，地面仅分配单频段信道，且各信道频率互不相同。同时，各发信机仅设定为与地面站频段对应的单一频段。因此，地面站和飞机的发信机以及使用频段之间具有一一对应的关系，为交换功能中映射的实现提供了便利。

对于发送帧而言，交换功能的任务是要完成发送地址与发信机的映射。对于接收帧而言，交换功能的任务是判别所接收帧目的地址是否与本站地址一致。若不一致，则销毁；若一致，则完成接收地址与数据流的映射。

上述映射关系是通过包通信机制实现的，通过包流号完成交换。帧发送的 AC 侧包通信方式的代码如下：

```
/* Packet communication for frame being sent in aircraft side. */
if(op_intrpt_strm()==4)
        op_pk_send(radio_pk,0);
if(op_intrpt_strm()==5)
        op_pk_send(radio_pk,2);
if(op_intrpt_strm()==6)
        op_pk_send(radio_pk,4);
```

5. 天线模式

在天线模式中，应用了等增益全向天线模型，天线增益为 1(0 dB)。

10.3　VDL2 数据链路层

数据链路层承接物理层和网络层，实现媒介访问控制和流量控制。同时，VDL2 通过数据链路层的 VME 子层实现切换的核心控制功能。

10.3.1　数据链路层协议分析

数据链路层包含三个子层：介质访问控制子层(MAC)、数据链路服务子层(DLS)和甚高频链路管理实体(VME)。

1. MAC 子层

MAC(Media Access Control)子层采用了基于概率的侦听检测(Persistence Carrier Sense Multiple Access，P-CSMA)方式，以实现对物理信道的访问和共享功能。

在 VDL2 中，MAC 子层的功能主要体现于两种数据过程和两种高层服务中。

1) 数据收发过程

MAC 子层为下传数据提供基于 P-CSMA 机制的接入控制，为上传数据提供透明传输功能，从而实现数据发送和接收过程。

(1) 发送过程：从 DLS 数据链路子层到物理层传输 AVLC 帧，是下传过程；

(2) 接收过程：从物理层到 DLS 数据链路子层接收 AVLC 帧，是上传过程。

2) MAC 子层的高层服务

MAC 子层可对上层提供服务，主要包括以下两个方面：

(1) 多路接入访问控制：基于 P 坚持的 CSMA 算法，实现对物理介质的复用和共享；

(2) 信道拥塞通告服务：向 VME 实体发送，为 VME 系统切换判决提供数据支持。

2. DLS 子层

DLS 子层执行航空甚高频链路控制(Aviation VHF Link Control，AVLC)协议，主要完成帧序列功能、错误检测与恢复以及基站标识等功能。

1) DLS 子层总体结构

DLS 子层负责在链路上组织并传输包，执行派生于 HDLC(High-level Data Link Control)的 AVLC 协议。

DLS 为每个连接建立一个数据链路实体(Data Link Entity，DLE)。本地 DLE 与目的端 DLE 建立通信关系，控制数据流的收发。同时，DLE 还负责向 VME 通报错误包信息。

2) DLS 子层功能

DLS 子层的主要功能如下：

(1) 接收帧序列功能：按照协议中所规定的收、发序号，判决与接收 AVLC 帧的功能；

(2) 流控制功能：接收站通过发送 RR 帧(RNR 帧目前未用)，控制数据流的发送；

(3) 错误检测功能：检测并且舍弃传输中造成的错误帧；

(4) 基站地址确认功能：AVLC 帧具有唯一的源地址和目的地址，可实现基站地址的确认。

(5) 重传功能：由于丢失和错传等原因而重新发送 AVLC 帧的功能。

3) AVLC 帧结构

AVLC 协议继承于 HDLC 协议，其帧结构与 HDLC 帧结构基本相同。两者仅在地址字段存在区别：AVLC 将 HDLC 帧的 8 位目的地址扩充为 32 位的源地址和 32 位的目的地址，从而可实现对发送方的身份认证，增强了系统安全性。AVLC 帧结构如图 10.6 所示。

8位	64位	8位	可变	16位	8位
标志（F）	地址（A）	控制（C）	信息（I）	帧检验序列（FCS）	标志（F）

图 10.6　AVLC 帧结构

在 AVLC 帧中，域的含义如下：

(1) 标志域：标识帧边界，以实现帧同步。与 HDLC 帧结构相同，预先将标志域设置为 01111110。

(2) 地址域：

• 广播和多播：当地址类型子域为 1/1/1、而其他目的地址位也都是全 1 时，为广播。当地址类型子域不为 1/1/1 时，比如 1/0/0，其他目的地址位是全 1 时，为多播。

• 地址类型子域值：001 表示飞机节点的 24 位 ICAO 地址空间。100 和 101 分别表示地面站的 24 位 ICAO 管理地址空间和 ICAO 委派地址空间。其中，管理地址包括国家码前缀和专门机构指定码后缀，委派地址结构由委派组织机构决定。111 是广播地址空间。其他参数设定为保留类型。

• A/G 位：用来指定报文发送方的类型，0 表示飞机，1 表示地面站。

• C/R 位：C/R 位用来指定报文是来自主站还是从站，0 表示由发送方(主站)发送的命令报文；1 表示由接收方(从站)发送的响应报文。

• LSB(Least Significant Bit)位：用来标示地址域的开始和结束，预先设置为 00000001。

(3) 控制域：该域与 HDLC 的控制域相同。根据帧类型不同，可分为信息帧、监督帧和无编号帧三种控制域结构。

(4) FCS(Frame Check Sequence Field)域：与 HDLC 规定相同，采用 CRC 编码，实现检错功能。

(5) 信息域：UD(User Data)承载用户数据，长度可变。标符 IPI(Initial Protocol Identifier)和标符 ExIPI(Extended IPI)可区分报文类型：CLNP 报文、ES-IS 协议报文和 IS-IS 协议报文。根据报文分类将报文分别送交 CLNP、IS-IS、ES-IS 等 ATN 网络协议模块进行处理。

3. VME 实体

VME 位于数据链路层的最高端，完成控制链路的建立与释放以及切换等功能。

1) VME 总体结构

VME 接受物理层和数据链路层低层的服务，为子网层提供服务，是数据链路层连接子网层的接口。

VME 为每对连接创建一个 LME(Link Management Entity)实体。飞机侧 LME 与地面站侧 LME 可实现通信，启动连接和切换过程，并交换参数。

2) VME 功能

VME 主要完成连接与切换功能。

(1) 连接功能：建立链路连接、修改连接参数。

(2) 切换功能：在连接无效时或信道拥塞的情况下，LME 启动从当前地面站到另一地面站的链路连接转换过程。在其他地面站的信号质量明显优于当前连接地面站的情况下，VME 也将启动切换判决过程。

3) 切换方式

VDL2 数据链支持四种类型的移交发起方式：飞机发起方式、地面站发起方式、飞机请求地面站发起方式、地面站请求飞机发起方式。

(1) 飞机发起方式。飞机发起方式是由飞机根据信道状态、信号质量等因素，执行切换判决以及发动切换过程的方式。该方式是最为常用的一种切换方式。

(2) 地面站发起方式。地面站发起方式是由地面站根据信道状态、信号质量等因素，执行切换判决以及发动切换过程的方式。

(3) 飞机请求地面站发起方式。飞机请求地面站发起方式是由飞机先向地面站发送切换命令的，不要求立即应答。地面站将切换命令通过地/地通信发送给最优地面站，并由最优地面站执行切换判决，以及发动切换过程的方式。

(4) 地面站请求飞机发起方式。地面站请求飞机发起方式是由地面站先向飞机发送切换命令帧的，不要求立即应答。飞机会选择最优地面站发送切换命令，如果最优地面站同意，则回复允许应答信息。

10.3.2　基于 P-CSMA 的 MAC 子层建模

1. 基于 P-CSMA 的 MAC 技术

P-CSMA 作为一种竞争接入方式，继承了载波侦听多路访问(Carrier Sense Multiple Access，CSMA)的本质特征，同时增加了概率判决。

在 VDL2 中，P-CSMA 工作机制如下：发送端在试图进行传输之前首先侦听信道状态，等待信道的空闲，当确定信道空闲而且没有达到最大访问次数 M_1 时，它试图以概率 P 进行传输，而以概率 1-P 后退等待。当到达最大访问次数 M_1 之后，MAC 子层将在信道空闲之后立刻传输包。P-CSMA 协议的基本执行过程如图 10.7 所示。在 VDL2 的 MAC 子层中，如果经过 TM_2 时间，帧仍未被传送，则 MAC 子层将检测出拥塞，并通告 VME 子层。

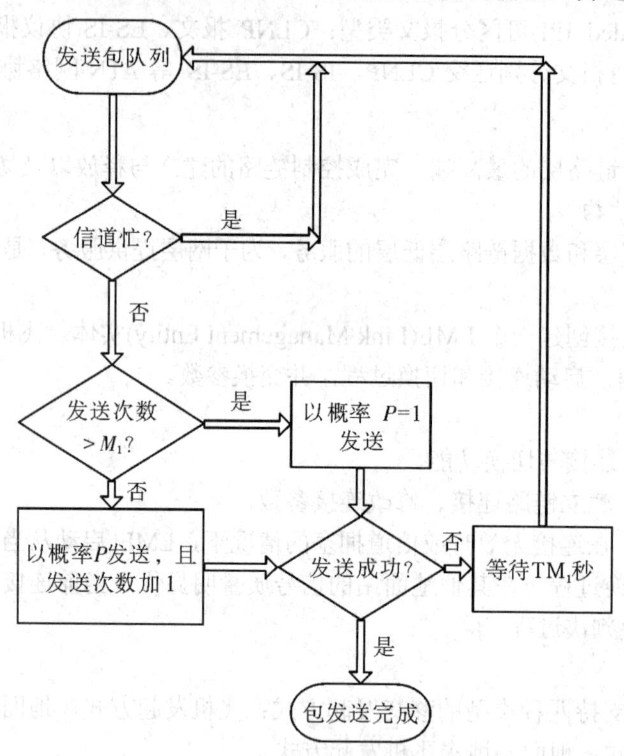

图 10.7　P-CSMA 协议流程

MAC 子层主要参数列于表 10.3 中，各参数具体定义如下：

(1) 概率 $P(0 \leqslant P \leqslant 1)$：又称 P 参数，是介质接入尝试中数据包成功访问的概率。在发送过程中，当随机数小于 P 时，发送成功；否则，重新发送。P 参数是 P-CSMA 协议中的关键参数。

(2) 计数器 M_1：表征 MAC 子层所执行的最大传输次数。在系统初始化、计时器 TM_2 到期、或者传输成功时，该参数被清零。在一次传输尝试中，若 P 概率判决失败，计数器将加 1。当 M_1 计数器到达最大值时，如果信道空闲，将立即向介质发送，而忽略 P 概率判决过程。

(3) 计时器 TM_1：表征连续访问冲突之间 MAC 子层所需要等待的时间间隔。在传输尝试不成功的情况下，如果信道空闲且并未满足传输条件，则开启此计时器。当信道繁忙时，计时器将被取消。计时器到期以后，将开始新一次传输尝试。

(4) 计时器 TM_2：表征 MAC 子层接受传输请求后可以等待的最大时间。当 MAC 子层接收到传输请求且未立即执行传输时，开启此计时器。在传输成功执行后，取消该计时器。如果计时器到期，则 MAC 子层将通知 VME 实体信道拥塞。

表 10.3 MAC 子层参数表

名称	描述	单位	最小值	最大值	默认值	增量
M1	最大访问次数	次	1	65 535	135	1
P	信道访问概率		1/256	1	13/256	1/256
TM1	延迟计时器	毫秒	0.5	125	4.5	0.5
TM2	信号忙计时器	秒	6	120	60	1

2. MAC 子层仿真模型

在 VDL2 中，MAC 的核心是实现 P-CSMA 算法。在建模中应用了队列管理、多进程、中断等机制；根据两侧功能的差异，分别对 GS 侧和 AC 侧建立模型。

1) GS 侧 MAC 子层建模

GS 侧状态转移图如图 10.8 所示。其中，状态 INIT 完成状态变量初始化、对象和仿真参数读取、统计量注册和 TM1 定时器初始化工作。

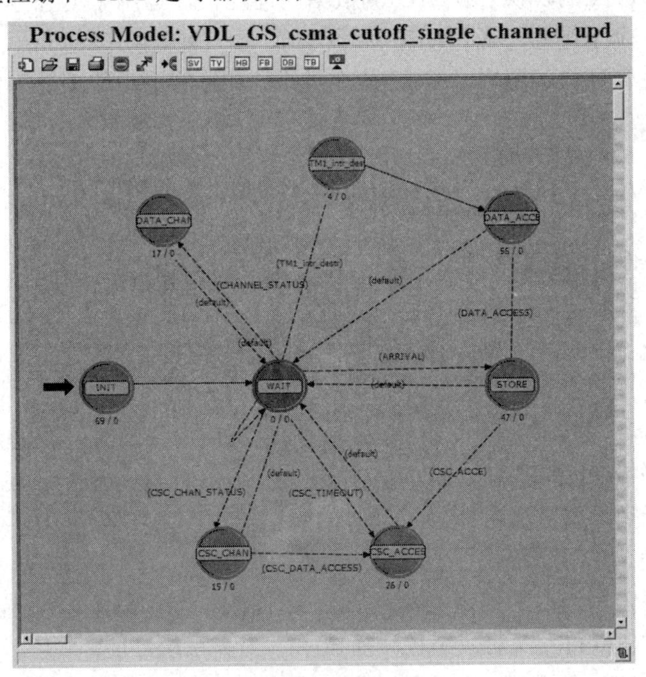

图 10.8 GS 侧 MAC 子层进程

状态 DATA_CHAN 读取物理信道的信道状态统计量，确定当前信道是否空闲。状态 TM1_intr_des 实现 TM1 定时器，相关关键代码如下：

```
/* define the state trsfer condition of TM1 expiration. */
#define TM1_intr_destr    (op_intrpt_type()==OPC_INTRPT_SELF)
&&(op_intrpt_code()==TM1_intrpt_self_code)
/* set the TM1 timer. */
TM1_shandle=op_intrpt_schedule_self(op_sim_time()+csma_timeout,TM1_intrpt_self_code);
```

状态 STORE 应用队列机制完成数据流分流功能。将接收到的数据流通过数据包流透明地传送到上层处理，而将发送数据流根据信息类型(即是用户信息还是信令信息)，存入到不同的队列中，等待发送处理。

状态 DATA_ACCE 实现 P-CSMA 的核心逻辑关系，完成 P 概率判决下的发送过程。P 概率判决过程如下：

```
/* P probability decision */
p=op_dist_uniform(1.);      if((channel_status==IDLE)&&(p<=csma_p||counter_m1>=csma_nb_max))
{
//Message is dealt and sent.
}
```

CSC 相关状态与 DATA 状态对称，完成信令在 CSC 信道的处理和发送功能。

2) AC 侧 MAC 子层建模

AC 侧 MAC 子层的建模方法与 GS 侧相类似，区别在于 AC 侧可与多个 GS 发生切换和建立连接，因此要对应于多个频率的信道。

为了实现多个频点的转换，在 AC 侧依据当前连接，运用了动态建立进程的方法。每一个频点对应于一个子进程，应用动态进程机制，由父进程动态建立子进程。父进程负责信道分配和子进程管理与调用以及 CSC 信令处理，具体的用户数据概率判决与发送过程在子进程中完成。

10.3.3 基于 AVLC 的 DLS 子层建模

1. AVLC 对 HDLC 的改进

AVLC 作为一种航空专业数据链控制规程，发源于 HDLC，并对 HDLC 具有极大的继承性，可视为 HDLC 的一个子集。AVLC 对 HDLC 最突出的改进是在重传中加入了自适应信道估计算法。

在 HDLC 固定时长的重传定时机制下：当信道利用率很高时，在固定时长后重发数据帧，很容易出现碰撞(对 P-CSMA 而言)，并进一步加剧信道负担。反之，当信道利用率较低时，在固定时长后重发，又可能导致延时的无谓增大。为了解决 HDLC 重发定时中的问题，AVLC 基于信道估计，提出了自适应的重传定时算法。该算法的基本思路是：认为信道特性具有连续性，用当前的信道利用率预测未来的信道利用率；从而，用该预测值调整重发定时器的超时值(T1)，以期减小包碰撞概率，提高系统性能。

具体算法如下：

$$\mathrm{TD}_{99}=\frac{\mathrm{TM}_1\times M_1}{1-\mu} \tag{10.14}$$

式(10.14)中，$\mu(0\leqslant\mu\leqslant1)$是信道利用率的值，可由物理层的参数测试报告得到；$\mathrm{TM}_1$ 和 M_1 是 MAC 子层的 P-CSMA 参数：TM_1 表示侦听信道的时间间隔，默认值为 4.5 ms；M_1 表示最大发送尝试次数，默认值为 135。TD_{99} 表示在 99%置信度下的传输延迟估计值，该值反映了由于发包碰撞而在 P-CSMA 作用下产生的等待时间。

由式(10.14)的计算结果可推算出随机数的上限 x：

$$x = T_{1\text{mult}} \times \text{TD}_{99} \times T_{1\text{exp}}^{\text{retrans}} \tag{10.15}$$

式(10.15)中，上述 retrans 表示是最大的重传次数，AVLC 协议默认值为 6；$T_{1\text{mult}}$ 和 $T_{1\text{exp}}$ 是可配置参数。

$$T_1 = T_{1\min} + 2 \times \text{TD}_{99} + \min(u(x), T_{1\max}) \tag{10.16}$$

式(10.16)中，$u(x)$ 是从 0 到 x 之间满足均匀分布的随机数；$T_{1\min}$、$T_{1\max}$ 是可配置参数。

由以上三式可知，随着信道利用率 μ 的增大，传输延迟估计值 TD_{99} 增大，并且 x 增大。随着 x 的增大，$u(x)$ 依均匀分布概率而增大。而且，重传计时器 T_1 值随概率增大而增大。因此 T_1 与 μ 成同向变化，即，信道利用率高时重发帧慢发，信道利用率低时重发帧快发。

2. DLS 子层仿真模型

在 VDL2 中，DLS 完成数据链控制，其核心是实现 AVLC 数据链控制算法。下面以 GS 侧为重点介绍 DLS 的仿真建模方法。

在 VDL2 中，GS 侧 DLS 由多实体的 DLE 和单实体的 LLC 以及发送队列构成。一个 DLE 实体对应于 GS 和 AC 之间的一条逻辑连接链路，实现信息流量控制，完成 I 帧和 S 帧的接收和处理。而 LLC 负责逻辑链路管理，完成 U 帧的接收和处理。根据上述特点，GS 侧 DLS 建模采用了多进程和动态进程的方式：首先建立 DLS 父进程，再由父进程在初始状态(INIT)中建立 LLC 和 DLE 两类子进程。其中的 DLE 子进程根据由 VME 发送的链路信息，采用了动态进程：当某链路建立时，产生一个对应的 DLE 子进程；当该链路释放时，销毁所对应的子进程。

在 DLS 父进程(如图 10.9 所示)中，状态 u_UPDATE 通过处理来自物理层的信道忙闲统计量，估算当前的信道利用率 μ；pro_doy 负责根据链路信息，动态销毁 DLE 子进程；INVOKE 根据当前产生包中断的帧类型和发包地址，调用相应的子进程；ENDSIM 负责在仿真结束时收集统计量。

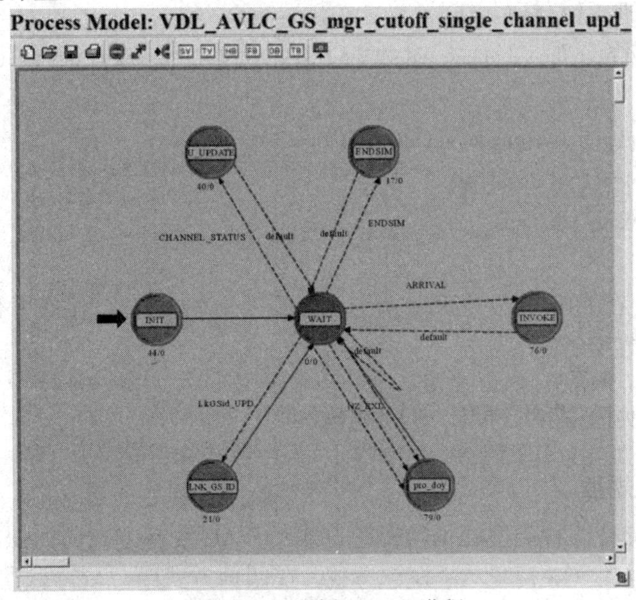

图 10.9　GS 侧 DLS 父进程

在 DLE 子进程(如图 10.10 所示)中，待发送 I 帧被加入到 FIFO 发送队列排队。通过滑动窗口机制，队首帧被发送至 MAC。在 VDL2 中，为了保障确认信息的优先性，规定 S 帧优先级高于 I 帧。在实际设计中，采用了 S 帧不排队，而直接发往 MAC 的方法。图中，状态 I_RETRANS 负责 T1 的定时和 I 帧的重发，实现重发自适应算法，程序中对重发帧采用了结构数组的数据结构。S 帧定时算法是在 S_SEND 中实现的。

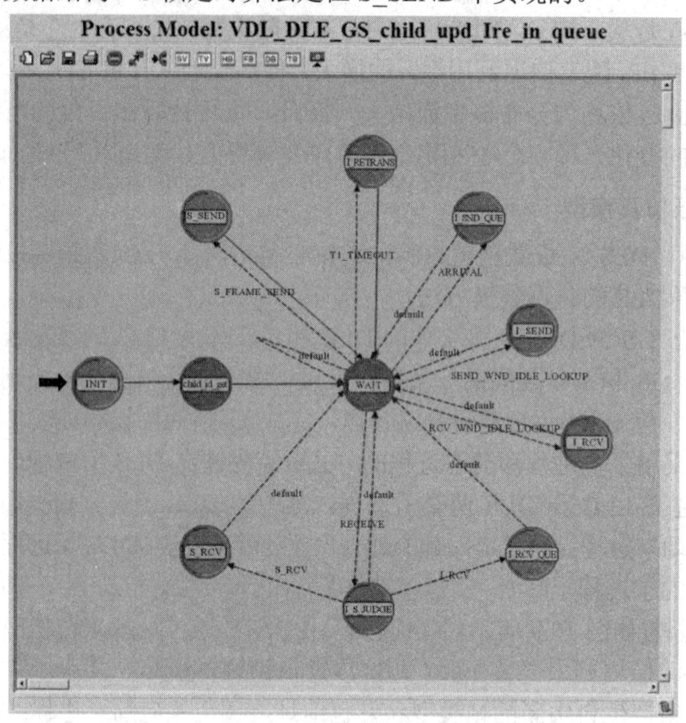

图 10.10　GS 侧 DLS 子层 DLE 子进程

模型中队列处理关键代码如下：

```
/* Remove the head from the subqueue and set the NS\NR bits. At the same time, increase the current window code. */
    s_pkptr=op_subq_pk_remove(queue_id,OPC_QPOS_HEAD);
    op_pk_nfd_set(s_pkptr,"NS",local_ns);
    op_pk_nfd_set(s_pkptr,"NR",local_nr);
    m++;
```

AC 侧与 GS 侧在 DLS 实现上基本类似，主要区别在于：AC 侧在非信道切换情况下至多仅存在一条逻辑连接链路。

10.3.4　基于切换控制的 VME 子层建模

1. VDL2 切换规程

VDL2 数据链支持四种类型的切换发起方式：① AC 发起方式；② GS 发起方式；③ AC 请求 GS 发起方式；④ GS 请求 AC 发起方式。在四种方式中，AC 发起方式适合于正常飞行过程中的切换，本项目将以该方式下的切换作为研究对象。

在 AC 发起方式中，切换条件如下：

条件 1：当新 GS 信号质量参数 SQP(Signal Quality Parameter)明显大于当前 GS 的 SQP 时，开始切换。

条件 2：当最大重传次数超过 N2 时，系统认为连接无效，AC 开始向新的 GS 发起切换请求。

条件 3：AC 长时间未接收到 GS 所发送信息，将导致 TG2 超时(默认值为 60 min)，从而触发切换。

AC 发起方式的切换过程如下：首先，由 AC 负责判断切换条件是否满足，从而决定是否发起切换。当达到切换条件后，AC 将向 GS 发送 XID_CMD_HO 请求帧，发动切换过程。若 GS 允许切换，将发送应答命令。AC 在接到应答后，将开启 TG5 定时器，当该定时器超时后，AC 将断开与原地面站的连接。新 GS 与原 GS 通过 LME 实体发动移交过程。类似于 AC，原 GS 在新 GS 发送应答命令后，也将启动本侧的 TG5 定时器，并在定时器超时后断开与 AC 的连接。设置 TG5 定时器的目的，主要是从航空通信的高可靠性要求出发，保证信令传输、虚电路重建以及数据包移交的有效实施。在 VME 相关协议中，发动侧 TG5 默认值为 20 s，响应侧为 60 s。AC 发起方式的切换如图 10.11 所示。

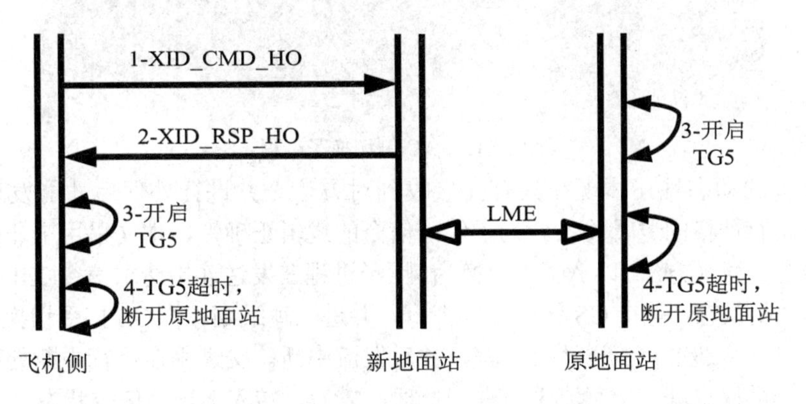

图 10.11　飞机发起的切换过程

2. VME 子层仿真模型

在 VDL2 中，切换控制是在 VME 中完成的。作为切换仿真实验的基础，本文在 VME 模块中实现了 VDL2 切换基本规程，并在该模块中实现了信号与干扰噪声比切换算法(参见下一节)。从 VDL2 切换的规程和算法易见，切换模型应满足动态信令交互、切换定时、移动节点和多频点接入等技术需求。本小节将从上述需求出发，阐释 VME 子层仿真建模中的关键点。

1) *动态信令交互*

如图 10.11 所示，切换过程要通过 AC 和 GS 两侧的信令交互才能完成。在本文 OPNET 建模中，信令交互是通过有限状态机(AC 侧如图 10.12 所示)来实现的。

信令交互具有动态性，首先体现在交互的发起与终结是以一次切换过程为时限的，切换完成后，信令交互也自然结束。为了简化有限状态机结构和提高仿真效率，本文采用了动态进程机制：由父进程进行切换判决，在达到切换条件后，创建切换子进程，在子进程中实现信令交互过程。在通信双方完成有效切换(或切换超时)后，由父进程销毁子进程。基于 Proto C 编程的子进程创建和调用方式如下：

```
//create and invoke child HO_process.
    if(op_pro_valid(LME_HO_proc)==OPC_FALSE)
     {
     LME_HO_proc=op_pro_create("VDL_aircraft_HO_child_upd",OPC_NIL);
     }
 op_pro_invoke(LME_HO_proc,&HO_addr);
 op_pro_invoke(LME_HO_proc,OPC_NIL);
```

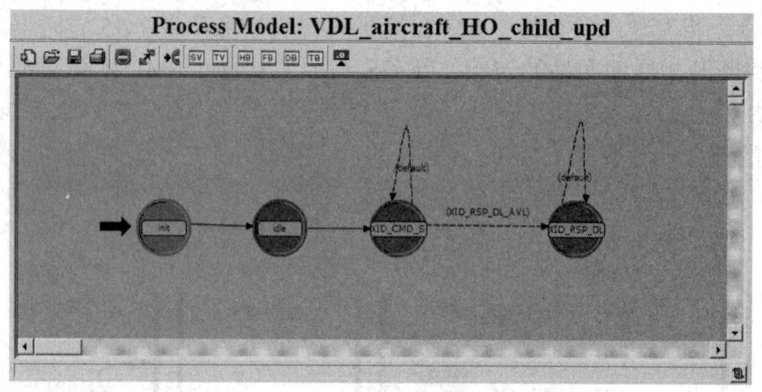

图 10.12　AC 侧切换子进程

信令交互的动态性还体现在只有在接收到对方信令并进行处理后才能发送本方信令上，该过程具有严格的逻辑关系。为了保证信令的逻辑正确性，本文采用了非强迫状态和流中断相结合的建模方法。以 AC 侧切换为例，子进程在发送连接请求信令(XID_CND_HO)后，返回非强制状态，等待 GS 侧的应答命令，并进入睡眠期。若 GS 接受切换请求，将发送应答。该应答将通过包流送达父进程，并触发流中断。父进程在进行中断处理后，将唤醒子进程，子进程将进一步对流中断进行处理，之后，转入下一个信令状态。

2) 切换定时

在本文中，TG5 定时器起着切换权衡中的时间基准作用。该定时器是通过自中断触发方式来实现的，关键代码如下：

```
//define transition from the unforced state Idle to the forced state HO_destroy.
#define    HO_destr    op_intrpt_type()==OPC_INTRPT_SELF&&op_intrpt_code()==TG5_int
// init_TG5 is the default value of TG5 in VDL2 protocol.
#define init_TG5 20
op_intrpt_schedule_self(op_sim_time()+init_TG5, TG5_int);
```

3) 飞机移动节点特性

相对于固定的 GS 节点而言，AC 节点具有移动性特点。该特点与越区切换和密集度切换都紧密相关。考虑到在民用航空中飞机节点具有固定航线的特定，本节采用了基于段的可变长时间间隔轨迹建模方法。通过网络级建模所形成的仿真场景图如图 10.13 所示，图中白线为 AC 飞行轨迹。

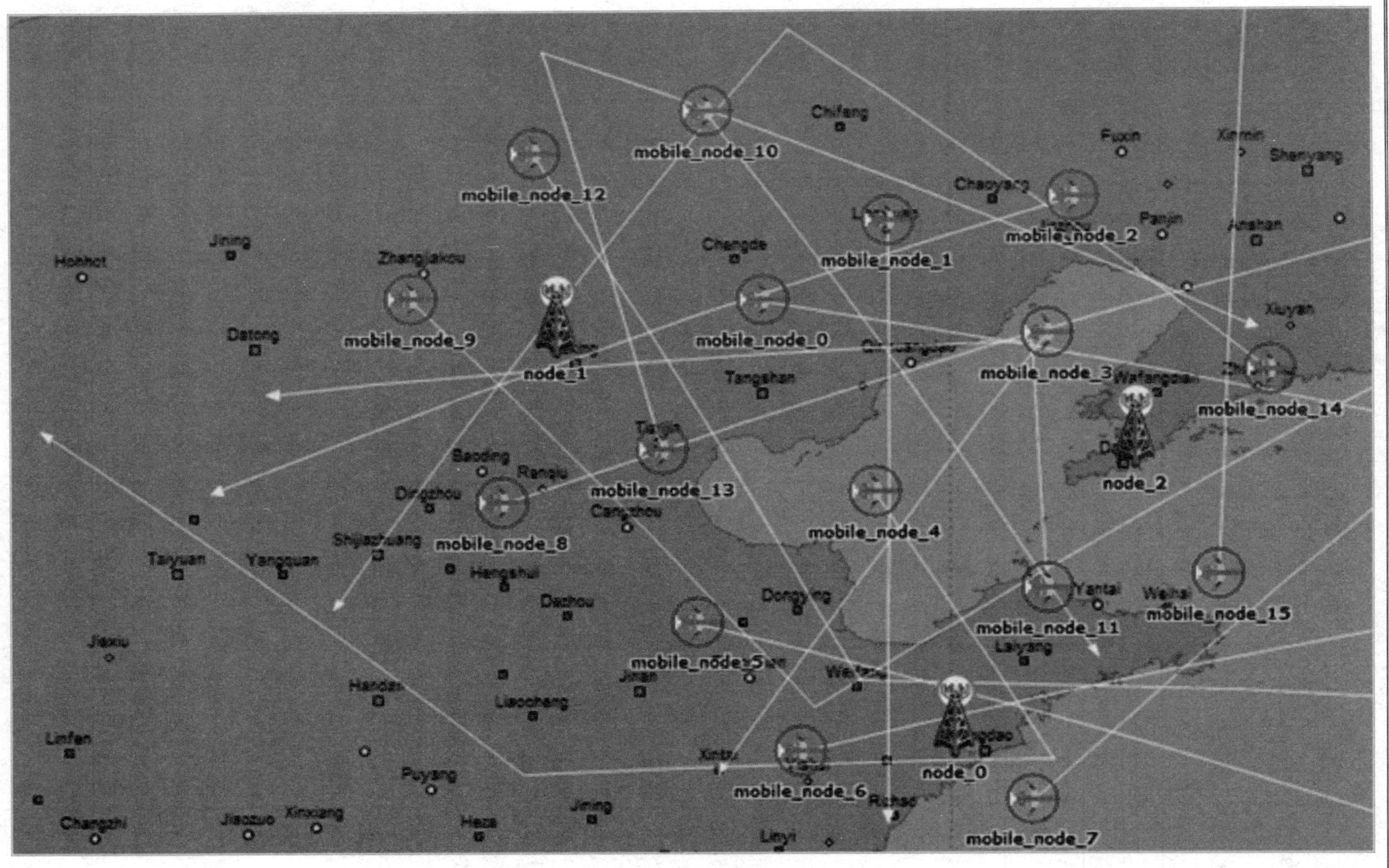

图10.13　设定飞行轨迹的多GS切换场景图

4) 多频率接入

在 VDL2 的切换过程中，AC 要完成在不同 GS 间的频率接入与切换。为了简化仿真，在场景设置中，令每个 GS 仅在一个 VHF 频段上通信，而且各 GS 所分配的频段尽可能远离，以减弱频率间串扰的影响。各频率参数配置是在节点级的 GS 天线模块中实现的，本章实验飞行场景(图 10.13)中的频率配置如表 10.4 所示。

表 10.4　地面站频率配置

地面站	频率下限	频率上限	频道带宽
node_0	136.000 MHz	136.025 MHz	25 kHz
node_1	136.325 MHz	136.350 MHz	25 kHz
node_2	136.650 MHz	136.675 MHz	25 kHz

10.4　网络层业务建模

位于协议栈顶端的 VDL2 网络层仅实现虚电路包交换、包的分段与重组等部分网络功能，因此常被称为子网层。

考虑到本项目的研究目的，对子网层不需要进行完整建模，而仅需实现业务的发送产生和接收处理功能。同时，由于接收处理实现较为简单(可直接将接收到的有效包销毁)，本节将重点讨论业务产生的建模方法。

10.4.1　业务建模的理论分析

VDL2 所发数据包具有突发特征，以下证明可以用泊松分布模拟 VDL2 业务。

预备知识 1： 设 XT 是一个随机过程，如果对于任意的 $n \geqslant 2$ 和任意的 $t_0 < t_1 \cdots < t_n$，若增量 $X(t_1)-X(t_0)$，$X(t_2)-X(t_1)$，…，$X(t_n)-X(t_n-1)$ 相互独立，则称 XT 为独立增量过程。

预备知识 2： 设 XT 是一个随机过程，XT={N(t)，$t \in T$，$T \in [0, \infty)$}。如果 $N(t)$ 取非负整数值，且有 $s < t$ 时，$N(t) \leqslant N(t)$，则称 XT 为计数过程。

预备知识 3： 若计数过程 XT={$N(t)$，$t \geqslant 0$}满足如下三个条件：

① $N(0)=0$；② 具有独立增量；③ 对于 s、$t \geqslant 0$，有：

$$P\{N(s+t)-N(s)=k\} = \mathrm{e}^{-\lambda t}\frac{(\lambda t)^k}{k!} \quad k=0,1,2,\cdots;\ \lambda > 0 \tag{10.17}$$

则称 XT 为强度为 λ 的泊松过程，λ 称为 XT 的泊松强度。

预备知识 4： 若设单位时间内到达数据包的概率为 λ，具有突发特性的数据包产生过程通常可满足以下三个特征：

(1) 在互不重叠的时间段内，所到达的数据帧相互独立；

(2) 在任意的时间段内，帧到达概率仅与时间段长度 Δt 成正比，而与起点无关；

(3) 在任意小的时间段内，到达的帧数最多为一个，两个以上认为是不可能事件。

基于预备知识 1～4，可以证明具有突发特性的数据包产生过程服从于泊松过程，证明过程如下：

(1) 由具有突发特性的数据包产生过程的三个特征易知：该随机过程是独立增量过程，且是计数过程。

(2) 对于在任意小的时间段Δt内，由特征(2)可知：到达一个帧的概率为$\lambda\ \Delta t$；又由特征(3)可知：未到达帧的概率为$1-\lambda\ \Delta t$。现将时间段t任意分为n个Δt，且令在t内到达k个帧，则k个帧可任意分布到n个Δt中，符合于二项分布。记$P_k(s,t)=P\{N(s+t)-N(s)=k\}$，根据二项分布的概率分布有

$$\begin{aligned}P_k(s,t)&=\lim_{n\to\infty}C_n^k(\lambda\Delta t)^k(1-\lambda\Delta t)^{n-k}=\lim_{n\to\infty}\frac{n!}{k!(n-k)!}(\lambda\Delta t)^k(1-\lambda\Delta t)^{n-k}\\&=\lim_{n\to\infty}\frac{n!}{k!(n-k)!}\left(\lambda\frac{t}{n}\right)^k\left(1-\lambda\frac{t}{n}\right)^{n-k}=\frac{(\lambda t)^k}{k!}\lim_{n\to\infty}\frac{n!}{(n-k)!}\left(\frac{1}{n}\right)^k\left(1-\lambda\frac{t}{n}\right)^{n-k}\\&=\frac{(\lambda t)^k}{k!}\lim_{n\to\infty}\frac{n!}{n^n}\frac{(n-\lambda t)^{n-k}}{(n-k)!}\end{aligned}\tag{10.18}$$

由于$n\to\infty$时，$n-k\to\infty$，因此有

$$\begin{aligned}\lim_{n\to\infty}\frac{n!}{n^n}\frac{(n-\lambda t)^{n-k}}{(n-k)!}&=\lim_{n\to\infty}\frac{n!}{n^n}\frac{(n-\lambda t)^n}{n!}=\lim_{n\to\infty}\frac{(n-\lambda t)^n}{n^n}=\lim_{n\to\infty}\left(1-\frac{\lambda t}{n}\right)^n\\&=\lim_{n\to\infty}e^{\ln\left(1-\frac{\lambda t}{n}\right)^n}=\lim_{n\to\infty}e^{n\ln\left(1-\frac{\lambda t}{n}\right)}=\lim_{n\to\infty}e^{\frac{\ln\left(1-\frac{\lambda t}{n}\right)}{\frac{1}{n}}}=\lim_{n\to\infty}e^{\frac{-\frac{\lambda t}{n}}{\frac{1}{n}}}=e^{-\lambda t}\end{aligned}\tag{10.19}$$

由式(10.18)和式(10.19)有

$$P_k(s,t)=\frac{(\lambda t)^k}{k!}e^{-\lambda t}\tag{10.20}$$

综合证明(1)、(2)可知，具有突发特性的数据包产生过程是泊松过程。证毕。

另一方面，根据 VDL2 协议，AVLC 帧信息长度是不确定的，可以假设信息长度l符合于均匀分布，记为$l\propto U(l_a,l_b)$：

$$f(l)=\begin{cases}\dfrac{1}{b-a} & a\le l<b\\ 0 & \text{其他}\end{cases}\tag{10.21}$$

由 VDL2 相关规程可知，$a=16$，$b=8192$，单位为比特(bit)。

综上所述，强度可变的泊松过程和包长可变的均匀分布可以准确地刻画 VDL2 协议中的信息流产生过程，具有可行性。

10.4.2 泊松离散业务模型

由于本项目关心延时等精细指标，适合采用离散业务建模方法。又根据上小节分析，我们可以应用泊松分布模拟 VDL2 业务。因此，我们仅需建立具有泊松分布的离散业务模型即可。

建立该业务模型的核心就是实现包发送的泊松过程和包长的均匀分布，其流程如图

10.14 所示。

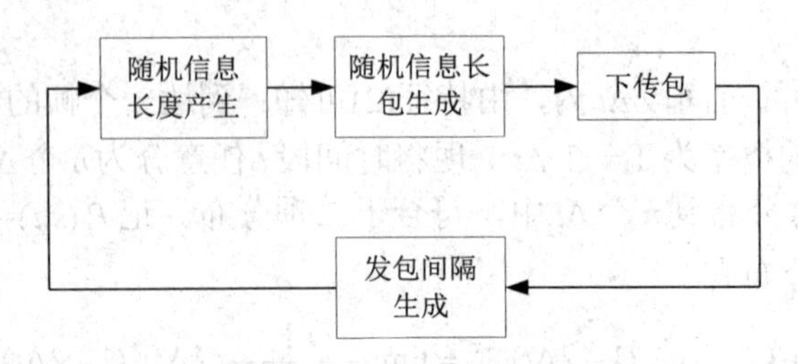

图 10.14　泊松离散业务流程图

由业务建模的理论分析可知，随机信息长度符合均匀分布。由泊松分布理论可知：若随机过程是泊松过程，则到达时间间隔服从指数分布，反之亦然。对于帧发送过程而言，帧到达间隔服从数学期望(均值)为 $1/\lambda$ 指数分布的包发送随机过程必是强度为 λ 的泊松过程。因此，可以通过指数分布生成发包间隔，从而构造泊松过程。均值为 $1/\lambda$ 指数分布概率密度函数为

$$f(t)=\lambda\ \mathrm{e}^{-\lambda t} \tag{10.22}$$

在实现上述随机特征中，调用了随机分布函数，关键代码如下：

```
/* The function is to create uniform distribution. */
op_dist_uniform(msg_max_length-msg_min_length)
/* The function is to create exponential distribution. */
op_dist_exponential(iat)
```

为了触发下一次的包产生，应用了自中断机制，自中断的触发时刻设定为当前时刻与指数分布产生的随机时间间隔之和，代码如下：

```
next_pk_time=op_sim_time()+op_dist_exponential(iat);
op_intrpt_schedule_self(next_pk_time,NEW_PK_TIME);
```

10.5　VDL2 基于信号与干扰噪声比的切换算法

既有的 VDL2 地空通信规程未考虑同频干扰对系统的影响，从而可能降低切换效率。本文从接入竞争期内同频干扰出发，定义了信号与干扰噪声比的切换指标。以此为前提，充分考虑切换均衡的影响，提出了基于信号与干扰噪声比的阈值切换算法。

10.5.1　切换指标的选择

现有的 VDL2 切换都是从越区切换出发的，以接收信号强度作为 SQP 指标。由于信号衰减与传播距离的 n(该参数取决于传输介质)次方成反比。因此，在 AC 飞离某 GS 的覆盖范围而进入另一个 GS 范围的过程中，接收信号强度将发生此消彼长的变化。原 GS 的 SQP 由强变弱，新靠近 GS 的 SQP 由弱变强。当强弱对比关系达到门限值时，将会触发越区切换。接收信号强度可有效反映越区切换的门限标准。

现在讨论未发生越区切换情况下移动节点分布的影响。在航空网络中，由于移动节点的分布不断发生变化，导致经常发生节点有时紧密、有时稀疏的密集度不均匀现象。由于VDL2 媒体接入采用了基于竞争的 P-CSMA 方式，高密集度将引起通信节点的接入延时增大。又由于密集度不均，导致有的信道过于繁忙，有的信道过于空闲，从而也会引起系统的整体容量下降。

要消除密集度不均匀的负面效应，首先要找到衡量密集度的有效指标。对于 P-CSMA而言，通信节点在侦听到信道空闲后，以 P 概率发送数据包。由于各节点间存在传播时延，会出现竞争抢占信道的现象。我们将从空闲期第一个节点发包，到某节点成功接入信道的时间间隔称为“接入竞争期”。在该期间内，多个节点在一个频率段上的通信将引起同频干扰，可由信干比(Signal Interference Ratio，SIR)表征。由于数据通信节点的发包过程可视为泊松过程，可进一步认为：信干比正比于密集度。因此，信干比可作为表征密集度的有效指标。

定义 10.1：信号与干扰噪声比=接收信号强度/(起伏噪声+同频干扰)

从信号与干扰噪声比定义，易知

$$\mathrm{SINR}=\frac{1}{\dfrac{1}{\mathrm{SNR}}+\dfrac{1}{\mathrm{SIR}}} \tag{10.23}$$

式中， SINR 表示信号与干扰噪声比。

从式(10.23)可见，信号与干扰噪声比反映了信号强度和同频干扰的综合影响，前者反映越区切换指标，后者反映密集度指标。在未加特别说明的情况下，下文中的 SQP 均指定义 10.1 的信号与干扰噪声比。

10.5.2 改进的切换算法

在切换算法中，为了减少由于密集度不均匀引起的系统延时和容量损失，在考虑越区切换的同时，本文将移动节点密集度作为一个重要切换标准，以便实现信道资源的合理配置，从而达到改善系统性能的目的。我们将这种由于密集度不均匀引起的切换称为密集度切换。由式(10.23)可知，信号与干扰噪声比可作为密集度切换的判决指标。

在切换算法中，还应考虑到切换本身对系统性能带来的不利影响。在“先断后连”的切换方式中，整个切换期内都不能传包。即使在“先连后断”方式中，也存在上层的数据移交和链路建立过程，引起数据传输的延时增加和容量降低。因而，切换在改善接收信号质量的同时，也伴随着通信上的损失，我们将这种现象称为切换期效应。为了减小切换期效应，必须选择合适的切换时机，以便获得最优的系统性能，我们将这种权衡过程称为切换均衡。在均衡中，若切换过于迟钝，会引起接收信噪比的明显下降和误码率、误帧率的增加，导致重传增加和系统性能变差；若切换过于灵敏，会使系统处于经常的移交和重建过程中，导致延时增加和容量降低。

切换均衡对于 VDL2 尤为重要，这是由于：

(1) VDL2 的 GS 间距在巨区(100～500 km)范围内，远远大于地面移动通信的蜂窝半径。因此，在越区切换前，信号与干扰噪声比可能发生大幅度的变化。

(2) 民航空管信息具有高度的敏感性，对信息可靠性具有极高要求。在 VDL2 中，出于切换信令可靠交互和虚电路可靠重建等考虑，所规定的切换期间隔较一般系统更长。

然而，在现行的 VDL2 切换中，一般采用信号强度算法(如图 10.15 中绝对判决)，判决准则为：接收信号强度≤SQP 门限(注意此处的 SQP 是指信号强度)。为了做切换权衡，本节提出了 SQP 阈值(SQP_PARA)的概念。不同于现行的切换准则，SQP 阈值为切换判决提供了一个缓冲区，即：在新连接 SQP 达到原连接 SQP 后，并不立即发动切换；只有超过 SQP 阈值，才能触发切换(如图 10.15 中的阈值判决)。

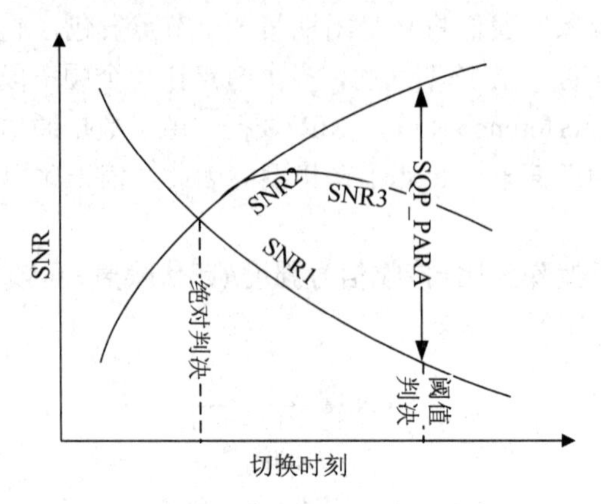

图 10.15　基于阈值的切换判决

基于信号与干扰噪声比所提出的切换判决准则如下：

$$SQP_{object\ GS} \geqslant SQP_{current\ GS} + SQP\_PARA \tag{10.24}$$

由于 SQP_PARA 阈值在本文中是通过性能指标优化来选取的，因而能反映切换期和系统性能的权衡关系。

10.6　VDL2 切换实验

本小节将基于 VDL2 仿真模型，通过对比仿真实验，验证信号与干扰噪声比切换算法的优越性，并确定 SQP_PARA 阈值最佳区间。

10.6.1　评价指标

本实验将切换性能评价指标分为两类：从切换条件出发得到的指标称为第一类评价指标；从系统性能出发得到的指标称为第二类评价指标。

1. 第一类切换性能评价指标

在确定切换算法评价指标时，首先要考虑切换条件的要求。在切换条件(参见“基于切换控制的 VME 子层建模”部分)中，条件 1 是在正常通信条件下的主动切换；条件 2、3 已不能实现正常通信，属于被动切换。考虑到 AC 的飞行速度与默认值设定，易于合理部署 GS；因此，实际中条件 3 不易达到。而在条件 2 下，多次重传将引起吞吐量的严重下降和传输延时的急剧增加，甚至影响系统的稳定性，是应该规避的行为。因此，能否有效地将切换控制在主动切换下，不仅从宏观上体现了容量、延时等性能，还体现了系统的稳定性、强壮性，是衡量切换算法优劣的首要标准。为了定量衡量两类切换的比例关系，本文定义了切换比指标。

定义 10.2：切换比是被动切换次数与切换总次数之比。

2. 第二类性能评价指标

在确定切换算法评价指标时，还应考虑切换对系统性能的影响。由切换期效应可知：吞吐量和延时可有效反映切换均衡的合理性。本文将在屏蔽 MAC 和 DLS 子层影响条件下，将吞吐量和延时确定为第二类切换性能评价指标。

定义 10.3：吞吐量是成功发送的比特速率与信道容量之比。

定义 10.4：延时是成功发送一个包所需要等待的时间。

10.6.2　实验的参数设置

1. 仿真参数设定

本实验选定和设置了以下仿真参数：

(1) 假设任意节点的发包均符合泊松分布，且发送强度相同，设定强度值为 5。

(2) 根据协议中对包长的规定，假设数据包的信息长度符合 0～8192 bit 上的均匀分布。

(3) MAC 子层参数均取为协议默认值：GS 侧和 AC 侧的 P-CSMA 接入概率分别为 90/256 和 13/256，最大发送尝试次数 M_1 为 135。

(4) DLS 子层参数均取为默认值：最大重传次数 N_2 为 6，滑动窗口长度为 4。

2. 场景参数设定

根据实际民用航空的典型数值，设置场景参数如下：

(1) 飞机的飞行高度为 10 000 m，飞行速率为 800 km/h；

(2) GS 的天线高度设置为 30 m。

10.6.3　算法对比仿真

本实验的目的是为了验证本节所介绍的算法能否实现较现行算法性能上的改进。从该目的出发，本实验选取了体现整体性能的切换比作为切换评价指标。为了作算法性能的对比，本节分别建立了两种算法的仿真模块。通过在模型中加入调试语句，可从 OPNET 的 ODB 调试窗口中动态观察到切换类型、切换目标站以及切换信令等仿真运行结果。

在仿真中，对两种算法模型的初始场景作了相同配置(如图 10.13 所示)：多个 AC 节点均匀分布在各 GS 的覆盖范围内。由于各 AC 应用了相同的节点模型并设置了相同的发包率，可认为：在初始时刻，所有 AC 具有相同的干扰。因此，初始连接(可视为切换特例)完全由 GS 到 AC 的传播距离决定。ODB 连接信息表明：在两种算法中，飞机都以距离最小的 GS 为最大概率建立连接，无明显区别。

当仿真开始后，飞机沿各自轨迹飞行，与 GS 间的距离不断变化，可观测到两种算法都发生了越区切换。不同的是：在信号强度切换算法模型中，仅会发生越区切换，AC 对信干比变化不能感知；而在本文算法中，当 AC 处于密集度过高的区域时，也会产生基于信干比的切换。

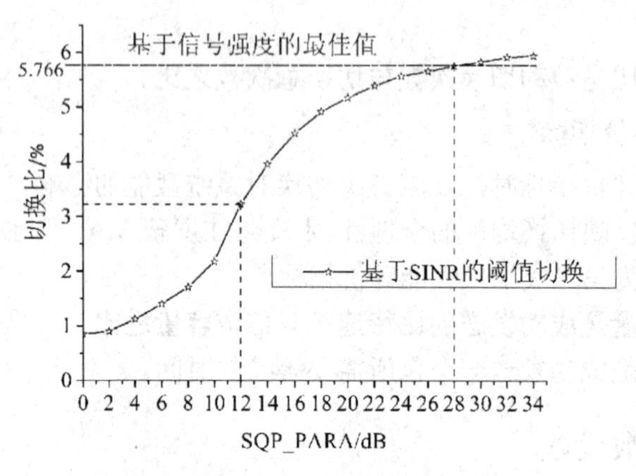

图 10.16　切换对比实验

在基于 SINR 的切换仿真曲线(如图 10.16 所示)中，呈现出先凹后凸的特点：在凹段斜率较大，切换比随 SQP_PARA 的变化明显；在凸段斜率较小，切换比缓慢上升。在 SQP_PARA 大约为 12 dB 处，曲线出现了拐点。仿真跟踪表明，随着 SQP_PARA 的增大，由 SIR 引起的密集度切换在主动切换中的比重不断下降；当越过拐点后，由 SNR 引起的距离切换在主动切换中的比例超过了 50%，而在全部切换中，密集度切换的次数远远高于距离切换。因此，在曲线凹段，切换主要由相对敏感的密集度切换引起，主动切换频次较高；在曲线凸段，切换主要由相对迟钝的距离切换引起，主动切换频次较低。另一方面，由于主动切换随着 SQP_PARA 的增大而频次降低，将引起频率资源的合理配置能力下降，导致 AC 不能正常通信的几率增加，因而增加了被动切换频次。仿真曲线变化趋势是主动与被动两种切换共同作用的结果。

在整体上，切换比随着 SQP_PARA 取值的增大而增大；该结果是与“增大切换门限将使切换比恶化”的预测相一致的。在含拐点在内的宽区域(0～28 dB)内，基于 SINR 的切换比低于基于信号强度的最佳值；这种改善是由于切换指标从信号强度改进为 SINR，引发了密集度切换，提高了切换的适应能力而产生的。当 SQP_PARA 超过 28 dB 后，基于 SINR 的切换比继续缓慢增长，切换比趋于恶化；当 SQP_PARA 趋向无穷时，切换比趋于 1。

进一步实验表明：改变 AC 数量与路径，切换比曲线表现出类似于上图的形状；但随着 AC 数量的增长，密集度的影响更趋明显，拐点呈后移趋势。

10.6.4　SQP 阈值选择对系统性能的影响

本实验的目的在于分析 SQP_PARA 对系统性能的影响关系，从而实现阈值的最优选择。从实验目的出发，采用了第二类切换性能评价指标。通过以 SQP_PARA 为变量、仿真时间为 60 min 的 24 组实验，可以得到某一特定场景下的吞吐量和延时性能曲线。为了消除特定场景的飞行路径偶然因素，本实验通过改变飞行路径，构造了 50 个网络级场景；并通过多场景仿真，得出了吞吐量(图 10.17)和延时(图 10.18)的特性曲线。

如图 10.17 所示，吞吐量平均曲线呈开口向下的准抛物线形状，吞吐量随着 SQP_PARA 增大先增后减，当 SQP_PARA 约为 8 dB 时，达到最大值。与之相反，如图 10.18 所示，延时平均曲线呈开口向上的准抛物线形状，延时随着 SQP_PARA 增大先减后增，当 SQP_PARA 约为 8 dB 时，达到最小值。

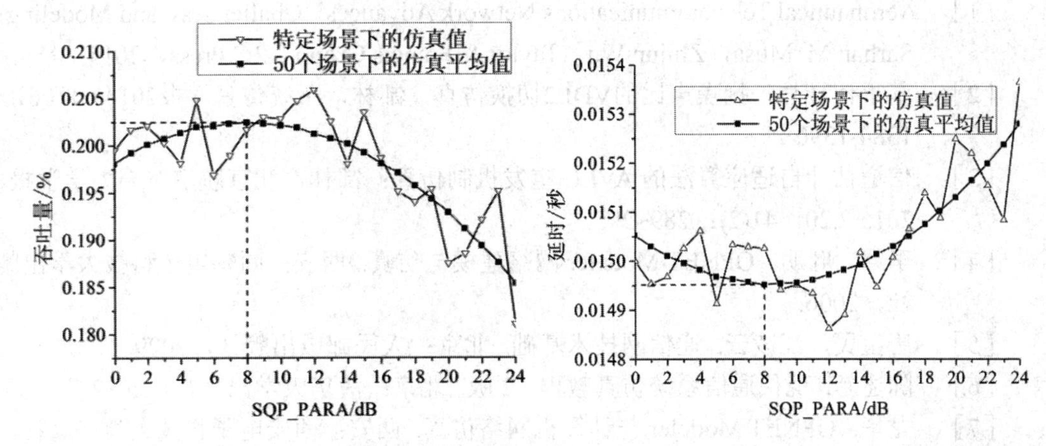

图 10.17 信噪比判决 门限对吞吐量的影响　　图 10.18 信噪比判决门限对延时的影响

在本实验中，吞吐量和延时体现出很好的一致性，即二者可以同时在某 SQP_PARA 点(即最佳切换阈值点，记作 SQP_PARAopt)达到最优值。这是与成功发包延时越小、成功发包率越高、吞吐量越大的逻辑关系相符合的。同时，实验显示：SQP_PARAopt 总是落在切换比曲线中出现拐点之前的范围内，这表明了在吞吐量和延时最优下，密集度切换是切换的主要方式。

在特性图曲线的变化过程中，有许多微小的强烈震荡。这是由发包率、包长的随机性以及随机接入方式中的竞争引起的。仿真实验表明，增加飞机数量可以减小仿真的随机性，使仿真性能曲线更加平滑。上述波动性分析也适合于解释切换比稳定状态下的震荡现象。

由于民用航空具有固定的飞行轨迹和飞行时间计划，因此在某一特定时间点上的飞机位置和密集度是可以预知的。根据本文的最佳阈值点结论，可在特定场景下选取 SQP_PARA 的最佳值。再根据模式匹配理论，可在 AC 侧依据飞行时间和飞行线路参数建立 SQP_PARA 最佳值数据库。在飞行过程中，飞机可依据当前飞行时间和线路参数调用数据库，实现 SQP_PARA 识别；并以当前识别值为基准，作基于本节所述算法的切换判决，从而达到最佳切换的目的。

参 考 文 献

[1]　Aeronautical Telecommunications Network Advances，Challenges，and Modeling：Sarhan M. Musa，Zhijun Wu，Taylor & Francis Group CRC Press，2015.

[2]　基于信号与干扰噪声比的VDL2切换仿真：郜林，系统仿真学报2014.6.8(06)：1384-1390.

[3]　信道估计自适应算法的 AVLC 重发机制仿真：郜林，北京航空航天大学学报，2015.2.20，41(2)：289~295.

[4]　李馨，叶明. OPNET Modeler 网络建模与仿真. 西安：西安电子科技大学出版社，2006.

[5]　唐宝民，江凌云. 通信网技术基础. 北京：人民邮电出版社，2009.

[6]　陈述新. 现代通信系统仿真教程. 2 版. 北京：清华大学出版社，2012.

[7]　龙华. OPNET Modeler 与计算机网络仿真. 西安：西安电子科技大学出版社，2006.

[8]　陈敏. OPNET 网络仿真. 北京：清华大学出版社，2004.

[9]　OPNET Modeler 14.5 Documentation：OPNET Company.